소방고등학교 교사가 집필한

소방안전
관리자 2급

가장빠른합격

PASS

시대에듀

Always with you

사람이 길에서 우연하게 만나거나 함께 살아가는 것만이
인연은 아니라고 생각합니다.
책을 펴내는 출판사와 그 책을 읽는 독자의 만남도 소중한 인연입니다.
시대에듀는 항상 독자의 마음을 헤아리기 위해 노력하고 있습니다.
늘 독자와 함께하겠습니다.

합격의 공식 ▶ 온라인 강의

보다 깊이 있는 학습을 원하는 수험생들을 위한
Youtube 동영상 강의가 준비되어 있습니다.

소방안전관리자는 화재의 위험을 찾아내고 화재를 예방하기 위하여 건물에 배치되어 방화활동을 하는 자를 말합니다.

현대사회가 발전을 거듭함에 따라 인간생활을 풍요롭게 만들어 준 반면, 다양한 소방대상물의 증가는 인간이 예측하기 힘든 여러 위험을 만들어냈다고 볼 수 있습니다. 그중에서도 재산과 생명에 막대한 영향을 미치는 것이 바로 화재입니다. 소방안전관리자는 화재 등의 예방에 신기술을 적용하고, 응급처치 등을 통해 인명구조에도 중요한 역할을 하고 있습니다.

최근 발생하는 크고, 작은 소방 관련 사고들은 많은 피해를 동반하여 인적 · 물적으로 손해를 끼치고, 뉴스를 통해 이를 접한 시민들에게는 불안을 조성하는 조건이 되고 있습니다. 이러한 상황에서 소방안전관리자는 최선을 다해 화재 등의 위험을 발견해 내는 역할을 하며, 안전에 대한 성숙을 지향하고 있습니다.

본 교재는 소방안전관리자 2급 시험에 응시하는 수험생 여러분들이 필요로 하는 핵심이론과 실전모의고사로 구성되어 있습니다. 또한 소방기본법, 화재예방법, 소방시설법의 전면 개정과 다양한 소방 관련 법령들의 개정 및 신설로 인하여 시험의 난이도가 상승할 것으로 예상됩니다. 이에 맞춰 본 교재는 최신 소방관계법령은 물론 화재안전기준을 충실하게 반영하였고, 다양한 문제와 해설을 통해 수험생에게 필요한 내용으로 구성하였습니다.

소방안전관리자 2급 시험을 준비하는 모든 수험생이 합격할 수 있도록 최선의 노력을 기울인 본 교재를 통해 많은 소방안전관리자가 배출되기를 바랍니다.

편저자 올림

시험안내

개요
초고층 빌딩 및 대형 건축물의 소방안전관리 강화를 위해 2012년 2월 5일부터 소방안전관리자 제도를 시행하였다.

시행처
한국소방안전원(www.kfsi.or.kr)

수행직무
- 특수장소에 대한 소방계획을 작성하고, 자위소방대를 조직하여 소화 · 통보 · 피난 등의 훈련 및 교육을 실시한다.
- 빌딩, 산업건물 및 기타시설에 설치되어 있는 스프링클러 시스템장치 등의 방화 시설물을 점검하고 보수하며 화기취급을 감독한다.
- 불이 났을 경우에는 초기에 화재를 진화하고 사람들의 대피를 유도한다.
- 항상 건물에 배치되어 방화 활동을 벌인다.

접수방법

구분	시 · 도지부 방문접수 (근무시간 9:00~18:00)	안전원 사이트 접수 (www.kfsi.or.kr)
접수 시 관련 서류	• 응시수수료(현금, 카드 등) • 사진 1매 • 응시자격별 증빙서류(해당자 한함)	응시수수료 결제 (신용카드, 무통장입금)
증빙이 불필요한 경우	가능	가능
증빙이 필요한 경우 (최초 학력, 경력, 학 · 경력, 관련 자격증의 경우)	가능	가능 [단, 사전심사(5~7일 소요) 필요]

※ 안전원 사이트 접수 시
- 강습교육 수료 또는 증빙서류를 제출하여 해당 급수 자격시험에 응시 이력이 있을 경우 : '시험일정'에서 접수 가능
- 경력, 학력, 자격증 등으로 응시하고자 하는 경우(최초에 한함) : 홈페이지 내의 '응시자격 심사 신청'에서 해당 응시자격 신청(증빙자료 첨부). 단, 5~7일 소요되며, 심사완료 후 승인 시 '시험일정'에서 접수 가능

시험방법 및 시간

시험방법	배점	문항수	시험시간
객관식(선택형, 4지 1선택)	1문제당 4점	50문항(과목별 25문항)	1시간(60분)

시험과목

구분	내용
1과목	소방안전관리자 제도
	소방관계법령(건축관계법령 포함)
	소방학개론
	화기취급 감독 및 화재위험 작업 허가 · 관리
	위험물 · 전기 · 가스안전관리
	피난시설, 방화구획 및 방화시설의 관리
	소방시설의 종류 및 기준
	소방시설(소화설비, 경보설비, 피난구조설비)의 구조
2과목	소방시설(소화설비, 경보설비, 피난구조설비)의 점검 · 실습 · 평가
	소방계획 수립 이론 · 실습 · 평가(화재안전취약자의 피난계획 등 포함)
	자위소방대 및 초기대응체계 구성 등 이론 · 실습 · 평가
	작동기능점검표 작성 실습 · 평가
	응급처치 이론 · 실습 · 평가
	소방안전교육 및 훈련 이론 · 실습 · 평가
	화재 시 초기대응 및 피난 실습 · 평가
	업무 수행기록의 작성 · 유지 실습 · 평가

※ 「화재의 예방 및 안전관리에 관한 법률」 시행규칙 별표 4 의거함

응시자격

가. 「고등교육법」 제2조 제1호부터 제6호까지 규정 중 어느 하나에 해당하는 학교(이하 "대학"이라 한다) 또는 「초 · 중등교육법 시행령」 제90조 제1항 제10호 및 제91조에 따른 고등학교(이하 "고등학교"라 한다)에서 소방안전관리학과를 전공하고 졸업한 사람(법령에 따라 이와 같은 수준의 학력이 있다고 인정되는 사람을 포함한다)

나. 다음의 어느 하나에 해당하는 사람

① 대학 또는 고등학교에서 소방안전 관련 교과목을 6학점 이상 이수하고 졸업한 사람

② 법령에 따라 ①에 해당하는 사람과 같은 수준의 학력이 있다고 인정되는 사람으로서 해당 학력 취득 과정에서 소방안전 관련 교과목을 6학점 이상 이수한 사람

③ 대학 또는 고등학교에서 소방안전 관련 학과를 전공하고 졸업한 사람(법령에 따라 이와 같은 수준의 학력이 있다고 인정되는 사람을 포함한다)

「소방안전 관련 교과목 · 소방안전 관련 학과 및 소방 관련 학과 등에 관한 기준」

제2조(소방안전 관련 교과목)
① 유체역학
② 위험물질론 및 약제화학
③ 소방시설의 구조원리
④ 방화 및 방폭공학
⑤ 건축공학
⑥ 전기 · 전자공학
⑦ 가스안전
⑧ 기계공학
⑨ 화재유동학(열역학, 열전달을 포함한다)
⑩ 화재조사론
⑪ 소방안전관리론(소방학개론, 재난관리론, 소방관계법규를 포함한다)

제3조(소방안전 관련 학과)
① 전기공학과(전기과, 전기설비과, 전자과, 전자공학과, 전기전자과, 전기전자공학과, 전기제어공학과를 포함한다)
② 산업안전공학과(산업안전과, 산업공학과, 안전공학과, 안전시스템공학과를 포함한다)
③ 기계공학과(기계과, 기계학과, 기계설계학과, 기계설계공학과, 정밀기계공학과를 포함한다)
④ 건축공학과(건축과, 건축학과, 건축설비학과, 건축설계학과를 포함한다)
⑤ 화학공학과(공업화학과, 화학공업과를 포함한다)
⑥ 학군, 전공 또는 학부제로 운영되는 대학의 경우에는 ①부터 ⑤까지 학과에 해당하는 학과(또는 공학과를 포함한다)

제4조(소방안전관리학과)
① 소방안전관리과(소방안전과를 포함한다)
② 소방시스템학과
③ 소방학과
④ 소방공학과
⑤ 소방행정학과
⑥ 소방방재학과
⑦ 소방기계 · 전기 · 설비과
⑧ 소방환경관리과(소방환경안전학과, 소방환경방재학과, 소방환경학과를 포함한다)
⑨ 학군, 전공 또는 학부제로 운영되는 대학의 경우에는 ①부터 ⑧까지 학과에 해당하는 학과(또는 공학과를 포함한다)

다. 소방본부 또는 소방서에서 1년 이상 화재진압 또는 그 보조 업무에 종사한 경력이 있는 사람

라. 「의용소방대 설치 및 운영에 관한 법률」 제3조에 따라 의용소방대원으로 임명되어 3년 이상 근무한 경력이 있는 사람

마. 군부대(주한 외국군부대를 포함한다) 및 의무소방대의 소방대원으로 1년 이상 근무한 경력이 있는 사람

바. 「위험물안전관리법」 제19조에 따른 자체소방대의 소방대원으로 3년 이상 근무한 경력이 있는 사람

사. 「대통령 등의 경호에 관한 법률」에 따른 경호공무원 또는 별정직공무원으로서 2년 이상 안전검측 업무에 종사한 경력이 있는 사람

아. 경찰공무원으로 3년 이상 근무한 경력이 있는 사람

자. 법 제34조 제1항 제1호에 따른 강습교육 중 이 영 제33조 제1호부터 제3호까지에 해당하는 사람을 대상으로 하는 강습교육을 수료한 사람

차. 「공공기관의 소방안전관리에 관한 규정」 제5조 제1항 제2호 나목에 따른 강습교육을 수료한 사람

카. 특급 소방안전관리대상물, 1급 소방안전관리대상물, 2급 소방안전관리대상물 또는 3급 소방안전관리대상물의 소방안전관리보조자로 3년 이상 근무한 실무경력이 있는 사람

타. 3급 소방안전관리대상물의 소방안전관리자로 2년 이상 근무한 실무경력(법 제24조 제3항에 따라 소방안전관리자로 선임되어 근무한 경력은 제외한다)이 있는 사람

파. 건축사 · 산업안전기사 · 산업안전산업기사 · 건축기사 · 건축산업기사 · 일반기계기사 · 전기기능장 · 전기기사 · 전기산업기사 · 전기공사기사 · 전기공사산업기사 · 건설안전기사 또는 건설안전산업기사 자격을 가진 사람

하. 특급 또는 1급 소방안전관리대상물의 소방안전관리자 시험응시 자격이 인정되는 사람

※ "소방안전관리자로 근무한 실무경력"은 「화재의 예방 및 안전관리에 관한 법률」 제24조 제3항에 따라 소방안전관리자로 선임되어 근무한 경력은 제외함

합격자 결정 및 발표

• 합격자 결정 : 매 과목 100점을 만점으로 하여 매 과목 40점 이상, 전 과목 평균 70점 이상 득점한 사람
• 합격자 발표 : 한국소방안전원 홈페이지에서 합격자 발표 조회

한국소방안전원 시 · 도지부 안내

• 대표번호 : 1899-4819
• 근무시간 : 09:00~18:00

지부(지역)	연락처	지부(지역)	연락처
서울지부(서울 영등포)	02-850-1378	서울동부지부(서울 신설동)	02-850-1392
부산지부(부산 금정구)	051-553-8423	대구경북지부(대구 중구)	053-431-2393
인천지부(인천 서구)	032-569-1971	울산지부(울산 남구)	052-256-9011
경기지부(수원 팔달구)	031-257-0131	경기북부지부(파주)	031-945-3118
대전충남지부(대전 대덕구)	042-638-4119	경남지부(창원 의창구)	055-237-2071
충북지구(청추 서원구)	043-237-3119	광주전남지부(광주 광산구)	062-942-6679
강원지부(횡성군)	033-345-2119	전북지부(전북 완주군)	063-212-8315
제주지부(제주시)	064-758-8047	-	

구성과 특징

핵심이론

시행처에서 가장 최근에 발표한 시험안내에 맞게 이론을 빠짐없이 구성하였습니다.

기출 키워드

빈출 핵심 키워드를 통해 최근 출제경향을 파악할 수 있습니다. 각 키워드와 연계된 중요이론을 놓치지 않고 학습할 수 있도록 하였습니다.

괄호문제

방금 학습한 이론에서 꼭 알아야 할 내용을 기반으로 괄호문제를 구성하였습니다. 이론의 핵심 포인트를 알고 중요 개념을 확실히 학습할 수 있도록 하였습니다.

확인 OX문제

그동안 출제되었던 기출문제의 선지를 활용하여 OX문제를 구성하였습니다. 시험에서 자주 오답으로 출제되는 선지를 풀어보며 오답의 함정에서 벗어나는 연습을 할 수 있습니다.

CHAPTER 01 PART 01. 소방관계법령

소방안전관리제도

2% 출제율

출제포인트
- 특정소방대상물의 개념
- ~~전~~관리자의 업무

기출 키워드

소방대상물, 특정소방대상물, 안전관리자, 2년간 보관

1. 개요

소방안전관리자 선임 제도는 1958년 3월 11일 소방법 제정 때부터 시행됐다. 일정 규모

3. 소방활동 등(제19조, 제20조)

(1) 화재 등의 통지

① 화재 현장 또는 구조·구급이 필요한 사고 현장을 발견한 사람은 그 현장의 소방본부, 소방서 또는 관계 행정기관에 지체 없이 알려야 한다.

② 다음의 어느 하나에 해당하는 지역 또는 장소에서 화재로 오인할 만한 우려 불을 피우거나 연막(煙幕) 소독을 하려는 자는 시·도의 조례로 정하는 비 관할 소방본부장 또는 소방서장에게 신고해야 한다(위반 시 20만원 과태

ⓐ 시장 지역
ⓑ 공장·창고가 밀집한 지역
ⓒ 목조건물이 밀집한 지역
ⓓ 위험물의 저장 및 처리 시설이 밀집한 지역
ⓔ 석유화학제품을 생산하는 공장이 있는 지역
ⓕ 그 밖에 시·도의 조례로 정하는 지역 또는 장소

(2) 관계인의 소방활동 등(소방대상물에 화재, 재난 및 재해가 발생한 경우

① 관계인은 소방대가 현장에 도착할 때까지 경보를 울리거나 대피를 유도하는 방법으로 사람을 구출하는 조치 또는 불을 끄거나 불이 번지지 않도록 필요한 조치를 해야 한다.

② 관계인은 소방본부, 소방서 또는 관계 행정기관에 지체 없이 알려야 한다.

4. 한국소방안전원(안전원, 제40조, 제41조)

(1) 설립 목적

① 소방기술과 안전관리기술의 향상 및 홍보
② 행정기관의 위탁업무(교육·훈련) 수행
③ 소방 관계 종사자의 기술 향상

(2) 안전원의 업무

① 소방기술과 안전관리에 관한 교육 및 조사·연구
② 소방기술과 안전관리에 관한 각종 간행물 발간
③ 화재예방과 안전관리의식 고취를 위한 대국민 홍보
④ 소방업무에 관하여 행정기관이 위탁하는 업무
⑤ 소방안전에 관한 국제협력
⑥ 그 밖에 회원에 대한 기술지원 등

+ 괄호문제

다음 괄호 안에 알맞은 내용을 쓰시오.

① 소방대상물의 소유자, 관리 자, 점유자를 ( )이라 한다.
② ( )은 소방대가 도착할 때까 지 사람을 구출하는 조치 또 는 불을 끄거나 불이 번지지 않도록 필요한 조치를 해야 한다.

| 정답 |
① 관계인
② 관계인

확인! OX

안전원에 대한 설명이다. 옳으면 "○", 틀리면 "×"로 표시하시오.

1. 안전원은 소방 관계인의 기 술 향상을 위해 설립되었다. ( )
2. 안전원은 소방용품에 대한 형식승인을 연구하고 조사 한다. ( )

1. 소방 관계인이 아닌 소방 관계 종사자의 기술 향상을 위해 설 립되었다.
2. 소방용품에 대한 형식승인을 연구하고 조사하는 곳은 한국 소방산업기술원의 업무이다.

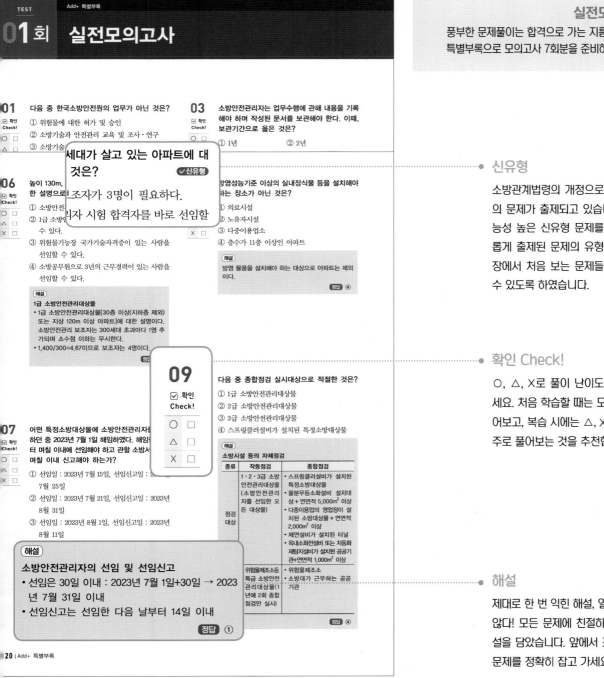

TEST
Add+ 특별부록
01회 실전모의고사

실전모의고사
풍부한 문제풀이는 합격으로 가는 지름길입니다.
특별부록으로 모의고사 7회분을 준비하였습니다.

01 다음 중 한국소방안전원의 업무가 아닌 것은?
☑ 확인 Check!
① 위험물에 대한 허가 및 승인
② 소방기술과 안전관리 교육 및 조사·연구
③ 소방기술

03 소방안전관리자는 업무수행에 관해 내용을 기록해야 하며 작성된 문서를 보관해야 한다. 이때, 보관기간으로 옳은 것은?
☑ 확인 Check!
① 1년
② 2년

세대가 살고 있는 아파트에 대
것은?
✓신유형
조자가 3명이 필요하다.
자 시험 합격자를 바로 선임할

06 높이 130m,
한 설명으로
☑ 확인 Check!
① 소방안전
② 1급 소방 수 있다.
③ 위험물기능장 국가기술자격증이 있는 사람을 선임할 수 있다.
④ 소방공무원으로 3년의 근무경력이 있는 사람을 선임할 수 있다.

방염성능기준 이상의 실내장식물 등을 설치해야 하는 장소가 아닌 것은?
① 의료시설
② 노유자시설
③ 다중이용업소
④ 층수가 11층 이상인 아파트

[해설]
방염 물품을 설치해야 하는 대상으로 아파트는 제외이다.
[정답] ④

[해설]
1급 소방안전관리대상물
• 1급 소방안전관리대상물[30층 이상(지하층 제외) 또는 지상 120m 이상 아파트]에 대한 설명이다. 소방안전관리 보조는 300세대 초과마다 1명 추가되며 소수점 이하는 무시한다.
• 1,400/300=4.67이므로 보조자는 4명이다.
[정답]

09
☑ 확인 Check!
○	□
△	□
✕	□

다음 중 종합점검 실시대상으로 적절한 것은?
① 1급 소방안전관리대상물
② 2급 소방안전관리대상물
③ 3급 소방안전관리대상물
④ 스프링클러설비가 설치된 특정소방대상물

07 어떤 특정소방대상물에 소방안전관리자
하던 중 2023년 7월 1일 해임하였다. 해임
터 며칠 이내에 선임해야 하고 관할 소방서
며칠 이내 신고해야 하는가?
☑ 확인 Check!
① 선임일 : 2023년 7월 15일, 선임신고일 : 2
7월 25일
② 선임일 : 2023년 7월 21일, 선임신고일 : 2023년
8월 31일
③ 선임일 : 2023년 8월 1일, 선임신고일 : 2023년
8월 11일

[해설]
소방시설 등의 자체점검

종류	작동점검	종합점검
점검대상	1·2·3급 소방안전관리대상물(소방안전관리자를 선임한 모든 대상물)	• 스프링클러설비가 설치된 특정소방대상물 • 물분무등소화설비 설치대상 + 연면적 5,000m² 이상 • 다중이용업의 영업장이 설치된 소방대상물 + 연면적 2,000m² 이상 • 제연설비가 설치된 터널 • 옥내소화전설비 또는 자동화재탐지설비가 설치된 공공기관+연면적 1,000m² 이상
	위험물제조소등 특급 소방안전관리대상물(1년에 2회 종합점검만 실시)	• 위험물제조소 • 소방대가 근무하는 공공기관

[정답] ④

[해설]
소방안전관리자의 선임 및 선임신고
• 선임은 30일 이내 : 2023년 7월 1일+30일 → 2023년 7월 31일 이내
• 선임신고는 선임한 다음 날부터 14일 이내
[정답] ①

신유형
소방관계법령의 개정으로 새로운 유형의 문제가 출제되고 있습니다. 적중 가능성 높은 신유형 문제를 수록하여 새롭게 출제된 문제의 유형을 익혀 시험장에서 처음 보는 문제들도 모두 맞힐 수 있도록 하였습니다.

확인 Check!
○, △, ✕로 풀이 난이도를 체크해 보세요. 처음 학습할 때는 모든 문제를 풀어보고, 복습 시에는 △, ✕ 표시문제 위주로 풀어보는 것을 추천합니다.

해설
제대로 한 번 익힌 해설, 열 이론 부럽지 않다! 모든 문제에 친절하고 똑똑한 해설을 담았습니다. 앞에서 표시한 △, ✕ 문제를 정확히 잡고 가세요!

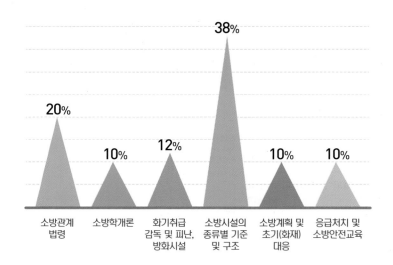

최 근 출 제 경 향 을 반 영 한

출 / 제 / 비 / 율

가장 빠른 합격을 위해 출제비율이
높은 부분을 중점적으로 학습하시길
바랍니다.

D-15 스터디 플래너

보름, 합격에 충분한 시간입니다.
시대에듀와 함께 가장 빠른 합격에 도전하세요.

D-15	D-14	D-13	D-12
PART 01 소방관계법령	PART 02 소방학개론	PART 03 화기취급 감독 및 피난, 방화시설	PART 04 소방시설의 종류별 기준 및 구조 [CHAPTER 01 ~ 03]
D-11	**D-10**	**D-9**	**D-8**
PART 04 소방시설의 종류별 기준 및 구조 [CHAPTER 04 ~ 06]	PART 05 소방계획 및 초기(화재)대응	PART 06 응급처치 및 소방안전교육	실전모의고사 01회 풀이 및 오답노트 정리
D-7	**D-6**	**D-5**	**D-4**
실전모의고사 02회 풀이 및 오답노트 정리	실전모의고사 03회 풀이 및 오답노트 정리	실전모의고사 04회 풀이 및 오답노트 정리	실전모의고사 05회 풀이 및 오답노트 정리
D-3	**D-2**	**D-1**	**D-day**
실전모의고사 06회 풀이 및 오답노트 정리	실전모의고사 07회 풀이 및 오답노트 정리	오답노트 확인 & 핵심이론 총복습	당신의 합격을 응원합니다.

PART **01**

소방관계법령

※ 법령의 잦은 개정으로 인하여 도서의 내용이 달라질 수 있음을 알려드립니다. 자세한 사항은 법제처 사이트(https://www.moleg.go.kr)를 참고 바랍니다.

CHAPTER 01 소방안전관리제도

2%
출제율

출제포인트
• 특정소방대상물의 개념
• 소방안전관리자의 업무

기출 키워드

소방대상물, 특정소방대상물, 안전관리자, 2년간 보관

1. 개요

소방안전관리자 선임 제도는 1958년 3월 11일 소방법 제정 때부터 시행됐다. 일정 규모 이상의 특정소방대상물[1]에 화재안전책임자를 지정해 소방안전관리업무를 담당하게 하는 제도이며, 한국소방안전원에서 발급하는 소방청 공인 국가전문자격사이다.

2. 특정소방대상물(소방시설법 영 별표 2)

종류	
• 공동주택[2](5층 이상인 아파트 등, 기숙사 등)	• 창고시설
• 근린생활시설 중 슈퍼마켓, 휴게음식점, 이용원, 의원, 탁구장 등	• 위험물 저장 및 처리 시설
• 문화 및 집회시설	• 항공기 및 자동차 관련 시설
• 종교시설	• 동물 및 식물 관련 시설
• 판매시설 중 도매시장, 소매시장, 전통시장, 상점	• 자원순환 관련 시설
• 운수시설	• 교정 및 군사시설
• 의료시설	• 방송통신시설
• 교육연구시설 중 학교, 교육원 등	• 발전시설
• 노유자시설	• 묘지 관련 시설
• 수련시설	• 관광 휴게시설
• 운동시설	• 장례 시설
• 업무시설	• 지하가, 지하구
• 숙박시설	• 국가유산
• 위락시설	• 복합건축물
• 공장	–

※ 소방기본법 외 다수 관련 법령에서 문화재 → 국가유산으로 용어가 변경되었음을 알려드립니다.

---

1) 건축물 등의 규모·용도 및 수용인원 등을 고려하여 소방시설을 설치해야 하는 소방대상물
2) 단독주택 : 가구별로 소유권이 구분되어 있지 않음(소유주가 한 명 : 단독주택, 다가구 주택)
   공동주택 : 가구별로 소유권이 구분되어 있음(소유주가 여러 명 : 연립주택, 다세대 주택)

[소방대상물과 특정소방대상물]

+ 괄호문제

다음 괄호 안에 알맞은 내용을 쓰시오.

① (　)이란 소방시설을 설치해야 하는 소방대상물로 대통령령이 정하는 것을 말한다.

② 소방안전관리자는 업무 수행에 대해 기록을 작성하고 작성한 날부터 (　)년간 보관해야 한다.

| 정답 |
① 특정소방대상물
② 2

3. 소방안전관리자의 업무(화재예방법 제24조, 영 제28조)

(1) 화기취급의 감독

(2) 소방훈련 및 교육

(3) 화재 발생 시 초기대응

(4) 피난시설, 방화구획 및 방화시설의 관리

(5) 소방시설이나 그 밖의 소방 관련 시설의 관리

(6) 자위소방대 및 초기대응체계의 구성, 운영 및 교육

(7) 피난계획에 관한 사항과 대통령령으로 정하는 사항이 포함된 소방계획서의 작성 및 시행

(8) 소방안전관리에 관한 업무 수행에 관한 기록·유지(기록을 작성하고 작성한 날부터 **2년간 보관**해야 한다)

(9) 그 밖에 소방안전관리에 필요한 업무

※ 이 밖에도 화재의 예방 및 안전관리에 관한 법률 시행규칙 제36조에 의해 소방 훈련 및 교육은 연 1회 이상 실시해야 하며, 2회의 범위에서 추가로 시행할 수 있다.

확인! OX

소방안전관리자의 업무에 대한 설명이다. 옳으면 "○", 틀리면 "×"로 표시하시오.

1. 소방안전관리자는 화재 발생 시 초기대응을 해야 한다.
(　)

2. 소방안전관리자는 업무 수행에 관한 기록을 작성하고, 작성한 날부터 1년간 보관해야 한다.
(　)

정답 1. ○　2. X

| 해설 |
2. 작성한 날부터 2년간 보관해야 한다.

소방기본법

출제포인트
- 소방기본법의 목적
- 관계인의 종류
- 벌칙 및 과태료
- 소방대상물의 범위
- 소방대의 종류

기출 키워드

소방대상물, 관계인, 소방대, 소방대장

1. 목적(제1조)

(1) 화재를 **예방·경계** 및 **진압**

(2) 국민의 **생명·신체** 및 **재산을 보호**

(3) 공공의 안녕 및 질서유지와 **복리증진**에 이바지

(4) 화재, 재난·재해, 그 밖의 위급한 상황에서 **구조·구급활동**

2. 정의(제2조)

(1) 소방대상물

건축물, 차량, 선박(**항구에 매어둔 선박만 해당**), 선박 건조 구조물, 산림, 그 밖의 인공 구조물 또는 물건

(2) 관계인[3]

소방대상물의 **소**유자, **관**리자, **점**유자

(3) 소방대(消防隊)   중요도★★☆

화재를 진압하고 화재, 재난·재해, 그 밖의 위급한 상황에서 구조·구급활동 등을 하기 위해 구성된 조직체
① 소방공무원
② 의무소방원
③ 의용소방대원

(4) 소방대장

소방본부장, 소방서장 등 화재, 재난·재해, 그 밖의 위급한 상황이 발생한 현장에서 **소방대를 지휘하는 사람**

---

3) 암기 Tip : 소관점

3. 소방활동 등(제19조, 제20조)

(1) 화재 등의 통지

① 화재 현장 또는 구조·구급이 필요한 사고 현장을 발견한 사람은 그 현장의 상황을 소방본부, 소방서 또는 관계 행정기관에 지체 없이 알려야 한다.

② 다음의 어느 하나에 해당하는 지역 또는 장소에서 화재로 오인할 만한 우려가 있는 불을 피우거나 연막(煙幕) 소독을 하려는 자는 시·도의 조례로 정하는 바에 따라 관할 소방본부장 또는 소방서장에게 신고해야 한다(위반 시 20만원 과태료).

　㉠ 시장 지역

　㉡ 공장·창고가 밀집한 지역

　㉢ 목조건물이 밀집한 지역

　㉣ 위험물의 저장 및 처리 시설이 밀집한 지역

　㉤ 석유화학제품을 생산하는 공장이 있는 지역

　㉥ 그 밖에 시·도의 조례로 정하는 지역 또는 장소

(2) 관계인의 소방활동 등(소방대상물에 화재, 재난 및 재해가 발생한 경우)

① 관계인은 소방대가 현장에 도착할 때까지 경보를 울리거나 대피를 유도하는 등의 방법으로 사람을 구출하는 조치 또는 불을 끄거나 불이 번지지 않도록 필요한 조치를 해야 한다.

② 관계인은 소방본부, 소방서 또는 관계 행정기관에 지체 없이 알려야 한다.

4. 한국소방안전원(안전원, 제40조, 제41조)

(1) 설립 목적

① 소방기술과 안전관리기술의 향상 및 홍보

② 행정기관의 위탁업무(교육·훈련) 수행

③ 소방 관계 종사자의 기술 향상

(2) 안전원의 업무

① 소방기술과 안전관리에 관한 교육 및 조사·연구

② 소방기술과 안전관리에 관한 각종 간행물 발간

③ 화재예방과 안전관리의식 고취를 위한 대국민 홍보

④ 소방업무에 관하여 행정기관이 위탁하는 업무

⑤ 소방안전에 관한 국제협력

⑥ 그 밖에 회원에 대한 기술지원 등

다음 괄호 안에 알맞은 내용을 쓰시오.

① 소방기본법상 소방대의 현장 출동을 ( ) 방해하는 사람은 5년 이하의 징역 또는 5천만원 이하의 벌금형에 처한다.
② 정당한 사유 없이 소방대의 생활안전활동을 방해한 자는 ( )만원 이하의 벌금에 처한다.

| 정답 |
① 고의로
② 100

5. 벌칙 및 과태료(제50조~제57조)   중요도 ★★★

(1) 벌칙

① 5년 이하의 징역 또는 5천만원 이하의 벌금
  ㉠ 위력(威力)을 사용하여 출동한 소방대의 화재진압·인명구조(구급활동) **방해**
  ㉡ 소방대가 화재진압·인명구조(구급활동)를 위해 현장에 출동하거나 출입하는 것을 **고의로 방해**
  ㉢ 소방대원에게 폭행(협박)을 행사하여 화재진압·인명구조(구급활동) **방해**
  ㉣ 소방대의 소방장비를 파손하거나 효용을 해치거나 화재진압·인명구조(구급활동) **방해**
  ㉤ 소방자동차의 출동을 방해
  ㉥ 다른 사람을 구출하는 일 또는 불을 끄거나 불이 번지지 않도록 하는 일을 방해한 사람
  ㉦ 정당한 사유 없이 소방용수시설 또는 비상소화장치[4]를 사용하거나 그 정당한 사용을 **방해**한 사람

② 3년 이하의 징역 또는 3천만원 이하의 벌금 : 불이 번질 우려가 있는 소방대상물 및 토지의 **강제처분**을 방해한 자(정당한 사유 없이 그 처분에 따르지 않은 자)

③ 100만원 이하의 벌금 : **정당한 사유 없이**
  ㉠ 소방대의 **생활안전활동**을 방해한 자
  ㉡ 소방대가 현장에 도착할 때까지 사람을 구출하는 조치 또는 불을 끄거나 불이 번지지 않도록 하는 조치를 하지 않은 자
  ㉢ 피난명령을 위반한 자
  ㉣ 긴급조치를 방해한 자
  ㉤ 물의 사용이나 수도의 개폐장치를 사용 또는 조작을 못하게 하거나 방해한 자

> **개념 다지기** 생활안전활동(제16조의3)
>
> 방치하면 국민의 생명과 재산이 위험해질 우려가 있는 경우 예방을 위해 소방기관에서 행하는 업무 수행이다.
> • 붕괴, 낙하 등이 우려되는 고드름, 나무, 위험 구조물 등의 제거 활동
> • 위해동물, 벌, 등의 포획 및 퇴치 활동
> • 끼임, 고립 등에 따른 위험 제거 및 구출 활동
> • 단전사고 시 비상전원 또는 조명의 공급
> • 그 밖에 방치하면 급박해질 우려가 있는 위험을 예방하기 위한 활동

확인! OX

양벌 규정에 대한 설명이다. 옳으면 "○", 틀리면 "×"로 표시하시오.

1. 법인 또는 개인이 업무와 관련하여 범죄를 저지른 경우 실제로 범죄 행위를 한 사람 외에 관련 있는 법인 또는 사람에 대해서도 같은 형벌을 과하는 것을 중복제재라고 한다.   ( )
2. 양벌 규정이 부과될 수 있는 벌칙은 벌금형에만 적용된다.   ( )

정답 1. X 2. O

| 해설 |
1. 양벌 규정에 대한 설명이며, 중복제재란 같은 법적 사실에 대해 두 번 이상의 법적 제재를 가하지 않는다는 원칙이다.
2. 양벌 규정은 벌금형만 해당한다.

(2) 양벌 규정

법인의 대표자나 법인 또는 개인의 대리인, 사용인, 그 밖의 종업원이 그 법인 또는 개인의 업무에 관하여 위반행위를 하면 그 행위자를 벌하는 외에 그 법인 또는 개인에게도 해당 벌금형을 과(科)한다. 단, 양벌 규정이 부과될 수 있는 벌칙은 벌금형에만 적용된다.

---

4) 비상소화장치 : 소방호스(소방용릴호스 포함) 등을 소방용수시설에 연결하여 화재를 진압하는 시설이나 장치

(3) 과태료

① 500만원 이하 : 화재 또는 구조·구급이 필요한 상황을 거짓으로 알린 사람

> **개념 다지기** 거짓 신고
>
> 화재 또는 구조·구급이 필요한 상황을 거짓으로 알린 경우, 부과되는 최대 과태료가 200만원에서 500만원으로 2배 이상 늘어났다. 소방청은 '소방기본법 시행령' 개정안을 2021년 1월 19일에 공포하여 21일부터 시행했다.
> • 1회 : 200만원
> • 2회 : 400만원
> • 3회 이상 : 500만원

② 200만원 이하

    ㉠ 소방활동구역을 출입한 사람

    ㉡ 소방자동차의 출동에 지장을 준 자

    ㉢ 한국소방안전원 또는 이와 유사한 명칭을 사용한 자

③ 100만원 이하 : **소방자동차 전용구역**에 주차하거나 전용구역의 진입을 가로막는 등의 방해 행위를 한 자

[소방자동차 전용구역]

④ 20만원 이하 : 아래의 지역 또는 장소에서 **화재로 오인할 만한 우려가 있는 불을 피우거나 연막 소독을 실시하고자 하는 자가 신고를 하지 아니하여 소방자동차를 출동하게 한 자**

    ㉠ 시장지역

    ㉡ 목조건물이 밀집한 지역

    ㉢ 공장·창고가 밀집한 지역

    ㉣ 위험물의 저장 및 처리시설이 밀집한 지역

    ㉤ 석유화학제품을 생산하는 공장이 있는 지역

    ㉥ 그 밖에 시·도의 조례로 정하는 지역 또는 장소

화재의 예방 및 안전관리에 관한 법률[5]

4%
출제율

출제포인트
• 화재안전조사의 주체와 실시대상
• 특정소방대상물의 선임대상물과 선임자격
• 벌칙 및 과태료
• 화재예방강화지구 지정지역
• 소방안전관리자의 선임과 선임신고 기간

1. 목적(제1조)

(1) 화재로부터 국민의 생명·신체 및 재산을 보호

(2) 공공의 안전과 복지 증진에 이바지

2. 정의(제2조)

(1) 예방

화재의 위험으로부터 사람의 생명·신체 및 재산을 보호하기 위하여 화재 발생을 사전에 제거하거나 방지하기 위한 모든 활동

(2) 안전관리

화재로 인한 피해를 최소화하기 위한 예방, 대비, 대응 등의 활동

(3) 화재예방강화지구

특별시장·광역시장·특별자치시장·도지사 또는 특별자치도지사가 화재 발생 우려가 크거나 화재가 발생할 때 피해가 클 것으로 예상되는 지역에 대하여 **화재의 예방 및 안전관리를 강화하기 위해 지정·관리하는 지역**

(4) 화재예방안전진단

화재가 발생할 때 사회·경제적으로 피해 규모가 클 것으로 예상되는 소방대상물에 대하여 **화재위험 요인을 조사하고 그 위험성을 평가하여 개선 대책을 수립**하는 것

---

5) 약칭 : 화재예방법

3. 화재안전조사

(1) 정의(제2조)

① 조사의 주체 : **소방청장, 소방본부장** 또는 **소방서장**

② 조사의 객체 : 소방대상물, 관계 지역 또는 관계인

③ 조사의 목적 : 소방시설 등6)이 소방 관계 법령에 적합하게 설치·관리되고 있는지, 소방대상물에 화재의 발생 위험이 있는지 등을 확인하기 위함

④ 조사의 방법 : 실시하는 **현장 조사 · 문서 열람 · 보고 요구** 등을 하는 활동

(2) 화재안전조사를 하는 경우(제7조)

① **자체점검**이 불성실하거나 불완전하다고 인정되는 경우

② 화재예방강화지구 등 **법령**에서 화재안전조사를 하도록 규정되어 있는 경우

③ 화재예방**안전진단**이 불성실하거나 불완전하다고 인정되는 경우

④ **국가적 행사 등** 주요 행사가 개최되는 장소 및 그 주변의 관계 지역에 대하여 소방안전관리 실태를 조사할 필요가 있는 경우

⑤ **화재**가 자주 발생하였거나 발생할 우려가 뚜렷한 곳에 대한 조사가 필요한 경우

⑥ **재난예측정보**, 기상예보 등을 분석한 결과 소방대상물에 화재의 발생 위험이 크다고 판단되는 경우

⑦ 그 밖의 긴급한 상황이 발생할 경우 **인명** 또는 재산피해의 우려가 현저하다고 판단되는 경우

(3) 화재안전조사의 항목(영 제7조)

① 방염

② 화재의 예방조치 등

③ 소방안전관리 업무 수행

④ 소방시설 등의 자체점검

⑤ 소방시설의 설치 및 관리

⑥ 피난계획의 수립 및 시행

⑦ 소방자동차 전용구역의 설치

⑧ 건설현장 임시소방시설의 설치 및 관리

---

6) 소방시설(소경피활용) : **소화설비, 경보설비, 피난구조설비, 소화활동설비, 소화용수설비**
　 소방시설 등 : 소방시설과 비상구(非常口), 그 밖의 소방 관련 시설로서 대통령령으로 정하는 것

+ 괄호문제

다음 괄호 안에 알맞은 내용을 쓰시오.

① ( )이란 시·도지사가 화재 발생 우려가 크거나 화재가 발생할 때 피해가 클 것으로 예상되는 지역에 대하여 화재의 예방 및 안전관리를 강화하기 위해 지정·관리하는 지역을 말한다.

② 화재안전조사의 주체는 소방청장, 소방본부장, ( )이다.

| 정답 |
① 화재예방강화지구
② 소방서장

확인! OX

화재안전조사에 대한 설명이다. 옳으면 "○", 틀리면 "×"로 표시하시오.

1. 화재안전조사의 주체는 소방청장, 소방본부장, 시·도지사로 소방관서장이라 한다. ( )

2. 화재가 자주 발생하였거나 발생할 우려가 뚜렷한 곳에 대한 조사가 필요한 경우 화재안전조사를 실시한다. ( )

정답 1. X 2. O

| 해설 |
1. 조사의 주체는 소방청장, 소방본부장, 소방서장이다.
2. 화재안전조사를 하는 경우에 해당된다.

⑨ 피난시설, 방화구획 및 방화시설의 관리
⑩ 소방시설공사업법[7]에 따른 시공, 감리 및 감리원의 배치
⑪ 소화, 통보, 피난 등의 훈련 및 소방안전관리에 필요한 교육
⑫ 다중이용업소의 안전관리에 관한 특별법, 위험물안전관리법 및 초고층 및 지하연계 복합건축물 재난관리에 관한 특별법에 따른 안전관리
⑬ 그 밖에 소방대상물에 화재의 발생 위험이 있는지 등을 확인하기 위해 소방관서장이 화재안전조사가 필요하다고 인정하는 사항

(4) 화재안전조사의 방법(제8조)

① 종합조사 : 화재안전조사 항목 **전부**를 확인하는 조사
② 부분조사 : 화재안전조사 항목 중 **일부**를 확인하는 조사

(5) 화재안전조사의 절차(영 제8조)

① 소방관서장[8]은 조사계획을 **7일 이상** 공개해야 한다.
② 사전 통지 없이 화재안전조사를 실시할 경우 화재안전조사를 실시하기 전 관계인에게 조사사유 및 조사범위 등을 **현장에서** 설명해야 한다.
③ 소방관서장은 화재안전조사를 위하여 소속 공무원으로 하여금 관계인에게 보고 또는 자료의 제출을 요구하거나 소방대상물의 위치, 구조, 설비 또는 관리 상황에 대한 **조사, 질문을** 하게 할 수 있다.

(6) 화재안전조사 결과에 따른 조치명령(제14조)   중요도★★☆

① 명령권자 : 소방관서장(소방청장, 소방본부장, 소방서장)
② 명령사항 : 소방대상물의 개수, 이전, 제거, 사용의 금지 또는 제한, 사용폐쇄, 공사의 정지 또는 중지

4. 화재의 예방조치 등

(1) 화재예방강화지구의 금지행위(제17조)

① **모닥불**, 흡연 등 화기의 취급
② **풍등** 등 소형열기구 날리기
③ **용접·용단** 등 불꽃을 발생시키는 행위
④ 그 밖에 대통령령으로 정하는 **화재 발생 위험**이 있는 행위

(2) 소방서장은 화재 발생 위험이 크거나 소화 활동에 지장을 줄 수 있다고 인정되는 행위나 물건에 대하여 관계인에게 금지 또는 제한 명령을 내릴 수 있다.

---

7) 소방시설공사업법 : 소방시설공사 및 소방기술의 관리에 필요한 사항을 규정
8) 소방관서장 : 소방청장, 소방본부장, 소방서장

(3) 화재예방강화지구(제18조)　　　중요도 ★★★

① 지정 : **시 · 도지사**

② 지정지역[9]

　　㉠ **시**장지역

　　㉡ **위**험물의 저장 및 처리시설이 밀집한 지역

　　㉢ **공**장 · 창고가 밀집한 지역

　　㉣ **노**후 · 불량건축물이 밀집한 지역

　　㉤ **목**조건물이 밀집한 지역

　　㉥ **석**유화학제품을 생산하는 공장이 있는 지역

　　㉦ **산**업입지 및 개발에 관한 법률에 따른 산업단지

　　㉧ **소**방시설 · 소방용수시설 또는 소방출동로가 없는 지역

　　㉨ 물류시설의 개발 및 운영에 관한 법률에 따른 **물**류단지

　　㉩ 소방관서장이 화재예방강화지구로 지정할 **필**요가 있다고 인정하는 지역

+ 괄호문제

다음 괄호 안에 알맞은 내용을 쓰시오.

① 1급 소방안전관리대상물의 조건은 지하층을 제외하고 (　) 층 이상 또는 지상 120m 이상 아파트 등이 포함된다.

② 소방안전관리보조자를 선임하지 않아도 되는 경우는 바닥면적이 15,000m² 미만이고 관계인이 24시간 상시 근무하고 있는 (　)시설이다.

| 정답 |

① 30
② 숙박

5. 특정소방대상물의 선임대상물(영 별표 4, 별표 5)　　　중요도 ★★★

구분	내용
특급 소방안전관리대상물	• 50층 이상(지하층 제외) 또는 지상 200m 이상인 아파트 • **30층 이상(지하층 포함)** 또는 지상 120m 이상인 특정소방대상물(아파트 제외) • 연면적 **10만m² 이상**인 특정소방대상물(아파트 제외)
1급 소방안전관리대상물	• **30층 이상**(지하층 제외) 또는 지상 120m 이상인 **아파트**[10] • 지상층의 층수가 **11층 이상**인 특정소방대상물(아파트 제외) • 연면적 15,000m² 이상인 특정소방대상물(아파트 및 연립주택 제외) • 가연성 가스를 1,000톤 이상 저장 · 취급하는 시설
2급 소방안전관리대상물[11]	• **공동주택** • **옥내소화전설비**, 스프링클러설비 설치대상물 • **물분무등소화설비** 설치대상물
3급 소방안전관리대상물	자동화재탐지설비 설치대상물
소방안전관리보조자가 필요한 특정소방대상물	• 300세대 이상인 아파트(단, 300세대 초과마다 1명 추가) • 아파트 및 연립주택을 제외한 연면적 15,000m² 이상인 특정소방대상물 (단, 15,000m² 초과마다 1명 추가) • **공동주택(기숙사)**, 의료시설, 노유자시설, 수련시설, 숙박시설(바닥면적이 15,000m² 미만이고 관계인이 24시간 상시 근무하고 있는 숙박시설 제외)[12]

확인! **OX**

화재예방강화지구에 대한 설명이다. 옳으면 "○", 틀리면 "×"로 표시하시오.

1. 소방서장은 화재예방강화지구를 지정하여 관리할 수 있다.　　　(　)
2. 위험물의 저장 및 처리시설이 밀집한 지역과 석유화학제품을 생산하는 공장이 있는 지역은 화재예방강화지구로 지정한다.　　　(　)

정답 1. X　2. O

| 해설 |

1. 화재예방강화지구를 지정하는 주체는 시 · 도지사이다.
2. 그 밖에 시장지역, 공장 · 창고 밀집지역, 목조건물 밀집지역, 산업단지, 소방시설 및 소방용수시설 등이 없는 지역 등은 화재예방강화지구로 지정한다.

---

9) 암기 Tip : 시위공노목석산소물필
10) 30~49층
11) 암기 Tip : 공동옥스물
12) 암기 Tip : 노숙의기수

다음 괄호 안에 알맞은 내용을 쓰시오.

① 소방설비기사 또는 소방설비산업기사의 자격이 있는 사람, 소방공무원으로 7년 이상 근무한 경력이 있는 사람은 ( )급 소방안전관리자 자격증을 발급받을 수 있다.
② 화기취급의 감독은 ( )과 소방안전관리자의 업무이다.

| 정답 |
① 1
② 관계인

6. 특정소방대상물의 선임자격(영 별표 4)

구분	선임자격	선임인원
특급 소방안전관리대상물	• 소방기술사 또는 소방시설관리사 • 1급 소방안전관리자(**소방설비기사**) **실무경력 5년** 이상 • 1급 소방안전관리자(**소방설비산업기사**) **실무경력 7년** 이상 • 소방공무원 **20년** 이상 근무경력 • 특급 소방안전관리자 시험 합격자	1명 이상
1급 소방안전관리대상물	• **소방설비기사 또는 소방설비산업기사** • 소방공무원 **7년 이상** 근무경력 • 1급 소방안전관리자 시험 합격자	1명 이상
2급 소방안전관리대상물	• 위험물기능장, 위험물산업기사, 위험물기능사 • 소방공무원 **3년 이상** 근무경력 • 2급 소방안전관리자 시험 합격자	1명 이상
3급 소방안전관리대상물	• 소방공무원 **1년 이상** 근무경력 • 3급 소방안전관리자 시험 합격자	1명 이상

7. 관계인 및 소방안전관리자의 업무(제24조)

특정소방대상물의 관계인 업무	소방안전관리대상물의 소방안전관리자 업무
① 화기취급의 감독 ② 화재 발생 시 초기대응 ③ 피난시설, 방화구획 및 방화시설의 관리 ④ 소방시설이나 그 밖의 소방 관련 시설의 관리 ⑤ 그 밖에 소방안전관리에 필요한 업무	① 화기취급의 감독 ② 화재 발생 시 초기대응 ③ 피난시설, 방화구획 및 방화시설의 관리 ④ 소방시설이나 그 밖의 소방 관련 시설의 관리 ⑤ 그 밖에 소방안전관리에 필요한 업무 ⑥ 소방훈련 및 교육 ⑦ **자위소방대** 및 초기대응체계의 구성, 운영 및 교육 ⑧ 피난계획에 관한 사항과 대통령령으로 정하는 사항이 포함된 **소방계획서**의 작성 및 시행 ⑨ 소방안전관리에 관한 업무 수행에 관한 기록·유지 (①, ③, ④)

확인! OX

관계인과 소방안전관리자의 업무에 대한 설명이다. 옳으면 "○", 틀리면 "×"로 표시하시오.

1. 관계인과 소방안전관리자는 화기취급에 대한 감독을 하고 화재 발생 시 초기대응을 해야 한다.   ( )
2. 관계인은 피난계획이 포함된 소방계획서를 작성하고 시행해야 한다.   ( )

정답 1. ○ 2. ×

| 해설 |
2. 소방계획서의 작성 및 시행은 소방안전관리자의 업무이다.

8. 소방안전관리자의 선임신고(제26조)   중요도 ★★★

선임	선임신고	신고대상
30일 이내	14일 이내	소방본부장 또는 소방서장

※ 소방안전관리자의 선임연기 신청 : 2급, 3급 및 소방안전관리보조자를 선임해야 하는 소방안전관리대상물의 관계인

9. 소방안전관리업무의 대행(영 제28조)

(1) 대상물(작은 건물)13)

구분	특급	1급	2급	3급
아파트	전체	전체	전체	전체
일반		연면적 15,000m² 이상		
		지상층의 층수가 11층 이상		

(2) 업무

① 피난시설, 방화구획 및 방화시설의 관리

② 소방시설이나 그 밖의 소방 관련 시설의 관리

10. 벌칙 및 과태료(제50조~제52조) 중요도 ★★★

(1) 벌칙

① 3년 이하의 징역 또는 3천만원 이하의 벌금

   ㉠ 화재안전조사 결과에 따른 조치명령을 정당한 사유 없이 위반한 자

   ㉡ 화재예방안전진단 결과에 따른 보수·보강 등의 조치명령을 정당한 사유 없이 위반한 자

② 1년 이하의 징역 또는 1천만원 이하의 벌금

   ㉠ 소방안전관리자 자격증을 다른 사람에게 빌려주거나 빌리거나 이를 알선한 자

   ㉡ 진단기관으로부터 화재예방안전진단14)을 받지 않은 자

③ 300만원 이하의 벌금

   ㉠ 화재안전조사를 정당한 사유 없이 거부·방해·기피한 자

   ㉡ 화재예방조치에 따른 명령을 정당한 사유 없이 따르지 않거나 방해한 자

   ㉢ 소방안전관리자, 총괄소방안전관리자, 소방안전관리보조자를 선임하지 않은 자

   ㉣ 소방시설·피난시설·방화시설 및 방화구획 등이 법령에 위반된 것을 발견하였음에도 필요한 조치를 할 것을 요구하지 않은 소방안전관리자

   ㉤ 소방안전관리자에게 불이익한 처우를 한 관계인

---

13) 특급 소방대상물, 1급 소방대상물 중 아파트와 연면적 15,000m² 이상인 경우 업무 대행이 불가하다.

14) 화재가 발생할 경우 사회·경제적으로 피해 규모가 클 것으로 예상되는 소방대상물에 대하여 화재위험요인을 조사하고 그 위험성을 평가하여 개선대책을 수립하는 것을 의미한다.

다음 괄호 안에 알맞은 내용을 쓰시오.

① 소방안전관리자의 성명 등을 게시하지 않을 경우 200만원 이하의 (   )를 부과한다.
② 화재의 예방조치를 위반하여 화기취급 등을 한 자는 (   )만원 이하의 과태료를 부과한다.

| 정답 |
① 과태료
② 300

(2) 과태료

① 300만원 이하

㉠ 화재의 예방조치를 위반하여 화기취급 등을 한 자

㉡ 특정소방대상물 소방안전관리를 위반하여 소방안전관리자를 겸한 자

㉢ 건설현장 소방안전관리를 위반하여 건설현장 소방안전관리대상물의 소방안전관리자의 업무를 하지 않은 경우

㉣ 소방안전관리업무를 하지 않은 특정소방대상물의 관계인 또는 소방안전관리대상물의 소방안전관리자

㉤ 피난유도 안내정보를 제공하지 않은 자

㉥ 소방훈련 및 교육을 하지 않은 자

② 200만원 이하

㉠ 선임신고를 하지 않은 경우
• 지연 신고기간이 1개월 미만인 경우 : 50만원
• 지연 신고기간이 1개월 이상 3개월 미만인 경우 : 100만원
• 지연 신고기간이 3개월 이상 또는 미신고인 경우 : 200만원

㉡ 소방안전관리자의 성명 등을 게시하지 않은 경우
• 1차 위반 : 50만원
• 2차 위반 : 100만원
• 3차 이상 위반 : 200만원

③ 100만원 이하 : 실무교육을 받지 않은 소방안전관리자 및 소방안전관리보조자(50만원)

확인! OX

화재예방법에 적용되는 과태료에 대한 설명이다. 옳으면 "○", 틀리면 "×"로 표시하시오.

1. 피난유도 안내정보를 제공하지 않은 자는 300만원 이하의 벌금에 처한다. (   )
2. 소방안전관리자 선임신고를 3개월 이상 또는 미신고 시 200만원 이하의 과태료가 부과된다. (   )

정답 1. X 2. ○

| 해설 |
1. 300만원 이하의 과태료이다.
2. 1개월 미만 : 50만원, 1개월 이상 3개월 미만 : 100만원, 3개월 이상 또는 미신고 : 200만원

소방시설 설치 및 관리에 관한 법률[15]

8%
출제율

출제포인트

• 소방시설의 종류
• 방염 대상이 되는 물품
• 벌칙 및 과태료

• 무창층의 구비조건
• 작동점검과 종합점검의 점검시기

1. 목적(제1조)

(1) 특정소방대상물 등에 설치해야 하는 소방시설 등의 설치・관리와 소방용품 성능관리에 필요한 사항을 규정함으로써 국민의 생명・신체 및 **재산을 보호**한다.

(2) **공공의 안전**과 **복리증진**에 이바지한다.

2. 정의(제2조, 영 제2조)

(1) **소방시설**[16]

소화설비, **경보**설비, **피난구조**설비, 소화용수설비, 소화**활동**설비

(2) **소방시설 등**

소방시설과 비상구(非常口), 그 밖에 소방 관련 시설

(3) **특정소방대상물**

건축물 등의 규모・용도 및 수용인원 등을 고려하여 소방시설을 설치해야 하는 소방대상물

(4) **피난층**[17]

곧바로 **지**상으로 갈 수 있는 **출**입구가 있는 층

기출 키워드

소방시설, 피난층, 무창층, 방염, 작동점검, 종합점검

---

15) 약칭 : 소방시설법
16) 암기 Tip : 소경피활용
17) 암기 Tip : 곧지출

＋ 괄호문제

다음 괄호 안에 알맞은 내용을 쓰시오.

① 곧바로 지상으로 갈 수 있는 출입구가 있는 층을 (　)이라고 한다.
② 무창층에서 개구부의 크기는 지름 50cm (　)의 원이 통과할 수 있어야 하고, 바닥면으로부터 개구부 밑부분까지의 높이는 1.2m (　)이어야 한다.

| 정답 |
① 피난층
② 이상, 이내

(5) 무창층의 구비조건   중요도 ★★☆

개구부 면적의 합계가 해당 층 바닥면적의 $\frac{1}{30}$ 이하가 되는 층

① 크기는 **지름 50cm 이상**의 원이 통과할 수 있을 것
② 해당 층의 바닥면으로부터 개구부 밑부분까지의 높이가 **1.2m 이내**일 것
③ 도로 또는 차량이 진입할 수 있는 **빈터를 향할 것**
④ 화재 시 건축물로부터 쉽게 피난할 수 있도록 창살이나 그 밖의 장애물이 설치되지 않을 것
⑤ 내부 또는 외부에서 쉽게 부수거나 열 수 있을 것

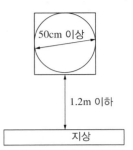

3. 방염(KC인증)[18]

(1) 개념(제20조)

특정소방대상물에 실내장식 등의 목적으로 설치 또는 부착하는 물품(방염대상물품)으로서 방염성능기준 이상의 것으로 설치해야 한다.

(2) 방염 물품을 설치해야 하는 대상(영 제30조)

① 의료시설
② **숙박**시설
③ **노유자**시설
④ 다중이용업소(일반음식점, 휴게음식점, PC방 등)
⑤ 교육연구시설 중 합숙소
⑥ 숙박이 가능한 수련시설
⑦ 방송통신시설 중 방송국 및 촬영소
⑧ 근린생활시설 중 의원, 조산원, 산후조리원, 체력단련장, 공연장 및 종교집회장
⑨ 건축물의 **옥내**에 있는 시설로서 문화 및 집회시설, 종교시설, 운동시설(**수영장 제외**)
⑩ 층수가 11층 이상인 건물 내 매장 및 공용부분 전체(아파트 제외)

(3) 방염 대상이 되는 물품(영 제31조)

① **제조 또는 가공공정에서 방염처리를 한 물품**
　㉠ 창문에 설치하는 커튼류(**블라인드 포함**)
　㉡ 카펫/두께가 2mm 미만인 벽지류(**종이벽지 제외**)
　㉢ 전시용 합판·목재 또는 섬유판

확인! OX

방염 대상이 되는 물품에 대한 설명이다. 옳으면 "○", 틀리면 "×"로 표시하시오.

1. 창문에 설치하는 커튼류(블라인드 제외)는 방염 대상이 되는 물품이다. (　)
2. 두께 2mm 미만인 벽지류(종이벽지 제외)는 제조 또는 가공공정에서 방염처리한 물품이다. (　)

정답 1. X 2. O

| 해설 |
1. 블라인드 포함하여 창문에 설치하는 커튼류는 방염 대상이 되는 물품이다.

---

18) KS인증은 제품의 품질을, KC인증은 제품의 안전성을 인증해 주는 의미가 있다.

ⓔ 무대용 합판·목재 또는 섬유판

ⓜ 암막, 무대막(영화상영관, 골프연습장의 스크린 포함)

ⓗ 섬유류 또는 합성수지류 등이 원료인 소파, 의자(단란주점영업, 유흥주점영업, 노래연습장업만 해당)

② **건축물 내부 천장이나 벽에 부착하거나 설치하는 것**

ⓖ **종이류(두께 2mm 이상)**, 합성수지류 또는 섬유류를 주원료로 한 물품

ⓛ 합판이나 목재

ⓒ 공간을 구획하기 위하여 설치하는 간이 칸막이(접이식 등 이동 가능한 벽체)

ⓔ 흡음이나 방음을 위하여 설치하는 흡음재 또는 방음재(커튼 포함)

[예외] 가구류(옷장, 천장, 식탁, 식탁용 의자, 사무용 책상, 사무용 의자, 계산대 등)와 너비 10cm 이하인 반자돌림대 등과 건축법의 내부 마감재료는 제외

4. 소방시설 등의 자체점검(규칙 별표 3)

4. 소방시설 등의 자체점검(규칙 별표 3)

종류	작동점검	종합점검
정의	소방시설 등을 인위적으로 조작하여 정상적으로 작동하는지를 점검	작동점검을 포함하여 소방시설 등의 설비별 주요 구성 부품의 구조기준이 화재안전기준과 건축법 등 관련 법령에서 정하는 기준에 적합한지를 점검
점검대상	1·2·3급 소방안전관리대상물 (소방안전관리자를 선임한 모든 대상물)	• 스프링클러설비가 설치된 특정소방대상물 • 물분무등소화설비 설치대상+연면적 5,000m² 이상 • 다중이용업[19]의 영업장이 설치된 특정소방대상물+연면적 2,000m² 이상 • 제연설비가 설치된 터널 • 옥내소화전설비 또는 자동화재탐지설비가 설치된 공공기관+연면적 1,000m² 이상
점검제외 대상	• 위험물제조소 등 • 특급 소방안전관리대상물(1년에 2회 종합점검만 실시)	• 위험물제조소 • 소방대가 근무하는 공공기관
점검인력	관계인, 소방안전관리자로 선임된 소방시설관리사 및 소방기술사, 특급점검자, 관리업에 등록된 소방시설관리사	관리업에 등록된 소방시설관리사, 소방안전관리자로 선임된 소방시설관리사 및 소방기술사
점검시기 (연 1회) [예외] 특급은 반기에 1회 이상	• 종합점검대상 : 종합점검을 받은 달부터 6개월이 되는 달에 실시 • 소방안전관리대상물(종합점검 대상 외) : 건축물의 사용승인일이 속하는 달의 말일까지 실시 (사용승인일 기준)	• (최초점검)신축 건축물은 사용승인일로부터 60일 이내(3급 대상 포함) → 신축 건축물은 최초점검 실시 후 다음 해부터 실시 • 건축물의 사용승인일이 속하는 달까지 실시 • 학교의 경우 건축물의 사용승인일이 1~6월 사이에 있는 경우 6월 30일까지 • 하나의 대지경계선 안에 점검대상이 2개 이상인 경우 사용승인일이 빠른 건축물의 사용승인일을 기준으로 점검
보고서 제출	자체검검이 끝난 날부터 15일 이내 소방서장에게 제출	자체점검이 끝난 날부터 15일 이내 소방서장에게 제출

---

19) 단란주점영업, 유흥주점영업, 비디오물 감상실업, 복합영상물 제공업, 노래연습장업, 산후조리원, 고시원업, 안마시술소

+ 괄호문제

다음 괄호 안에 알맞은 내용을 쓰시오.

① 소방시설 등의 자체점검에서 최초점검이란 신축 건축물의 사용승인일로부터 ( )일 이내 점검하는 것을 말한다.

② 1·2·3급 소방안전관리대상물은 ( )점검 대상물이다.

| 정답 |

① 60
② 작동

확인! OX

소방시설 등의 자체점검에 대한 설명이다. 옳으면 "○", 틀리면 "×"로 표시하시오.

1. 소방시설 등의 자체점검에는 작동점검과 종합점검이 있다. ( )

2. 작동점검 제외 대상에는 위험물제조소와 소방대가 근무하는 공공기관이 있다. ( )

정답 1. ○ 2. ×

| 해설 |

2. 위험물제조소와 소방대가 근무하는 공공기관은 종합점검 제외 대상이다.

① 관계인은 소방시설 등 자체점검기록표를 작성하여 특정소방대상물의 ( )가 쉽게 볼 수 있는 장소에 30일 이상 게시해야 한다.

② 소방시설의 ( )을 실시하지 않거나 관리업자 등으로 하여금 정기적으로 점검하게 하지 않은 자는 1년 이하의 징역 또는 1천만원 이하의 벌금에 처한다.

| 정답 |
① 출입자
② 자체점검

소방시설 등 자체점검기록표

- 대상물명 :
- 주 소 :
- 점검구분 :   [ ] 작동점검   [ ] 종합점검
- 점 검 자 :
- 점검기간 :   년 월 일 ~ 년 월 일
- 불량사항 : [ ] 소화설비   [ ] 경보설비   [ ] 피난구조설비
           [ ] 소화용수설비 [ ] 소화활동설비 [ ] 기타설비 [ ] 없음
- 정비기간 :   년 월 일 ~ 년 월 일

                                        년   월   일

「소방시설 설치 및 관리에 관한 법률」 제24조 제1항 및 같은 법 시행규칙 제25조에 따라 소방시설 등 자체점검결과를 게시합니다.

[소방시설 등 자체점검기록표]

---

5. 벌칙 및 과태료(제56조~제61조)   중요도 ★★★

(1) 벌칙

① 5년 이하의 징역 또는 5천만원 이하의 벌금 : 소방시설 폐쇄·차단 등의 행위를 한 자
  ㉠ 상해 시 : 7년 이하의 징역 또는 7천만원 이하의 벌금
  ㉡ 사망 시 : 10년 이하의 징역 또는 1억원 이하의 벌금

② 3년 이하의 징역 또는 3천만원 이하의 벌금
  ㉠ 관리업의 등록을 하지 않고 영업을 한 자
  ㉡ 소방용품의 형식승인을 받지 않고 소방용품을 제조하거나 수입한 자 또는 거짓이나 그 밖의 부정한 방법으로 형식승인을 받은 자
  ㉢ 제품검사를 받지 않은 자 또는 거짓이나 그 밖의 부정한 방법으로 제품검사를 받은 자
  ㉣ 거짓이나 그 밖의 부정한 방법으로 성능인증 또는 제품검사를 받은 자
  ㉤ 제품검사를 받지 않거나 합격표시를 하지 않은 소방용품을 판매·진열하거나 소방시설공사에 사용한 자
  ㉥ 거짓이나 그 밖의 부정한 방법으로 전문기관으로 지정을 받은 자
  ㉦ 소방용품을 판매·진열하거나 소방시설공사에 사용한 자

③ 1년 이하의 징역 또는 1천만원 이하의 벌금 : 소방시설의 자체점검을 실시하지 않거나 관리업자 등으로 하여금 정기적으로 점검하게 하지 않은 자

④ 300만원 이하의 벌금 : 자체점검 결과 소화펌프 고장 등 중대위반사항이 발견된 경우 필요한 조치를 하지 않은 관계인 또는 관계인에게 중대위반사항을 알리지 않은 관리업자 등

소방시설법상 벌칙 및 과태료에 대한 설명이다. 옳으면 "○", 틀리면 "×"로 표시하시오.

1. 소방시설 등의 점검 결과를 보고하지 않은 자 또는 거짓으로 보고한 자는 300만원 이하의 벌금에 처한다.   ( )

2. 소방시설 등 자체점검기록표에는 대상물명, 점검자, 불량사항 등의 내용이 포함되어 있다.   ( )

정답 1. × 2. ○

| 해설 |
1. 300만원 이하의 벌금이 아닌 과태료에 처한다.
2. 그 밖에 주소, 점검구분, 점검기간, 정비기간 등의 내용도 포함한다.

(2) 과태료

① 300만원 이하

⑦ **소방시설**을 화재안전기준에 따라 설치·관리하지 않은 자

ⓒ 공사 현장에 **임시소방시설**을 설치·관리하지 않은 자

ⓒ **피난시설, 방화구획(방화시설)**의 폐쇄·훼손·변경 등의 행위를 한 경우
- 1차 위반 : 100만원
- 2차 위반 : 200만원
- 3차 이상 위반 : 300만원

ⓔ 관계인에게 **점검 결과**를 제출하지 않은 관리업자 등

ⓜ 점검 결과를 보고하지 않거나 거짓으로 보고한 경우
- 지연 보고 기간이 10일 미만인 경우 : 50만원
- 지연 보고 기간이 10일 이상 1개월 미만인 경우 : 100만원
- 지연 보고 기간이 1개월 이상이거나 보고하지 않은 경우 : 200만원
- 점검 결과를 축소·삭제하는 등 거짓으로 보고한 경우 : 300만원

ⓗ **자체점검 이행계획**을 기간 내에 완료하지 않은 경우 또는 이행계획 완료 결과를 보고하지 않거나 거짓으로 보고한 경우
- 지연 완료 기간 또는 지연 보고 기간이 10일 미만인 경우 : 50만원
- 지연 완료 기간 또는 지연 보고 기간이 10일 이상 1개월 미만인 경우 : 100만원
- 지연 완료 기간 또는 지연 보고 기간이 1개월 이상이거나, 완료 또는 보고를 하지 않은 경우 : 200만원
- 이행계획 완료 결과를 거짓으로 보고한 경우 : 300만원

ⓢ **점검기록표**를 기록하지 않거나 특정소방대상물의 출입자가 쉽게 볼 수 있는 장소에 게시하지 않은 경우
- 1차 위반 : 100만원
- 2차 위반 : 200만원
- 3차 이상 위반 : 300만원

+ 괄호문제

다음 괄호 안에 알맞은 내용을 쓰시오.

① 소방시설법상 소화펌프 고장 시 필요한 조치를 취하지 않는 관계인은 ( )만원 이하의 벌금에 처한다.

② 점검기록표를 미기록하거나 게시하지 않은 관계인에게 1차 위반 시 ( )만원의 과태료가 부과된다.

| 정답 |
① 300
② 100

확인! OX

소방시설법에서 300만원의 과태료가 부과되는 경우에 대한 설명이다. 옳으면 "○", 틀리면 "×"로 표시하시오.

1. 소방시설을 화재안전기준에 따라 설치 및 관리하지 않을 경우 과태료가 부과된다.
( )

2. 점검기록표를 미기록하거나 게시하지 않은 관계인에게 2차 위반 시 300만원의 과태료가 부과된다. ( )

정답 1. ○ 2. ×

| 해설 |
2. 1차 위반 : 100만원, 2차 위반 : 200만원, 3차 위반 : 300만원

CHAPTER 05 건축관계법령

출제포인트
- 지하층의 개념
- 대수선의 범위
- 주요구조부의 구성요소
- 면적, 높이, 층수의 산정 및 제한

기출 키워드

지하층, 주요구조부, 대수선, 방화문, 자동방화셔터

1. 건축물의 방화안전 개념

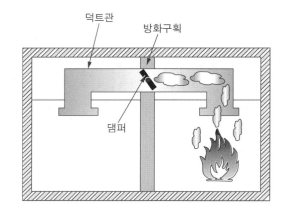

(1) 방화구획

건축물 내부를 방화벽으로 구획하여 화재의 확산을 제한

(2) 실내 마감재

화재의 확산을 방지하기 위해 불연재료[20], 준불연재료, 난연재료를 마감재료로 사용

> **개념 다지기** 건축물의 마감재료
>
> - 불연재료(난연 1급) : 불에 타지 않는 성질, 콘크리트·석재
> - 준불연재료(난연 2급) : 불연재료에 준하는 성질, 석고보드
> - 난연재료(난연 3급) : 불에 잘 타지 않는 성질, 난연 합판·난연 플라스틱

(3) 내화구조

화재에 견딜 수 있는 성능을 가진 구조

(4) 피난

재해를 피하고 안전한 장소로 가는 것

---

[20] 불에 타지 않는 성질을 가진 재료(난연1급)

2. 용어(건축법 제2조)

(1) 건축물

토지에 정착하는 공작물 중 지붕과 기둥 또는 벽이 있는 것과 그에 딸린 시설물

(2) 건축설비

건축물에 설치하는 전기·가스·난방 등 건축물의 실내 환경과 기능을 향상시키기 위해 설치하는 시설

(3) 거실

건축물 안에서 거주(居住)·집무·집회·오락 등의 목적을 위하여 사용되는 모든 방

(4) 지하층 중요도★★☆

건축물의 바닥이 지표면 아래에 있는 층으로서 바닥에서 지표면까지의 평균 높이가 해당 층 높이의 **1/2 이상**인 것

(5) 주요구조부[21] 중요도★★☆

내력벽(耐力壁), **기둥**, **지붕틀**, **바닥**, **보**, **주계단**

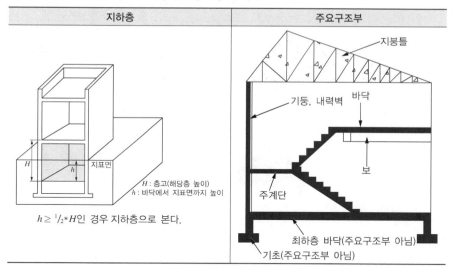

지하층	주요구조부

H : 층고(해당층 높이)
h : 바닥에서 지표면까지 높이
$h \geq {}^1/_2 * H$인 경우 지하층으로 본다.

지붕틀
기둥, 내력벽 / 바닥
보
주계단
최하층 바닥(주요구조부 아님)
기초(주요구조부 아님)

(6) 건축(영 제2조)

① **신축** : 건축물이 없는 대지에 새로 건축물을 축조하는 것
② **증축** : 기존 건축물이 있는 대지에서 건축물의 건축면적, 연면적, 층수 또는 높이를 늘리는 것
③ **개축** : 기존 건축물의 전부 또는 일부를 해체하고 그 대지에 종전과 같은 규모의 범위에서 건축물을 다시 축조하는 것

---

21) 암기 Tip : **내기**에서 **지면 바보주**

+ 괄호문제

다음 괄호 안에 알맞은 내용을 쓰시오.

① 바닥에서 지표면까지의 평균 높이가 해당 층 높이의 1/2 이상인 것을 ( )이라 한다.
② 건축법상 주요구조부는 내력벽, 기둥, 지붕틀, 바닥, 보, ( )을 의미한다.

| 정답 |
① 지하층
② 주계단

확인! OX

건축의 종류에 대한 설명이다. 옳으면 "○", 틀리면 "×"로 표시하시오.

1. 건축물이 없는 대지에 새로 건축물을 축조하는 것을 신축이라고 한다. ( )
2. 기존 건축물이 있는 대지에 건축물의 층수를 늘리는 것을 개축이라고 한다. ( )

정답 1. ○ 2. ×

| 해설 |
2. 건축물의 건축면적, 연면적, 층수 또는 높이를 늘리는 것을 증축이라고 한다.

다음 괄호 안에 알맞은 내용을 쓰시오.

① (   )이란 건축물이 천재지변이나 그 밖의 재해로 멸실된 경우 그 대지에 종전과 같은 규모의 범위에서 다시 축조하는 것을 말한다.

② 건축법에서 기둥을 증설 또는 해체하거나 (   )개 이상 수선 또는 변경하는 경우 대수선이라 한다.

| 정답 |
① 재축
② 3

④ 재축 : 건축물이 천재지변이나 그 밖의 재해로 멸실된 경우 그 대지에 다음 각 목의 요건을 모두 갖추어 다시 축조하는 것

 ㉠ 연면적의 합계는 종전 규모 이하로 할 것

 ㉡ 동(棟)수, 층수 및 높이가 모두 종전 규모 이하일 것. 단, 종전 규모를 초과하는 경우에는 건축법, 이 영 또는 건축조례에 모두 적합할 것

 ※ 개축은 자의에 의한 반면, 재축은 본인의 의사와는 관계없이 재해로 인하여 다시 축조한다는 점이 다르다.

⑤ 이전 : 기존 건축물의 주요구조부를 해체하지 않고 같은 대지 내에서 다른 위치로 옮기는 것

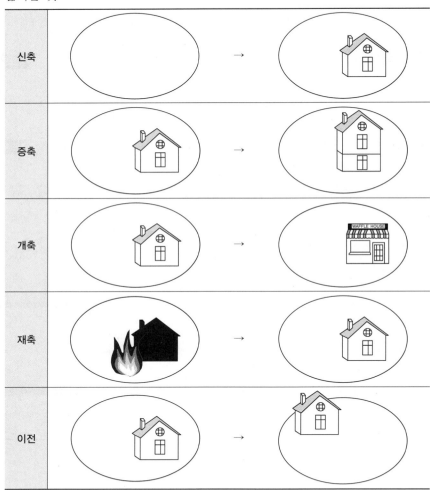

(7) 리모델링 : 대수선하거나 건축물의 일부를 증축 또는 개축하는 것

(8) 대수선(영 제3조의2)　　　　　　　　　　　　　　　　중요도 ★☆☆

① 내력벽을 증설 또는 해체하거나 벽면적을 **30m²** 이상 수선 또는 변경하는 것

② 기둥을 증설 또는 해체하거나 **3개** 이상 수선 또는 변경하는 것

③ 지붕틀을 증설 또는 해체하거나 3개 이상 수선 또는 변경하는 것
④ 보를 증설 또는 해체하거나 3개 이상 수선 또는 변경하는 것

(9) 구조

① 내화구조 : 화재에 견딜 수 있는 성능을 가진 구조
  예 철근콘크리트조, 연와조 등
② 방화구조 : 화염의 확산을 막을 수 있는 성능을 가진 구조
  예 철망모르타르 바르기, 회반죽 바르기 등

3. 면적, 높이, 층수의 산정 및 제한(건축법 영 제119조)

(1) 면적의 산정 및 제한

① 건축면적 : 건축물 외벽의 중심선으로 둘러싸인 부분의 수평투영면적

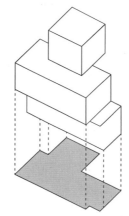

② 용적률 : 대지면적에 대한 연면적의 비율(지하층 제외)
  ㉠ 수직적 건축밀도
  ㉡ 용적률 $= \dfrac{\text{연면적}}{\text{대지면적}} \times 100\%$

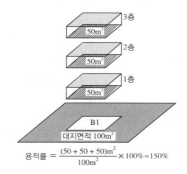

$$\text{용적률} = \frac{(50 + 50 + 50)\text{m}^2}{100\text{m}^2} \times 100\% = 150\%$$

+ 괄호문제

다음 괄호 안에 알맞은 내용을 쓰시오.
① 화재에 견딜 수 있는 성능을 가진 구조를 (   )라 한다.
② 건축물 외벽의 중심선으로 둘러싸인 부분의 수평투영면적을 (   )이라 한다.

| 정답 |
① 내화구조
② 건축면적

확인! OX

건축법에서 사용하는 용어에 대한 설명이다. 옳으면 "○", 틀리면 "×"로 표시하시오.
1. 용적률이란 대지면적에 대한 연면적의 비율로 지하층을 포함하여 계산한다.
(   )
2. 건폐율이란 대지면적에 대한 건축면적의 비율을 의미한다.   (   )

정답 1. X   2. ○

| 해설 |
1. 용적률이란 대지면적에 대한 연면적의 비율로 지하층을 제외한다.

+ 괄호문제

다음 괄호 안에 알맞은 내용을 쓰시오.

① 대지면적에 대한 ( )의 비율을 건폐율이라 한다.

② 건폐율이 ( )수록 대지를 효율적으로 이용할 수 있다.

| 정답 |

① 건축면적

② 높을

③ 건폐율[22] : 대지면적에 대한 건축면적의 비율

 ㉠ 수평적 건축밀도

 ㉡ 건폐율 $= \dfrac{건축면적}{대지면적} \times 100\%$

건폐율 $= \dfrac{60m^2}{100m^2} \times 100\% = 60\%$ 건폐율이 높음   건폐율이 낮음

④ 바닥면적과 연면적

 ㉠ 바닥면적 : 건축물의 각 층 또는 그 일부로서 벽, 기둥, 그 밖에 이와 비슷한 구획의 중심선으로 둘러싸인 부분의 수평투영면적

 ㉡ 연면적 : 하나의 건축물 각 층의 바닥면적의 합계

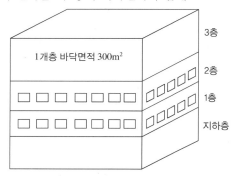

연면적 $= 300m^2 \times 4$개층 $= 1,200m^2$

⑤ 구역, 지역, 지구

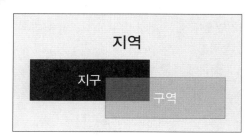

개념 다지기 구역, 지역, 지구

- 구역(5가지) : 개발제한구역(그린벨트), 도시자연공원구역, 수자원보호구역, 시가화조정구역, 입지규제최소구역
- 지역(4가지) : 도시지역, 관리지역, 농림지역, 자연환경보전지역
- 지구(9가지) : 경관지구, 고도지구, 방화지구, 방재지구, 보호지구, 취락지구, 개발진흥지구, 특정용도제한지구, 복합용도지구

확인! OX

건축 용어에 대한 설명이다. 옳으면 "○", 틀리면 "×"로 표시하시오.

1. 각 층의 바닥면적 합계를 총면적이라 한다.   (   )

2. 그린벨트는 경관지구에 해당한다.   (   )

정답 1. X   2. X

| 해설 |

1. 연면적에 대한 설명이다.

2. 그린벨트는 개발제한구역이다.

---

22) 건설부지에서 건축물이 차지하는 땅의 비율로 도시 건축밀도를 나타낸다. 도시지역은 50~70%, 관리지역은 20~40% 정도로 건폐율을 제한하는데, 지면에 최소한의 공터를 남겨 채광, 통풍을 확보하고 비상시 등에 대비하기 위해서다.

(2) 높이의 산정 및 제한

① 원칙 : 지표면에서 건축물 상단까지 높이
② 건축물 높이 산정에서 제외되는 부분
　ㄱ 건축물의 옥상에 설치되는 승강기탑 등 수평투영면적의 합계가 건축면적의 **1/8을 초과**하는 경우 그 높이의 **전부**를 건축물의 높이에 산정한다.

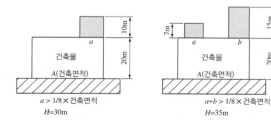

　ㄴ 건축물의 옥상에 설치되는 승강기탑·계단탑·망루·장식탑·옥탑 등으로 수평투영면적의 합계$(a+b)$가 해당 건축물 건축면적(A)의 **1/8 이하**인 경우 그 부분의 높이가 **12m**를 넘는 경우에는 그 **넘는 부분만** 해당 건축물의 높이(H)에 삽입한다.

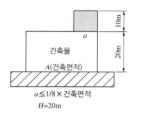
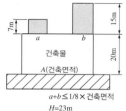

(3) 층수의 산정 및 제한

① 원칙 : 지상층만을 층수에 산정, 건축물이 부분에 따라 층수가 다른 경우 그중 가장 많은 층수를 그 건축물의 층수로 산정
② 층수 산정에서 제외되는 부분
　ㄱ 지하층
　ㄴ 건축물의 옥상에 설치되는 옥탑 등 층수 제외 기준

구분	일반 건축물	공동주택 중 세대별 전용면적 85m² 이하
제외되는 부분	승강기탑, 계단탑, 망루, 장식탑, 옥탑 등 1/8A 건축면적=A 3층 2층 1층	승강기탑, 계단탑, 망루, 장식탑, 옥탑 등 1/6A 건축면적=A 3층 2층 1층
	건축면적(A)의 1/8 이하인 경우 층수에서 제외	건축면적(A)의 1/6 이하인 경우 층수에서 제외

4. 방화문과 자동방화셔터(건축법 영 제64조, 건축물방화구조규칙 제14조)

종류	방화문	자동방화셔터
정의	방화구획의 개구부에 설치하는 문	화재 시 연기와 열을 감지하여 자동 폐쇄되는 셔터
구분	• 60분+방화문 : 연기 및 불꽃을 차단할 수 있는 시간이 60분 이상이고, 열을 차단할 수 있는 시간이 30분 이상인 방화문 • 60분 방화문 : 연기 및 불꽃을 차단할 수 있는 시간이 60분 이상인 방화문 • 30분 방화문 : 연기 및 불꽃을 차단할 수 있는 시간이 30분 이상 60분 미만인 방화문	• 피난이 가능한 60분+방화문 또는 60분 방화문으로부터 **3m 이내**에 별도로 설치할 것 • 전동방식이나 수동방식으로 개폐할 수 있을 것 • 불꽃감지기 또는 연기감지기 중 하나와 열감지기를 설치할 것 • 불꽃이나 연기를 감지한 경우 **일부 폐쇄**[23)]되는 구조일 것 • 열을 감지한 경우 **완전** 폐쇄되는 구조일 것
구조	자동방화셔터 방화문 3m 이내	

확인! OX

방화문과 자동방화셔터에 대한 설명이다. 옳으면 "○", 틀리면 "×"로 표시하시오.

1. 방화구획의 개구부에 설치하는 문을 비상문이라 한다. ( )

2. 자동방화셔터는 열을 감지한 경우 일부 폐쇄되는 구조이어야 한다. ( )

정답 1. X 2. X

| 해설 |
1. 방화문에 대한 설명이다.
2. 불꽃이나 연기를 감지한 경우는 일부 폐쇄되는 구조이고, 열을 감지한 경우는 완전 폐쇄되는 구조이어야 한다.

23) 셔터가 반만 내려오는 것을 의미한다.

PART **02**

소방학개론

연소이론

4%
출제율

출제포인트

• 연소의 3요소와 4요소
• 인화점, 발화점, 연소점 구별하기

• 가연물의 구비조건
• 물질별 연소범위

기출 키워드

연소(가산점), 활성화에너지, 열
전도도, 인화점, 발화점, 연소범
위, 증기비중

1. 연소(Combustion)의 정의

가연물이 산소공급원과 만나 빛과 열을 내는 산화반응이다.

2. 연소의 3요소[24]와 4요소

중요도 ★★★

(1) 가연물(연료) : 불에 탈 수 있는 물질로 고체·액체·기체연료가 있다.

(2) 산소공급원(조연성 물질) : 산화작용에 필요한 공기, 산화제, 자기반응성 물질, 조연성 기체 등을 말한다.

(3) 점화원(열원, 에너지원) : 발화에 필요한 최소에너지를 제공하는 것(화기, 전기, 정전기, 마찰, 충격, 화염 등)을 말한다.

(4) 연쇄반응 : 활성화에너지가 낮아지고 연소반응이 가속되는 현상을 말한다.

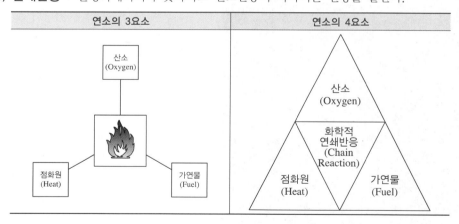

---

24) 암기 Tip : 가산점

3. 가연물의 구비조건 중요도 ★★★

(1) 활성화에너지[25] 값이 **작아야** 한다.

(2) 열전도도[26]가 **작아야** 한다.

(3) 발열반응을 해야 하며, 발열량이 **많아야** 한다.

(4) 조연성 가스[27]와 친화력이 **커야** 한다.

(5) 산소와 접촉할 수 있는 표면적이 **커야** 한다.

(6) 인화점, 발화점, 용융점이 낮아야 한다.

4. 연소의 형태

(1) 고체의 연소 : 분해연소, 증발연소, 표면연소, 자기연소

(2) 액체의 연소 : 분해연소, 증발연소

(3) 기체의 연소 : 확산연소, 예혼합연소

5. 연소의 용어

(1) 인화점(Flash Point)

① 가연성 액체로부터 발생한 증기가 액체 표면에서 연소범위의 하한계에 도달할 수 있는 **최저온도**

② 외부 점화원으로 불을 붙이면 **불이 붙는 최저온도**

액체 가연물질	인화점(℃)
가솔린(휘발유)	−43
아세톤	−18.5
벤젠	−11
메틸알코올	11
에틸알코올	13
등유	39 이상
중유	70 이상

(2) 발화점(착화점, Ignition Point)

① 외부의 점화원과 직접적인 접촉 없이 주위로부터 충분한 에너지를 받아 스스로 점화되는 최저온도

② 연료가 지속적으로 연소될 수 있는 가장 낮은 온도

---

25) 화학반응을 일으키기 위해 반응물에 공급해야 하는 최소에너지를 말한다.
   활성화에너지가 작다. = 반응속도가 빠르다.
26) 구리의 열전도도는 400, 나무의 열전도도는 0.4로 나무의 열전도도가 작으므로 가연물로 적합하다.
27) 자기 자신은 연소하지 않지만 연소를 도와주는 가스이다.

+ 괄호문제

다음 괄호 안에 알맞은 내용을 쓰시오.

① 가연물의 구비조건에서 활성화에너지와 열전도도는 ( ) 한다.

② 고체의 연소에는 분해연소, ( ), 표면연소, 자기연소 4가지의 형태가 있다.

| 정답 |
① 작아야
② 증발연소

확인! OX

인화점, 연소점, 발화점에 대한 설명이다. 옳으면 "○", 틀리면 "×"로 표시하시오.

1. 인화점은 점화원과 직접적인 접촉 없이 주위로부터 충분한 에너지를 받아 스스로 점화되는 최저온도이다.
   ( )

2. 인화점, 연소점, 발화점 중 인화점의 온도가 가장 낮다.
   ( )

정답 1. X 2. O

| 해설 |
1. 발화점에 대한 설명이다.

+ 괄호문제

다음 괄호 안에 알맞은 내용을 쓰시오.

① 연소점은 인화점보다 5~10℃ ( ), 불꽃이 최소 ( )초 이상 지속되는 온도이다.

② 아세틸렌의 연소범위는 ( )~( )%이다.

| 정답 |
① 높고, 5
② 2.5, 81

(3) 연소점(Fire Point)

　① 외부 점화원에 의해 발화 후 연소를 자발적으로 지속시킬 수 있는 충분한 증기를 발생시킬 수 있는 최저온도

　② 인화점보다 **5~10℃** 높고 불꽃이 최소 **5초 이상** 지속되는 온도

(4) 온도의 크기 비교　　　　　　　　　　　　　　　　　　중요도 ★☆☆

　인화점 < 연소점 < 발화점

(5) 연소범위

　① 가연성 증기가 공기와 혼합하여 연소를 일으킬 수 있는 범위

　② 연소농도의 최저를 연소하한계, 최고를 연소상한계라고 함

　③ 물질별 연소범위

　　㉠ 휘발유 : 1.2~7.6%

　　㉡ 아세틸렌 : 2.5~81%

　　㉢ 수소 : 4.1~75%

　　㉣ 중유 : 1.0~5.0%

　　㉤ 메틸알코올 : 6.0~36%

　　㉥ 아세톤 : 2.5~12.8%

　④ 아세틸렌의 연소범위

　　㉠ 알려져 있는 가연성가스 중 연소범위가 가장 넓은 것이 아세틸렌이다. 아세틸렌의 농도 2.5% 미만인 경우 또는 81%를 초과한 때에는 연소가 일어나지 않지만 2.5~81%의 농도에서는 연소가 일어나므로 존재 자체가 위험성을 내포하고 있다. 그 외에 아세틸렌만큼 위험한 가연성가스로는 수소가 있다.

　　㉡ 연소범위가 넓다는 의미는 연소한계가 서로 멀리 떨어져 있다는 것을 말한다. 연소하한계(LFL)는 낮고 연소상한계(UFL)는 높게 형성되어 있다는 것이다.

　　㉢ 연소상한계가 높다는 것은 저장탱크에 공기가 조금만 침입해도 연소범위가 형성되어 점화원만 있으면 연소·폭발할 수 있다는 것을 의미한다. 그러므로, 연소범위가 넓을수록 위험성이 커진다고 할 수 있다.

　　㉣ 해당 가연성가스의 위험성을 파악하여 그것에 맞게 방폭이나 소방시설 등의 안전시설과 불활성화 조치를 취해야 할 필요가 있다.

(6) 증기비중　　　　　　　　　　　　　　　　　　　　　중요도 ★☆☆

　① 공기의 밀도를 1로 해서 증기의 밀도를 비교한 값

　② 1보다 작을 때는 공기보다 가볍고, 1보다 클 때는 공기보다 무거움

확인! OX

증기비중에 대한 설명이다. 옳으면 "○", 틀리면 "✕"로 표시하시오.

1. 증기비중이 1보다 작을 때는 공기보다 가볍고, 1보다 클 때는 공기보다 무겁다. ( )

2. 증기의 밀도를 그것과 동일한 압력·온도에 있어서 공기의 밀도를 1로 해서 비교한 값을 공기비중이라고 한다. ( )

정답 1. ○　2. ✕

| 해설 |
2. 증기비중에 대한 설명이다.

화재이론

4%
출제율

출제포인트
- 화재의 분류
- 연기의 유동에 따른 확산속도
- 전도, 대류, 복사의 개념과 예시
- 화재의 성상단계

1. 화재의 정의

(1) 인간이 의도하지 않은, 또는 고의로 불을 낸 것

(2) 소화시설을 이용해 끌 필요가 있는 화학적인 폭발현상

기출 키워드

일반·유류·전기·금속화재,
전도, 대류, 복사, 플래시오버

2. 화재의 분류

구분	종류	소화기 표시	소화방법	적응 소화기	기타
일반화재	A급	백색 Ⓐ	냉각소화	포, 주수소화	목재, 섬유, 종이류 화재
유류화재	B급	황색 Ⓑ	질식소화	CO_2, 분말소화	가연성 액체 및 가스 화재
전기화재	C급	청색 Ⓒ	질식소화	CO_2, 증발성 액체	전기기구 화재
금속화재	D급	-	피복에 의한 질식	마른모래(건조사), 팽창질석	가연성 금속화재 (Mg, Na, K 등)
주방화재	K급	-	산소차단 +냉각소화	비누처럼 화재 표면에 막을 형성	식용유 주방의 식물성, 동물성 기름

개념 다지기 | K급 소화기의 설치기준

- 주방의 규모가 $25m^2$ 이하일 때 : K급 1대 이상
- 주방의 규모가 $25m^2$ 초과일 때 : K급 1대 이상+분말소화기, 자동확산소화기/상업용 주방자동소화장치

3. 열과 열전달

(1) 열

① 열은 물체의 온도를 변하게 하거나 물질의 상태를 변화시키는 에너지이다. 뜨거운 물체는 열을 많이 가지고 있고, 뜨거운 물체와 차가운 물체가 서로 닿으면 열이 많은 쪽에서 적은 쪽으로 이동한다.

② 열이 이동하는 방법에는 전도, 대류, 복사와 같이 세 가지 방법이 있다.

다음 괄호 안에 알맞은 내용을 쓰
시오.
① 화재 발생 시 계단실 내의 연기
의 수직방향 이동속도는 ( )~
( )m/s이다.
② 뜨거운 국이 담긴 냄비에
국자를 담가두었을 때 국자
가 점점 뜨거워지는 현상을
( )라 한다.

| 정답 |
① 3, 5
② 전도

(2) 열전달

① 전도(Conduction)
- ㉠ 물체 간의 직접적인 접촉을 통하여 열이 전달된다.
- ㉡ 뜨거운 국이 담긴 냄비에 국자를 담가두었을 때 국자가 점점 뜨거워지는 현상이다.
- ㉢ 차가운 물이 담긴 컵을 손으로 잡으면 물의 온도가 컵으로 전달되어 컵을 잡은 손까지 차갑게 느껴지는 현상이다.
- ㉣ 유리, 나무와 같은 비금속 물질보다 금, 은, 구리와 같은 금속 물질에서 열이 더욱 빨리 이동한다.

② 대류(Convection)
- ㉠ 열을 전달하는 대표적인 방법으로, 열 때문에 유체(기체 또는 액체)가 위아래로 뒤바뀌며 움직이는 현상이다.
- ㉡ 따뜻해진 공기가 위로 올라가고 찬 공기가 아래로 내려가면서 따뜻한 공기는 차가워지고, 차가운 공기는 따뜻해지는 과정을 반복한다.
- ㉢ 실내에서 난로와 같은 난방기구는 아래쪽에 놓고 에어컨과 같은 냉방기구는 위쪽에 설치한다.

③ 복사(Radiation)
- ㉠ 태양은 열과 빛을 복사하여 지구에 전달한다. 이 복사된 열과 빛은 우주를 통해 직접 전달되므로 공기나 매질을 필요로 하지 않는다.
- ㉡ 전구 옆에서는 전구를 만지지 않아도 따뜻한 기운을 느낄 수 있는데, 전구가 빛을 낼 때 복사열이 나오기 때문이다.
- ㉢ 복사는 열을 전달해 주는 물질 없이도 발생하기 때문에 진공 속에서도 발생한다.

4. 연기의 유동 및 확산속도(벽 및 천장을 따라 진행) 중요도 ★★★

(1) 수평방향 이동속도 : 0.5~1m/s

(2) 수직방향 이동속도 : 2~3m/s

(3) 계단실 내의 수직방향 이동속도 : 3~5m/s

5. 건물의 화재 성상

(1) 건물의 화재 특성

화원의 불이 가연물에 착화한 후 서서히 진행하여 수직으로 있는 가연물에 착화하는 것으로부터 시작한다.

확인! OX

열전달에 대한 설명이다. 옳으면
"○", 틀리면 "×"로 표시하시오.

1. 열이 이동하는 방법에는 전
도, 대류, 복사와 같은 세 가
지 방법이 있다.   ( )
2. 복사는 물체 간의 직접적인
접촉을 통하여 열이 전달된
다.   ( )

정답 1. ○ 2. X

| 해설 |
2. 전도에 대한 설명이다. 복사는
열을 전달해 주는 물질 없이도
발생하기 때문에 진공 속에서
도 발생한다.

(2) 화재의 성상단계

초기 → 성장기[실내 전체가 화염으로 휩싸이는 **플래시오버**[28) ↑] → 최성기 → 감쇠기

① 초기

    ㉠ 발화 단계로 백색 연기가 나온다.

    ㉡ 직접적인 화염이나 연기의 발생이 없고 연료가 열분해되는 과정이다.

    ㉢ 발화 이전의 가열 단계이다.

② 성장기　　　　　　　　　　　　　　　　　　　　　　　중요도 ★☆☆

    ㉠ 실내 건축물의 발화 시점에서 플래시오버가 일어나기까지 진행되는 화재의 성장단계이다.

    ㉡ 화재의 상황 변화가 격렬하고 다양하게 변화되는 시기이다.

③ 최성기　　　　　　　　　　　　　　　　　　　　　　　중요도 ★☆☆

    ㉠ 실내 연기의 양이 작아지고 화염이 확대되어 개구부 밖으로 분출된다.

    ㉡ 연소가 가장 격렬한 시기이며 불완전 연소가스가 발생한다.

    ㉢ 복사열로 인해 인근 건물로 화재가 번질 수 있다.

    ㉣ 화재실 전체로 화재가 확산되어 최대 열방출을 내는 단계이다.

④ 감쇠기

    ㉠ 화재실의 연료를 거의 연소시키고 약간의 남은 연료가 타는 시기이다.

    ㉡ 개구부로 들어오는 산소의 양이 연료의 양보다 훨씬 많은 시기이다.

    ㉢ 연기는 검은색에서 백색이 된다.

    ㉣ 다량의 공기 유입 시 백드래프트 발생 우려가 있다.

(3) 목조건축물과 내화건축물의 화재

구분	목조건축물	내화건축물
화재 성상	고온단기형	저온장기형
화재 시간	30~40분	2~3시간
최성기 온도	1,100~1,300℃	900~1,100℃
플래시오버 현상	빠름	느림
그래프		

---

28) 실내 건축물의 화재 종류로서 화재의 초기 단계에 연소물로부터 가연성 가스가 천장 부근에 모인 후 일시에 인화하여 폭발적으로 방 전체에 불꽃이 도는 현상을 말한다.

+ 괄호문제

다음 괄호 안에 알맞은 내용을 쓰시오.

① 산소가 부족한 실내에 미연소가스가 축적되어 있다가, 개구부의 개방으로 급격한 산소 공급이 이루어져 폭발을 일으키는 현상을 (   )라고 한다.

② 순간적으로 방 전체가 급격하게 타오르는 화재확대 현상으로 성장기와 최성기의 분기점에서 발생하는 화재 현상을 (   )라 한다.

| 정답 |
① 백드래프트(Back Draft)
② 플래시오버

6. 실내 화재의 현상

(1) 플래시오버(Flash Over)

① 화재의 성상단계에서 성장기에 해당한다.

② 순간적으로 방 전체가 급격하게 타오르는 화재확대 현상이다.

③ 공간 내 전체 가연물에서 동시에 발화하는 현상이다.

④ 성장기와 최성기의 분기점에서 발생한다.

　　㉠ 급격한 산소 공급은 백드래프트 현상이므로 구분한다.

　　㉡ 실내 선단으로 복사열이 전달되는 것이 아닌 실내 전체에 복사열이 전달되는 현상이다.

(2) 백드래프트(Back Draft)

① 산소가 부족한 실내에 미연소가스가 축적되어 있다가, 개구부의 개방으로 급격한 산소 공급이 이루어져 폭발을 일으키는 현상이다.

② 갑자기 산소가 새로 유입될 때 화염이 폭풍을 동반하며 충격파에 의해 구조물이 파괴될 수 있다.

(3) 롤오버(Roll Over)

① 화재의 성상단계에서 성장기에 해당한다.

② 가연성 물질에서 발생된 가스가 천장 부근에 축적되고 이 축적된 가연성 증기가 인화점에 도달해 연소하는 현상이다.

③ 불덩어리가 천장을 굴러다니는 것처럼 뿜어져 나오는 현상이다.

④ 화염이 선단부에서 주변 공간으로 확대된다.

⑤ 플래시오버 직전에 관찰된다.

확인! OX

실내 화재의 현상에 대한 설명이다. 옳으면 "○", 틀리면 "×"로 표시하시오.

1. 롤오버란 가연성 물질에서 발생된 가스가 바닥 부근에 축적되고 이 축적된 가연성 증기가 인화점에 도달해 연소하는 현상이다.　(   )

2. 급격한 산소 공급으로 발생되는 현상을 플래시오버라 한다.　(   )

정답 1. X 2. X

| 해설 |
1. 가연성 물질에서 발생된 가스가 천장 부근에 축적된다.
2. 급격한 산소 공급으로 발생되는 현상을 백드래프트라 한다.

소화이론

2%
출제율

출제포인트
• 소화방법의 종류
• 소화약제의 종류와 소화효과

1. 소화의 정의

화재 시 산소의 공급을 차단 또는 희석하여 발화온도 이하로 감소시켜서 가연성 물질을 화재 현장으로부터 제거하거나 연소의 연쇄반응을 차단·억제하는 것을 말한다.

기출 키워드
제거소화, 냉각소화, 질식소화, 억제소화, 소화약제

2. 소화방법

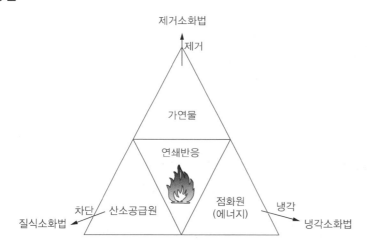

(1) 제거소화 : 가연물을 제거하여 소화한다.

  예 산불 발생 시 나무를 베어 더 이상 번지지 못하게 함. 쓰레기 더미에서 불이 낫다면 쓰레기를 없앰. 가스밸브의 폐쇄, 촛불을 입으로 강하게 불어 가연성 증기를 순간적으로 날려 보냄

(2) 질식소화 : 산소공급원을 차단하여 농도를 15% 이하로 낮춰 소화한다.

  예 물에 젖은 담요를 덮어 불을 끔. 소화기로 불을 끔(공기 중 산소농도를 약 21vol%에서 15vol% 이하로 낮춤)

  [예외] 제5류 위험물인 자기반응성 물질은 물질 자체에 산소를 포함하고 있으므로 질식소화가 효과적이지 않다.

다음 괄호 안에 알맞은 내용을 쓰시오.

① 소화약제의 종류에는 수계 소화약제, 가스계 소화약제, ( )가 있다.
② 분말과 할론소화약제는 질식효과와 부촉매효과가 있다. 그런데, 할론소화약제의 경우 물소화약제와 같이 ( )효과 또한 있다.

| 정답 |
① 분말소화약제
② 냉각

(3) 냉각소화 : 점화원을 차단하는 소화방법으로 열 균형을 깨뜨려 온도를 낮추어 소화한다.

⟮예⟯ 물을 부어서 불을 끔(온도를 발화점 이하로 낮춰 열을 차단). 이산화탄소소화약제에 의한 냉각작용

(4) 억제소화 : 연쇄반응을 단절해 소화한다.

⟮예⟯ 할론, 할로겐화합물 소화약제에 의한 부촉매 작용, 분말소화약제에 의한 부촉매 작용

3. 소화약제의 종류

(1) **수계 소화약제** : 물, 산알칼리[29], 강화액[30], 포말

(2) **가스계 소화약제** : 이산화탄소, 할로겐화합물[31]

(3) **분말소화약제** : ABC분말[32], BC분말[33]

4. 소화약제의 종류별 소화효과[34]

(1) **물소화약제** : 냉각효과, 질식효과

(2) **포소화약제, 이산화탄소소화약제** : 냉각효과, 질식효과

(3) **분말소화약제** : 질식효과, 부촉매효과

(4) **할론소화약제** : 냉각효과[35], 질식효과, 부촉매효과

개념 다지기 냉각효과에 의해 소화가 가능한 소화약제

- 물소화약제 : 물은 다른 물질에 비해 비열과 기화열이 크다. 따라서 화재 시 주위로부터 많은 열을 흡수하기 때문에 냉각효과가 크다.
- 강화액소화약제 : 물에 중탄산칼륨염, 방청제, 안정제 등을 첨가하여 −20℃에서도 응고하지 않도록 하여 물의 침투능력을 배가시킨 소화약제이다. 물이 주성분이므로 증발잠열 및 비열이 크기 때문에 냉각효과가 크다.
- 이산화탄소소화약제 : 이산화탄소는 높은 압력으로 용기 내에 액상으로 저장된다. 화재 시 방출되면 이산화탄소가 기체로 기화하기 때문에 주위의 많은 열을 흡수하여 발화점 이하로 냉각시켜 소화한다.
- 할론소화약제 : 할론은 비점이 낮고 액상에서 기체로 기화하는 과정에서 이산화탄소와 같이 열을 흡수하므로 냉각효과가 있다.
- 포소화약제 : 물에 포소화약제를 혼합한 후 공기를 주입하면 포(Foam)가 발생된다. 생성된 포는 유류보다 가벼운 미세한 기포의 집합체이므로 연소물의 표면을 덮어 공기의 접촉을 차단하여 질식효과가 있고, 사용된 물에 의하여 냉각효과도 있다.

확인! OX

소화약제에 대한 설명이다. 옳으면 "○", 틀리면 "×"로 표시하시오.

1. ABC분말 소화약제의 주성분은 탄산수소나트륨과 탄산수소칼륨이다. ( )
2. 분말소화약제는 냉각효과와 질식효과가 있다. ( )

정답 1. X 2. X

| 해설 |
1. ABC분말 소화약제의 주성분은 제1인산암모늄이다.
2. 분말소화약제는 질식효과와 부촉매효과가 있다.

---

29) 탄산수소나트륨과 황산의 화학반응
30) 물 + 탄산칼륨을 소화약제로 하는 소화기로 빙점을 −30℃까지 낮춘 겨울철에 사용하는 소화기
31) 할로겐화탄화수소의 약칭으로 탄소 또는 탄화수소에 불소, 염소, 브롬이 함께 포함되어 있는 물질
32) 제1인산암모늄($NH_4H_2PO_4$)
33) 탄산수소나트륨($NaHCO_3$), 탄산수소칼륨($KHCO_3$)
34) 냉각효과와 질식효과는 물리적 소화이고, 부촉매효과는 화학적 소화이다.
35) 저비점으로 증발 시 기화열(117kJ/kg)로 주위의 열량을 흡수하기 때문에 냉각효과가 있다.

PART **03**

화기취급 감독 및 피난, 방화시설

위험물안전관리

출제포인트
- 위험물의 지정수량
- 위험물별 특성
- 제4류 위험물의 공통적인 성질
- 유류 취급 시 주의사항

기출 키워드

지정수량, 산화성 고체, 가연성 고체, 자연발화성 물질, 인화성 액체, 자기반응성 물질, 산화성 액체

1. 위험물안전관리법[36]

(1) 정의(제2조)

① 위험물 : 인화성 또는 발화성 등의 성질을 가지는 것으로서 대통령령이 정하는 물품

② 지정수량 : 제조소 등의 설치허가 등에 있어서 최저 기준이 되는 수량

(2) 위험물의 지정수량[37](영 별표 1)

① **황** : 100kg

② **휘발유** : 200L

③ **알코올류** : 400L

④ **등유·경유** : 1,000L

⑤ **중유** : 2,000L

⑥ **질산** : 300kg

2. 위험물의 유별 특성[38]

(1) 제1류 위험물(산화성 고체)

① **강산화제**로 불연성 물질이지만 다량의 산소를 함유하고 있다.

② 충격이나 가열에 의해 분해하여 산소를 방출한다.

③ 대부분 수용성이다.

④ 대부분 냉각소화, **알칼리금속의 과산화물**은 **물과 반응**하여 발열하므로 건조사를 이용한 질식소화를 한다.

---

36) 이 법은 **위험물의 저장·취급 및 운반**과 이에 따른 **안전관리**에 관한 사항을 규정함으로써 위험물로 인한 위해를 방지하여 공공의 안전을 확보함을 목적으로 한다.

37) 암기 Tip : 백황 휘이 알싸 등경천 중2 질3백

38) 암기 Tip : **산가자인자산**

(2) 제2류 위험물(가연성 고체)[39]

① 낮은 온도에서 연소하기 쉬운 가연성 물질이다.

② 물에 녹지 않으며 비중이 1보다 크다.

③ **금속분**은 **물**과 만나면 **수소**를 발생하여 발열한다.

④ 금속분은 건조사에 의한 질식소화, 그 외 주수에 의한 냉각소화를 한다.

⑤ 위험등급별 지정수량

    ㉠ Ⅱ등급 : 황화인, 황, 적린 – 지정수량 100kg

    ㉡ Ⅲ등급 : 철분, 마그네슘, 금속분 – 지정수량 500kg

    ㉢ Ⅲ등급 : 인화성 고체 – 지정수량 1,000kg

(3) 제3류 위험물(자연발화성 물질 및 금수성 물질)

① 물과 만나면 발열하여 가연성 가스를 발생한다.

② **공기, 수분** 및 **산**과의 접촉을 피한다.

③ 건조사, 팽창질석, 팽창진주암 등을 사용한다.

④ **황린**은 **주수소화**를 한다.

개념 다지기 | 제3류 위험물

- 자연발화성 물질 : 공기 또는 물과 접촉하여 발화하거나 가연성 가스를 발생하는 물질
- 금수성 물질 : 물과 접촉하여 발열하거나 가연성 가스를 발생하는 물질
- 보호액
  - K(칼륨), Na(나트륨) : 등유, 경유, 파라핀 등의 석유류 속에 저장
  - 황린 : 물속에 저장

---

(4) 제4류 위험물(인화성 액체)

① 상온에서 액체이며 대단히 **인화**하기 쉽다.

② 비중은 **물보다 작으며**, 물에 녹지 않는다.

③ 발생된 **증기**는 **비중**이 1보다 **크다**.

④ 냉암소에 보관하고 가열과 화기를 피한다.

⑤ 정전기 발생 우려가 있는 장소는 접지하고, 액체의 흐름으로 인한 정전기 발생의 위험이 있는 것은 유속을 낮춘다.

⑥ 주수소화가 불가능한 것이 대부분이다.

⑦ 이산화탄소, 분말, 포, 할로겐화합물 소화약제로 질식소화한다.

---

39) 100 황유적/500 철마분/인고 1,000

+ 괄호문제

다음 괄호 안에 알맞은 내용을 쓰시오.

① 제4류 위험물은 인화성 (　)로, 발생된 증기는 비중이 1보다 (　).

② 제2류 위험물 중 금속분은 물과 만나면 (　)를 발생하여 발열한다.

| 정답 |
① 액체, 크다
② 수소

확인! OX

위험물의 유별 특성에 대한 설명이다. 옳으면 "○", 틀리면 "×"로 표시하시오.

1. 제3류 위험물을 자연발화성 물질 및 금수성 물질이라 한다.　(　)

2. 제4류 위험물인 인화성 액체는 대부분 주수소화가 가능하다.　(　)

정답 1. ○ 2. ×

| 해설 |
2. 인화성 액체는 대부분 주수소화가 불가능하다.

(5) 제5류 위험물(자기반응성 물질)

① 산소를 함유한 가연성 물질이므로 **자기연소**를 일으키기 쉽다.

② **연소속도**가 **빨라서** 폭발적인 연소를 한다.

③ 유기물40)이므로 **가열**, **충격**, **마찰**에 의해 폭발하기 쉽다.

④ 상온에서 액체 또는 고체이며 비중이 1보다 크다.

⑤ 질식소화는 효과가 없으며 다량의 물로 냉각소화한다.

(6) 제6류 위험물(산화성 액체)

① **강산화제**이다.

② 물과 잘 용해하며 물과 발열반응을 한다.

③ 불연성 물질이지만 **산소**를 **다량 함유**한다.

④ 부식성이 강하며 증기는 독성이 강하다.

⑤ 건조사나 이산화탄소로 소화한다.

⑥ 경우에 따라 무상주수41), 다량의 물로 희석소화하기도 한다.

3. 제4류 위험물의 공통적인 성질

(1) 인화하기 쉽다.

(2) 착화온도가 낮을 경우 위험하다.

(3) 유증기는 대부분 공기보다 무겁다.

(4) 유증기는 공기와 혼합되어 연소·폭발한다.

(5) 대부분 물보다 가볍고 물에 녹지 않는다.

4. 유류 취급 시 주의사항

확인! OX

제4류 위험물의 공통적인 성질에 대한 설명이다. 옳으면 "○", 틀리면 "×"로 표시하시오.

1. 제4류 위험물은 착화온도가 높은 경우 위험하다. (   )

2. 제4류 위험물의 유증기는 대부분 공기보다 가볍다.
(   )

정답 1. X 2. X

| 해설 |
1. 착화온도가 낮은 경우 위험하다.
2. 유증기는 대부분 공기보다 무겁다.

(1) 불을 켜두고 장시간 자리를 비우지 않는다.

(2) 불이 붙은 상태에서 석유난로를 이동하지 않는다.

(3) 이동식 석유난로는 이용 시 고정하여 사용한다.

(4) 기름을 주입할 때는 반드시 난롯불을 끈 후 연료를 주입한다.

(5) 유류가 들어있던 빈 드럼통을 확인하기 위해 라이터나 성냥을 사용하지 말고 반드시 손전등을 사용한다.

(6) 유류가 들어있던 빈 드럼통을 사용하기 위해 절단할 때는 빈 드럼통 속에 남아있는 유증기를 완전히 배출 후 작업한다.

---

40) 유기물 : 탄소(C)와 수소(H)를 포함하며, 분자가 크다.
　　무기물 : 탄소(C)를 포함하는 경우가 드물고, 유기물에 비해 분자가 작다.
41) 무상(Spray)주수(=분무주수) : 물이 안개 모양 형태를 가지고 주수, 물 입자가 산소 공급을 차단하기 때문에 질식소화가 뛰어나다.

5. 위험물안전관리자의 선임 절차(제15조)

(1) 위험물을 저장, 취급의 개시 전

(2) 안전관리자를 선임한 제조소 등의 관계인[42]은 그 안전관리자를 해임하거나 안전관리자가 퇴직한 날부터 **30일 이내**에 다시 안전관리자를 **선임**한다.

(3) (2)에 따라 안전관리자를 선임한 경우에는 선임한 날부터 행정안전부령으로 정하는 바에 따라 소방본부장 또는 소방서장에게 신고해야 한다.

---

42) 관계인은 소유자, 관리자, 점유자로 위험물안전관리자 선임 의무자이다.
    암기 Tip : 소관점

CHAPTER

02 전기안전관리

2%
출제율

출제포인트
• 전기화재의 원인
• 전기화재의 예방방법

기출 키워드

과전류, 단락, 지락, 누전, 누전차
단기

1. 전기화재

(1) 전기에 의한 발열체가 발화원이 되는 화재의 총칭이다.

(2) 전기회로 중에 발열, 방전을 수반하는 장소에 가연물 또는 가연성 가스가 존재하면 전기화재로 이어진다.

2. 전기화재의 원인

(1) 과전류에 의한 발화

① 전선에 전류가 줄의 법칙에 의하여 열이 발생하는데, 과전류에 의해 발열과 방열의 평형이 깨져 발화의 원인이 될 수 있다.

② 줄의 법칙($H = I^2Rt$)으로 전기가 흐르는 전열기에서 발생하는 전열량(H)은 전류(I)의 제곱에 비례하고 통전시간(t)에 따라 비례한다.

③ 정격의 200~300% 과전류이면 피복이 변질되고, 500~600% 과전류이면 적열 후 용융한다.

(2) 단락(합선)[43]에 의한 발화

① 전선의 절연이 파괴되면 부하가 접속되어 있지 않은 상태로 전원만의 폐회로가 구성되는데, 이런 경우를 단락이라고 하며 이때 흐르는 전류를 단락전류라 한다.

② 단락 시 발생되는 스파크는 주위의 인화성 물질에 착화되어 발화의 원인이 된다.

③ 단락 시 발생되는 열에 의해 전선피복이 연소하여 발화의 원인이 된다.

---

43) 단락은 전선이 합선되어 있다는 말로 쇼트와 같은 개념이다. 즉, +전선과 −전선이 바로 접속되어 있는 것과 같아 전류는 무한대로 흐르게 되어 결국 화재로 이어진다.

(3) 지락[44]에 의한 발화

① 전선로 중 전선의 하나 또는 두 선이 대지에 접촉하여 전류가 대지로 통하는 것을 지락이라고 하며, 이때 흐르는 전류를 지락전류라 한다.

② 금속체 등에 지락될 때 스파크에 의해 발화될 수 있다.

(4) 누전[45]에 의한 발화

① 전선이나 전기기기의 절연이 파괴되어 전류가 대지로 접촉되어 전로를 이탈하여 전기가 흐르는 것을 누전이라고 한다.

② 누설전류에 의한 발열이 발화 원인이 된다.

(5) 접촉부의 과열에 의한 발화

① 전기적 접촉 상태가 불완전할 때 접촉저항에 의한 발열이 발화 원인이 된다.

② 고유저항이 낮은 재료를 사용하면 접촉저항을 저감할 수 있다.

(6) 규격 미달의 전선, 전기기계기구 등의 과열, 배선 및 전기기계기구 등의 절연불량 또는 정전기로부터의 불꽃

3. 전기화재의 예방방법

(1) 전선의 피복이 벗겨져 합선되는 경우가 많으므로, 수시로 전기설비 상태를 관리한다.

(2) 한 개의 콘센트에 여러 개의 전기기구를 사용하게 되면 과전류가 발생하여 고열로 인한 화재가 일어날 수 있다.

(3) 가전제품 내부의 먼지가 습기를 먹게 되면 전기합선의 우려가 있고, 화재의 원인이 될 수 있으니 주기적으로 제거한다.

(4) 계절용 전기기기[46]에서 발생하는 전기화재가 잦으므로 사용 시 안전수칙을 준수해서 사용한다.

(5) 과전류 발생 시 자동으로 차단해 주는 **누전차단기**를 설치하고 **월 1~2회** 동작 여부를 확인한다.

(6) 전선은 묶거나 꼬이지 않도록 한다.

---

44) 전기가 흐르는 전로와 대지 간의 절연이 파괴 또는 저하하여, 전기가 흐를 수 있는 도전성 물질에 의해서로 연결되어 전로 또는 기기의 외부에 위험한 사고 전압이 발생하는 것이다.
45) 원하는 회로 외의 곳으로 전류가 흐르는 것으로 전력손실, 감전, 화재 등의 원인이 된다.
46) 겨울철 전기장판·열풍기, 여름철 선풍기·에어컨 등

+ 괄호문제

다음 괄호 안에 알맞은 내용을 쓰시오.
① 과전류 발생 시 자동으로 차단해 주는 (   )를 설치하고 월 1~2회 동작 여부를 확인한다.
② 전선로 중 전선의 하나 또는 두 선이 대지에 접촉하여 전류가 대지로 통하는 것을 (   )이라 한다.

| 정답 |
① 누전차단기
② 지락

확인! OX

전기화재의 원인에 대한 설명이다. 옳으면 "○", 틀리면 "×"로 표시하시오.

1. 규격 이상의 전선이나 전기기계기구 등의 사용은 전기화재의 원인이 될 수 있다.
(   )

2. 단락, 지락, 누전은 전기화재의 원인이 된다.   (   )

정답 1. × 2. ○

| 해설 |
1. 규격 미달의 전선이나 전기기계기구가 전기화재의 원인이 된다.

가스안전관리

2%
출제율

출제포인트
- LNG와 LPG의 종류와 특징
- 가스화재의 원인

1. 연료가스의 종류와 특징

구분	액화천연가스(LNG ; Liquefied Natural Gas)	액화석유가스(LPG ; Liquefied Petroleum Gas)
구성성분	메테인(CH_4)	프로페인(C_3H_8), 뷰테인(C_4H_{10})
생성과정	천연가스의 주성분인 메테인을 액화시킨 것	원유 정제과정에서 생성되는 탄화수소에 압력을 가해 냉각 액화시킨 것
증기비중	0.6(공기보다 가벼움)	1.5~2.0(공기보다 무거움)
연소범위	5.0~15%	2.1~9.5%
용도	도시가스	가정용, 공업용, 자동차 연료용
가스누설 경보기 설치위치	 천장 30cm 이내 바닥 30cm 이내 LNG LPG 가스 연소기로부터 수평거리 8m 이내	가스 연소기로부터 수평거리 4m 이내
연료가스 탐지기 설치위치	탐지기 하단은 천장면의 하단 30cm 이내 위치에 설치	탐지기 상단은 바닥면의 상방 30cm 이내 위치에 설치

2. 가스화재의 원인

(1) 공급자

① 용기 밸브의 오작동

② 배달원의 안전의식 결여

③ 고압가스 운반기준 미이행

④ 가스충전 작업 중 누설폭발

⑤ 용기 교체 작업 중 누설화재

⑥ 잔량 가스처리 및 취급 미숙

⑦ 배관 내의 공기치환 작업 미숙

⑧ 용기 보관실에서 점화원(라이터 등) 사용

(2) 사용자

① 코크 조작 미숙

② 호스 접속불량 방치

③ 조정기 분해 오조작

④ 인화성 물질 동시 사용

⑤ 환기불량에 의한 질식사

⑥ 성냥불로 누설확인 중 폭발

⑦ 실내에 용기 보관 중 가스누설

⑧ 가스 사용 중 장거리 자리 이탈

⑨ 점화 미확인으로 인한 누설폭발

+ 괄호문제

다음 괄호 안에 알맞은 내용을 쓰시오.

① LNG의 주성분은 ( )이다.

② LPG 탐지기의 상단은 바닥면의 상방 ( )cm 이내에 설치한다.

| 정답 |

① 메테인

② 30

확인! OX

가스화재의 원인에 대한 설명이다. 옳으면 "○", 틀리면 "×"로 표시하시오.

1. 고압가스 운반기준 미이행으로 발생한 가스화재는 공급자 측면에서의 원인이다.
( )

2. 코크 조작 미숙으로 발생된 가스화재는 공급자 측면에서의 원인이다. ( )

정답 1. O 2. X

| 해설 |

2. 코크 조작 미숙을 발생한 화재는 사용자 측의 원인이다.

CHAPTER

04

피난시설, 방화구획 및 방화시설

2%
출제율

출제포인트
• 방화구획의 설치기준
• 피난 시 이동경로
• 방화문 설치 시 예외조건

기출 키워드

방화구획, 옥내피난계단, 옥외피난계단, 특별피난계단, 방화시설

1. 방화구획(Fire Partition, 放火區劃)

(1) 큰 건축물에서 화재가 발생했을 경우 화재가 건물 전체에 번지지 않도록 내화구조의 바닥·벽·방화문·방화셔터 등으로 만들어지는 구획을 의미한다.

(2) 방화구획은 면적단위 및 층단위로 구분 지을 수 있으며, 특이점을 스프링클러와 같은 자동식 소화설비가 설치되어 있는 경우 기본 면적의 3배가 완화된다.

(3) 주요구조부가 내화구조 또는 불연재료로 된 건축물로서 연면적이 1,000m²를 넘는 것은 내화구조로 된 바닥·벽 및 갑종방화문(60분+방화문, 60분 방화문), 자동방화셔터로 구획한다.

2. 방화구획의 설치기준(건축물방화구조규칙 제14조)

(1) 단위 구획

구획의 종류			구획의 기준
면적별 구획	10층 이하		바닥면적 1,000m²(3,000m²) 이내마다 구획
	11층 이상	실내 마감재가 불연재료가 아닌 경우	바닥면적 200m²(600m²) 이내마다 구획
		실내 마감재가 불연재료인 경우	바닥면적 500m²(1,500m²) 이내마다 구획
층별 구획	매층마다 구획(단, 지하 1층에서 지상으로 직접 연결하는 경사로 부위는 제외)		

※ 스프링클러와 같은 자동식 소화설비를 설치한 경우 상기 면적의 3배 이내마다 구획(괄호 안의 값)

(2) 수평구획과 수직구획

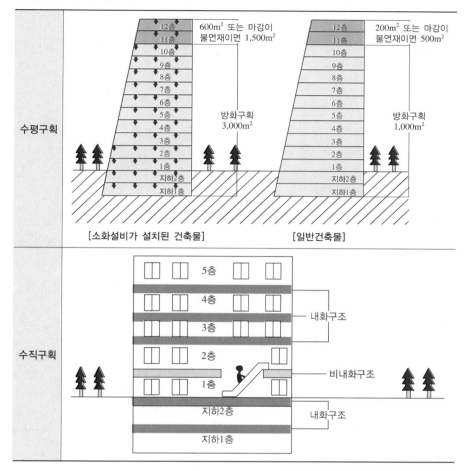

[소화설비가 설치된 건축물]   [일반건축물]

수평구획
- 12층 11층 10층 9층 8층 7층 6층 5층 4층 3층 2층 1층 지하2층 지하1층
- 600m² 또는 마감이 불연재이면 1,500m²
- 방화구획 3,000m²
- 200m² 또는 마감이 불연재이면 500m²
- 방화구획 1,000m²

수직구획
- 5층 4층 3층 2층 1층 지하2층 지하1층
- 내화구조
- 비내화구조
- 내화구조

3. 방화문 설치 시 예외조건(건축법 영 제35조)

(1) 건축물의 주요구조부가 내화구조 또는 불연재료로 되어 있는 경우로서 다음의 어느 하나에 해당하는 경우에는 방화문(피난계단 설치 또는 특별피난계단)을 설치하지 않아도 된다.

① 5층 이상인 층의 바닥면적의 합계가 200m² 이하인 경우

② 5층 이상인 층의 바닥면적 200m² 이내마다 방화구획이 되어 있는 경우

(2) 피난계단의 설치 예외조건이 아니라면 피난계단의 설치가 의무이므로 피난층으로 이어지는 1층에 방화문이 설치되어야 한다.

+ 괄호문제

다음 괄호 안에 알맞은 내용을 쓰시오.

① 특별피난계단의 피난 시 이동 경로는 옥내 → ( ) → 계단실 → 피난층 순이다.

② ( )이란 건물 내부에서 피난을 위해 사용하는 복도, 계단, 출입구 등을 의미한다.

| 정답 |
① 부속실
② 피난시설

4. 피난 · 방화시설 등의 범위

(1) 피난시설

건물 내부에서 피난을 위해 사용하는 복도, 계단(직통계단, 피난계단[47] 등), 출입구 등을 의미한다.

(2) 피난계단

건물의 각 층에서 피난층으로 통하는 직통계단을 말한다.

※ 피난층 : 지상으로 통하는 출입구가 있는 층

(3) 피난계단의 출입구에는 방화문 설치

① 출입구에서 쉽게 찾을 수 있도록 피난구 유도등, 유도표지를 설치한다.

② 피난계단상에는 피난을 방해하는 장애물이 없어야 원활한 피난이 가능하다.

(4) 피난계단의 종류

옥내피난계단, 옥외피난계단, 특별피난계단이 있다.

(5) 피난계단의 종류별 피난 시 이동 경로

피난계단의 종류	피난 시 이동 경로
옥내피난계단	옥내 → 계단실 → 피난층
옥외피난계단	옥내 → 옥외계단 → 지상층
특별피난계단[48]	옥내 → 부속실 → 계단실 → 피난층

① 옥내피난계단의 이동 경로 : 옥내 → 계단실 → 피난층

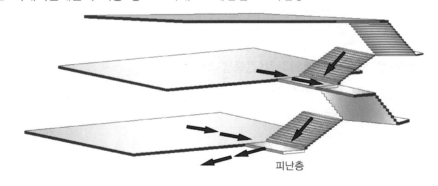

피난층

확인! OX

피난 및 방화시설에 대한 설명이다. 옳으면 "○", 틀리면 "×"로 표시하시오.

1. 옥내피난계단의 경우 피난 시 옥내에서 옥외계단을 거쳐 지상층으로 이동한다.
( )

2. 건물의 각 층에서 피난층으로 통하는 직통계단을 피난계단이라 한다. ( )

정답 1. X 2. O

| 해설 |
1. 옥외피난계단의 피난 시 이동 경로는 옥내 → 옥외계단 → 지상층이다.

---

47) 지상 5층 이상, 지하 2층 이하의 층으로부터 피난층 또는 지상에 통하는 직통계단을 말한다.

48) 건물 11층 이상 또는 지하 3층 이하의 층에 통하는 계단에 적용하며, 실내와 계단실 사이에 연기를 배출할 수 있는 부실, 발코니 등의 완충 부분을 두고, 화재 시에 화재와 연기의 침입을 방지할 수 있는 계단을 말한다. 계단실 문을 열고 한 번 더 문을 열어 보이는 계단이 바로 특별피난계단이다.

② 옥외피난계단의 이동 경로 : 옥내 → 옥외계단 → 지상층

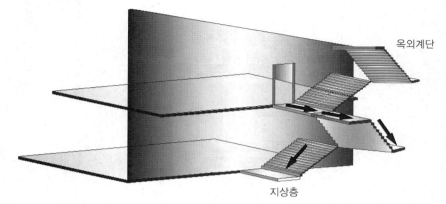

③ 특별피난계단의 이동 경로 : 옥내 → 부속실 → 계단실 → 피난층

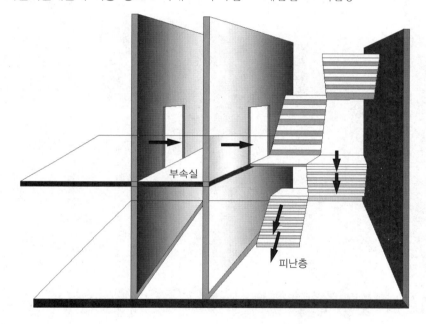

(6) **방화시설** : 방화구획(내화구조의 바닥·벽, 방화문, 자동방화셔터), 방화벽 및 내화성능을 갖춘 내부 마감재

+ 괄호문제

다음 괄호 안에 알맞은 내용을 쓰시오.

① 옥외피난계단의 피난 시 이동 경로는 옥내 → ( ) → 지상층이다.

② ( )시설이란 방화문, 자동방화셔터, 방화벽 등을 의미한다.

| 정답 |
① 옥외계단
② 방화

확인! OX

피난 및 방화시설에 대한 설명이다. 옳으면 "○", 틀리면 "×"로 표시하시오.

1. 피난계단의 종류에는 비상계단, 옥외피난계단, 특별피난계단이 있다. ( )

2. 특별피난계단의 피난 시 이동 경로에는 부속실이 포함되어 있다. ( )

정답 1. X 2. O

| 해설 |
1. 피난계단의 종류에는 옥내피난계단, 옥외피난계단, 특별피난계단이 있다.

PART 04

소방시설의 종류별 기준 및 구조

소방시설의 종류 및 기준

2%
출제율

출제포인트
• 소방시설의 종류 5가지 구분
• 숙박시설이 있는 특정소방대상물의 수용인원 산정하기
• 숙박시설 외의 특정소방대상물의 수용인원 산정하기

기출 키워드

소방시설, 수용인원, 종사자수, 침대수

1. 소방시설의 종류(소방시설법 영 별표 1)[49]

소화설비	경보설비	피난구조설비	소화용수설비	소화활동설비
• 소화기구 • 자동소화장치 • 옥내소화전설비 • 스프링클러설비등 • 물분무등소화설비 • 옥외소화전설비	• 단독경보형감지기 • 비상경보설비 • 시각경보기 • 자동화재탐지설비 • 화재알림설비 • 비상방송설비 • 자동화재속보설비 • 통합감시시설 • 누전경보기 • 가스누설경보기	• 피난기구 • 인명구조기구 • 유도등 • 비상조명등 및 휴대용 비상조명등	• 상수도소화용수설비 • 소화수조, 저수조 그 밖의 소화용수설비	• 제연설비 • 연결송수관설비 • 연결살수설비 • 비상콘센트설비 • 무선통신보조설비 • 연소방지설비

[소방시설의 종류]

(1) 소화설비
① 소화기구 : 소화기, 간이소화용구(에어로졸식, 투척용 포함), 자동확산소화기
② 자동소화장치 : 주거용 주방자동소화장치, 상업용 주방자동소화장치, 캐비닛형 자동소화장치, 가스자동소화장치, 분말자동소화장치, 고체에어로졸자동소화장치
③ 스프링클러설비등 : 스프링클러설비, 간이스프링클러설비(캐비닛형 간이스프링클러설비 포함), 화재조기진압용 스프링클러설비
④ 물분무등소화설비 : 물분무소화설비, 미분무소화설비, 포소화설비, 이산화탄소소화설비, 할론소화설비, 할로겐화합물 및 불활성기체소화설비, 분말소화설비, 강화액소화설비, 고체에어로졸소화설비

---
49) 암기 Tip : 소경피활용

(2) 경보설비

비상경보설비 : 비상벨설비, 자동식사이렌설비

(3) 피난기구

① 피난기구 : 피난사다리, 구조대, 완강기, 그 밖에 화재안전기준으로 정하는 것
② 인명구조기구 : 방열복, 방화복(안전모, 보호장갑 및 안전화 포함), 공기호흡기, 인공소생기
③ 유도등 : 피난유도선, 피난구유도등, 통로유도등, 객석유도등, 유도표지

2. 수용인원의 산정방법(소방시설법 영 별표 7)

(1) 숙박시설이 있는 특정소방대상물

① 침대가 있는 숙박시설 : 종사자 수+침대 수(2인용 침대는 2개로 산정)
② 침대가 없는 숙박시설 : 종사자 수+(바닥면적의 합계/3m²)

(2) 숙박시설 외의 특정소방대상물

① 강의실·교무실·상담실·실습실·휴게실 등 : $\dfrac{바닥면적의 합계}{1.9m^2}$

② 강당·문화 및 집회시설·운동시설·종교시설 : $\dfrac{바닥면적의 합계}{4.6m^2}$

③ 기타 : $\dfrac{바닥면적의 합계}{3m^2}$

(3) 바닥면적의 산정

① 복도(준불연재료 이상의 것을 사용하여 바닥에서 천장까지 벽으로 구획한 것), 계단, 화장실은 바닥면적에 포함하지 않는다.
② 계산 결과 소수점 이하의 수는 반올림한다.

소화설비

16%
출제율

출제포인트
• 소형 및 대형소화기의 능력단위와 설치기준
• 분말소화기의 주성분과 구조
• 옥내소화전설비의 구성과 성능시험
• 스프링클러설비의 4가지 종류와 작동방법
• 적응화재 구분하기
• 소화기의 점검방법
• 옥외소화전설비의 구성과 설치기준
• 물분무등소화설비의 작동순서와 점검방법

기출 키워드

적응화재, 분말소화기, 방수량,
방수압, 수원, 가압송수장치, 펌
프성능시험, 스프링클러설비, 이
산화탄소소화설비, 기동용기 솔
레노이드밸브 격발시험

1. 소화기구

(1) 정의

물과 그 밖의 소화약제를 사용하여 화재 초기 관계인이 수동으로 조작하여 소화하거나
자동으로 작동되어 소화하는 기계 또는 기구를 말한다.

(2) 종류[50)

① **소화기** : 소화약제를 압력에 따라 방사하는 기구로 사람이 수동으로 조작하여 소화한다.
② **간이소화용구** : 초기진화에 사용하는 보조 소화용구로 투척용 소화용구, 에어졸식
   소화용구 등이 있다.
③ **자동확산소화기** : 화재를 감지하여 자동으로 소화약제를 방출, 확산시켜 국소적으로
   소화한다.

(3) 소화기구의 설치기준

종류		능력단위 기준	보행거리
소형소화기		1단위 이상	20m 이내
대형소화기	A급	10단위 이상	30m 이내
	B급	20단위 이상	

① 구획된 거실(바닥면적 **33m² 이상**)**마다** 소화기를 설치할 것
② 소화기구(자동확산소화기 제외)는 바닥으로부터 **높이 1.5m 이하**의 곳에 비치할 것

(4) 적응화재

① **A급화재(일반화재)** : 나무·섬유·종이·고무·플라스틱류와 같은 일반가연물이 타
   고 나서 **재가 남는** 화재
② **B급화재(유류화재)** : 인화성 액체·가연성 액체·석유 그리스·알코올 등과 같이
   유류가 타고 나서 **재가 남지 않는** 화재
③ **C급화재(전기화재)** : 전류가 흐르는 전기기기·배선과 관련된 화재

---

50) 암기 Tip : 소간자

④ **D급화재(금속화재)** : 마그네슘·나트륨·칼륨 등과 같은 금속에서 자연발화와 분진 폭발의 형태로 화재가 발생

⑤ **K급화재(주방화재)** : 동식물유를 취급하는 조리기구에서 일어나는 화재

(5) 소화기의 종류

종류	적응화재	주성분	소화효과	구조
분말소화기	ABC급	제1인산암모늄($NH_4H_2PO_4$)	질식, 부촉매(억제)	
	BC급	탄산수소나트륨($NaHCO_3$)		
		탄산수소칼륨($KHCO_3$)		
		탄산수소칼륨+요소 [$KHCO_3$ + $(NH_2)_2CO$]		
이산화탄소 소화기	BC급	이산화탄소(CO_2)	질식, 냉각	
할로겐 소화기	ABC급	할론1211	질식, 부촉매(억제)	
		할론1301		
	BC급	할론2402		

(6) 분말소화기의 구조

① 가압식 소화기 : 가압용 가스용기를 별도로 설치, 현재는 사용 중단됨

② 축압식 소화기

　㉠ 본체 용기 내에는 소화약제와 질소가스가 충전되어 있다.

　㉡ 용기 내 압력을 확인하기 위해 지시압력계가 부착되어 있다.

　㉢ 사용 가능한 압력범위는 **0.7~0.98MPa**이다.

　㉣ 지시압력계의 사용 가능한 압력범위는 **녹색**으로 되어 있다.

③ 내용연수 : **10년**

　내용연수가 지난 제품은 교체하거나 성능검사에 합격한 소화기는 내용연수 등이 경과한 날의 다음 달부터 다음의 기간동안 사용할 수 있다.

　㉠ 내용연수 경과 후 10년 미만 : 3년

　㉡ 내용연수 경과 후 10년 이상 : 1년

(7) 소화기의 점검

① 외관점검 : 외형의 변형, 호스 파손, 레버 변형, 안전핀의 고정 여부
② 지시압력계 확인 : 정상(녹색), 재충전(노랑), 과충전(빨강)
③ 이산화탄소소화기 : 지시압력계가 없으므로 명판의 총중량에서 용기중량을 빼서 약제중량을 확인한다.
④ 내구연한 : 분말소화기의 내용연수는 10년(가스계 소화기는 미해당)

(8) 특정소방대상물별 소화기구의 능력단위 기준

특정소방대상물	소화기구의 능력단위
위락시설	바닥면적 30m²마다 1단위 이상
공연장 · 집회장 · 관람장 · 문화재(국가유산) · 장례식장 및 의료시설	바닥면적 50m²마다 1단위 이상
근린생활시설 · 판매시설 · 운수시설 · 숙박시설 · 노유자시설 · 전시장 · 공동주택 · 업무시설 · 방송통신시설 · 공장 · 창고시설 · 항공기 및 자동차 관련 시설 및 관광휴게시설	바닥면적 100m²마다 1단위 이상
그 밖의 것	바닥면적 200m²마다 1단위 이상

※ 건축물의 주요구조부가 내화구조이고, 벽 및 반자의 실내에 면하는 부분이 불연재료 · 준불연재료 또는 난연재료로 된 특정소방대상물의 경우 바닥면적의 2배를 해당 특정소방대상물의 기준면적으로 한다.

2. 자동소화장치

(1) 개념 : 화재 발생 시 소화약제를 자동으로 방사하는 고정된 소화장치

(2) 종류

① 주거용 주방자동소화장치 : 주거용 주방에 설치된 열발생 조리기구의 사용으로 인한 화재 발생 시 열원(전기 또는 가스)을 자동으로 차단하며 소화약제를 방출하는 소화장치
② 상업용 주방자동소화장치 : 상업용 주방에 설치된 열발생 조리기구의 사용으로 인한 화재 발생 시 열원(전기 또는 가스)을 자동으로 차단하며 소화약제를 방출하는 소화장치
③ 캐비닛형 자동소화장치 : 열, 연기 또는 불꽃 등을 감지하여 소화약제를 방사하여 소화하는 캐비닛 형태의 소화장치
④ 가스자동소화장치 : 열, 연기 또는 불꽃 등을 감지하여 가스계 소화약제를 방사하여 소화하는 소화장치
⑤ 분말자동소화장치 : 열, 연기 또는 불꽃 등을 감지하여 분말의 소화약제를 방사하여 소화하는 소화장치
⑥ 고체에어로졸자동소화장치 : 열, 연기 또는 불꽃 등을 감지하여 에어로졸의 소화약제를 방사하여 소화하는 소화장치

(3) 주거용 주방자동소화장치의 설치기준

① 소화약제 방출구는 환기구(주방에서 발생하는 열기류 등을 밖으로 배출하는 장치)의 청소 부분과 분리되어 있어야 하며, 형식승인 받은 유효 설치 높이 및 방호면적에 따라 설치할 것

② 감지부는 형식승인 받은 유효한 높이 및 위치에 설치할 것

③ 차단장치(전기 또는 가스)는 상시 확인 및 점검이 가능하도록 설치할 것

④ 가스용 주방자동소화장치를 사용하는 경우 탐지부는 수신부와 분리하여 설치하되, 공기보다 가벼운 가스를 사용하는 경우에는 천장면으로부터 30cm 이하의 위치에 설치하고, 공기보다 무거운 가스를 사용하는 장소에는 바닥면으로부터 30cm 이하의 위치에 설치할 것

⑤ 수신부는 주위의 열기류 또는 습기 등과 주위온도에 영향을 받지 않고 사용자가 상시 볼 수 있는 장소에 설치할 것

(4) 설치대상 : 아파트 및 오피스텔의 모든 층

(5) 기능 : 과열감지기능, 가스누설감지 및 차단기능, 화재의 자동소화기능 및 수신부 자동감시기능

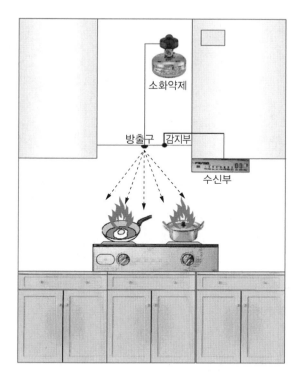

소화약제

방출구   감지부

수신부

※ 점검항목
• 가스누설탐지부 점검
• 가스누설차단밸브 시험
• 예비전원시험
• 감지부 시험
• 제어반(수신부) 점검
• 소화약제 저장용기 점검

※ 설치 시 주의사항
약제중량은 3kg, 총중량은 4.79kg으로 상당히 무거워 텍스에 설치할 경우 탈락될 수 있으므로, 천장 콘크리트에 앵커를 박아 설치하는 것이 안전하다(천장에 튼튼하게 고정 설치한다).

+ 괄호문제

다음 괄호 안에 알맞은 내용을 쓰시오.

① 소화약제 (   )는 환기구의 청소 부분과 분리되어 있어야 하며, 형식승인 받은 유효 설치 높이 및 방호면적에 따라 설치해야 한다.

② 주방자동소화장치의 탐지부는 공기보다 가벼운 가스를 사용하는 경우 천장면으로부터 (   )cm 이하의 위치에 설치한다.

| 정답 |
① 방출구
② 30

확인! OX

주방자동소화장치에 대한 설명이다. 옳으면 "○", 틀리면 "×"로 표시하시오.

1. 주거용 주방자동소화장치의 설치대상은 아파트 및 오피스텔의 모든 층이다. (   )

2. 가스자동소화장치를 사용하는 경우 탐지부는 수신부와 분리하여 설치하되, 공기보다 가벼운 가스를 사용하는 경우에는 바닥면으로부터 30cm 이하의 위치에 설치하고, 공기보다 무거운 가스를 사용하는 장소에는 천장면으로부터 30cm 이하의 위치에 설치한다. (   )

정답 1. ○ 2. ×

| 해설 |
2. 공기보다 가벼운 가스는 천장면으로부터 30cm 이하, 공기보다 무거운 가스는 바닥면으로부터 30cm 이하의 위치에 설치한다.

3. 옥내소화전설비(Indoor Fire Hydrant)

(1) 개념

건물 내에 화재 발생 시 해당 소방대상물의 관계자 또는 자체 소방대원이 이를 사용하여 발화 초기에 신속하게 진화할 수 있도록 건물 내에 설치하는 소화설비이다.

(2) 옥내소화전의 사용순서

문을 연다. → 호스를 빼고 노즐을 잡는다. → 밸브를 돌린다. → 불을 향해 쏜다.

(3) 계통도

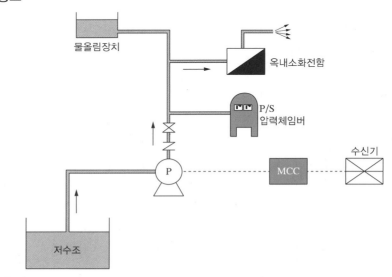

① 용어
   ㉠ 물올림장치 : 펌프 내부에 공기 유입을 방지하기 위해 펌프 위 2m 상단에 설치하며 펌프의 공회전을 방지한다.
   ㉡ 압력체임버 : 펌프를 자동으로 기동 및 정지시키는 역할을 하며, 압력스위치(P/S)의 나사를 돌려 Diff와 Range(정지점)를 세팅한다.
   ㉢ MCC(Motor Control Center) : 동력을 제어하는 판넬로 주펌프와 충압펌프의 작동과 정지가 수동으로 가능하다.
② 방수량과 방수압력
   ㉠ 방수량 : 130L/min 이상
   ㉡ 방수압 : 0.17~0.7MPa 이하

③ 수원의 양(호스릴 옥내소화전설비 포함)[51]

$Q = 2.6 \times N\,\text{m}^3$ 이상

$= (130\text{L/min} \times 방사시간 \times 10^{-3}) \times N\,\text{m}^3$ 이상

- N : 가장 많은 층의 소화전 개수
  - 1~29층 : 한 층의 2개 이상은 2개
  - 30층 이상 : 5개 이상은 5개
- 방사시간 : 높이에 따라 초기 소화 작업에 걸리는 시간이 다름
  - 1~29층 : 20min
  - 30~49층 : 40min
  - 50층 이상 : 60min

개념 다지기	옥내소화전의 수원 계산

- 4층 건물에 옥내소화전(1층 3개, 2~4층 1개) 설치 시 필요한 수원(m^3) 계산
  - 29층 이하 건물이므로 가장 많은 설치개수(N)를 가진 층(1층)이 3개이므로(2개 이상은 2개) 조건을 N에 대입한다. 방사시간은 1~29층 사이의 건축물이므로 20분이다.
  - $Q = 130\text{L/min} \times 20\text{min} \times 2개 = 5,200\text{L} = 5.2\text{m}^3$
- 35층 건물에 옥내소화전(1~20층 4개, 21~34층 5개, 35층 8개) 설치 시 필요한 수원(L) 계산
  - 30층 이상 건물이므로 가장 많이 설치된 층(5개 이상 5개)을 적용한다. 방사시간은 30~49층 사이의 건축물이므로 40분이다.
  - $Q = 130\text{L/min} \times 40\text{min} \times 5개 = 26,000\text{L} = 2.6\text{m}^3$

④ 옥상수조

㉠ 옥내소화전설비의 옥상에 수조를 설치하는 이유는 지하수조의 주펌프가 고장 났을 때 여분의 개념으로 옥상에 고가수조를 설치하고 중력에 의한 압력으로 진화 작업이 가능하도록 설치한다.

㉡ 옥상수조의 저수량은 지하수조 유효수량의 1/3로 설치한다.

⑤ 옥상수조의 설치예외

㉠ 지하층만 있는 건축물

㉡ 동결의 우려가 있는 장소

㉢ 건축물의 높이가 지표면으로부터 10m 이하인 경우

㉣ 고가수조 또는 가압수조를 가압송수장치로 설치한 옥내소화전설비

㉤ 수원이 건축물의 최상층에 설치된 방수구보다 높은 위치에 설치된 경우

㉥ 충압펌프 이외에 주펌프와 동등 이상의 성능이 있는 예비펌프를 설치한 경우

---

51) 방수량(29층 이하) : $130\text{L/min} \times 20\text{min} \times N$(설치개수) $= 2,600\text{L} \times N = 2.6\text{m}^3$
   방수량(30~49층 이하) : $130\text{L/min} \times 40\text{min} \times N$(설치개수) $= 5,200\text{L} \times N = 5.2\text{m}^3$
   방수량(50층 이상) : $130\text{L/min} \times 60\text{min} \times N$(설치개수) $= 7,800 \times N = 7.8\text{m}^3$

+ 괄호문제

다음 괄호 안에 알맞은 내용을 쓰시오.

① 높이에 따라 초기 소화 작업에 걸리는 시간이 다르며 50층 이상의 건축물일 경우 ( )분이 기준이다.
② 옥상수조의 저수량은 지하수조 유효수량의 ( )로 설치한다.

| 정답 |
① 60
② 1/3

확인! OX

옥상수조의 설치예외 사항에 대한 설명이다. 옳으면 "○", 틀리면 "×"로 표시하시오.

1. 지상층만 있는 건축물의 경우 옥상수조를 설치하지 않아도 된다.　( )
2. 고가수조 또는 가압수조를 가압송수장치로 설치한 옥내소화전설비의 경우 옥상수조를 설치하지 않아도 된다.　( )

정답 1. X　2. O

| 해설 |
1. 지하층만 있는 건축물의 경우 옥상수조를 설치하지 않아도 된다.

⑥ 가압송수장치 : 규정 방수압력과 방수유량을 얻기 위한 설비

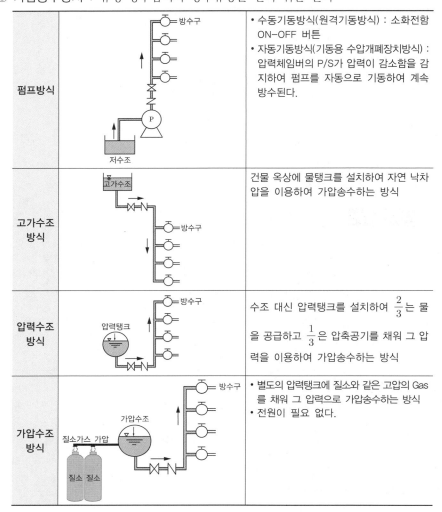

펌프방식		• 수동기동방식(원격기동방식) : 소화전함 ON-OFF 버튼 • 자동기동방식(기동용 수압개폐장치방식) : 압력챔버의 P/S가 압력이 감소함을 감지하여 펌프를 자동으로 기동하여 계속 방수된다.
고가수조 방식		건물 옥상에 물탱크를 설치하여 자연 낙차압을 이용하여 가압송수하는 방식
압력수조 방식		수조 대신 압력탱크를 설치하여 $\frac{2}{3}$는 물을 공급하고 $\frac{1}{3}$은 압축공기를 채워 그 압력을 이용하여 가압송수하는 방식
가압수조 방식		• 별도의 압력탱크에 질소와 같은 고압의 Gas를 채워 그 압력으로 가압송수하는 방식 • 전원이 필요 없다.

⑦ 배관 및 부속품

　㉠ 풋밸브(Foot Valve)[52] : 펌프의 흡입관 하단에 설치되어 물의 역류를 방지하는 체크밸브

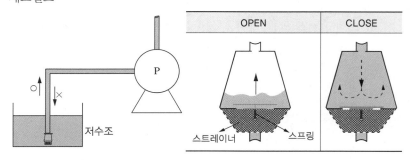

---

52) 풋밸브는 후드밸브라고도 불린다. 흡입수조의 수질이 좋지 않을 가능성이 높기 때문에 풋밸브에는 보통 스트레이너(망)가 설치되어 있다.

ⓛ 개폐밸브(Open/Close Valve) : 배관을 여닫아 유체의 흐름을 제어하는 밸브로 OS&Y밸브[53])와 버터플라이밸브가 있으며 버터플라이밸브는 마찰손실이 크므로 펌프 흡입 측에 설치할 수 없다.

ⓒ 체크밸브 : 한쪽 방향으로만 흐르게 하는 기능이 있는 밸브로 스모렌스키 체크밸브와 스윙 체크밸브가 있다.

ⓔ 물올림탱크 : 수원이 펌프보다 낮은 경우 진공을 통해 물을 흡입해야 한다. 그런데 배관에 물이 없으면 아래에 있는 물을 흡입하지 못하여 공회전하게 된다. 흡입을 위해 흡입 측 배관에 존재해야 하는 물을 마중물(Priming Water)[54])이라고 표현한다.

ⓜ 순환배관 : 가압송수장치의 체절운전[55]) 시 수온의 상승을 방지하기 위하여 **체크밸브와 펌프 사이**에서 분기한 구경 **20mm 이상**의 배관에 **체절압력 미만에서 개방**되는 **릴리프밸브**를 설치해야 한다. 중요도★★☆

ⓗ 릴리프밸브(Relief Valve) : 배관 내 압력이 릴리프밸브 설정압력 이상이 되면, 과압을 방출하여 수온 상승을 방지하는 설비이다.

ⓢ 성능시험배관 : 펌프의 성능을 시험하기 위하여 설치하는 배관으로, 펌프 토출 측 개폐밸브 이전에 분기하여 설치하고 평상시에는 밸브를 닫아 놓는다.

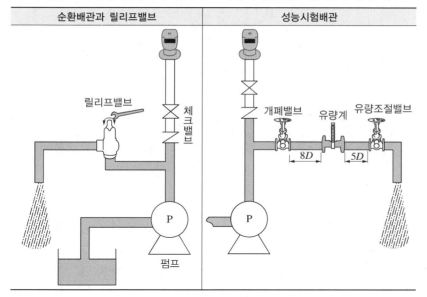

순환배관과 릴리프밸브	성능시험배관

ⓞ 송수구 : 화재 발생 시 소방펌프차와 연결하여 압력수를 멀리 보내는 데 쓰이는 호스 접결구이다.

53) OS&Y밸브 : 바깥나사 게이트 밸브(Outside Screw & Yoke Type Gate Valve). 바깥나사의 위치를 통해 밸브의 개폐 여부를 쉽게 알아볼 수 있도록 한 밸브로 개폐 상태를 제어반에서 확인할 수 있도록 탬퍼 스위치를 달아주어야 한다.
54) 펌프질을 할 때 물을 끌어올리기 위하여 위에서 붓는 물
55) 토출 측 배관의 밸브가 모두 잠긴 상태에서 펌프를 계속 기동하여 최고 높은 압력에서 펌프가 공회전 운전을 하는 것

+ 괄호문제

다음 괄호 안에 알맞은 내용을 쓰시오.

① 펌프의 체절운전 시 수온이 상승하여 펌프에 무리가 발생하므로 순환배관상의 ( ) 밸브를 통해 과압을 방출하여 수온 상승을 방지한다.

② 화재 발생 시 소방펌프차와 연결하여 압력수를 멀리 보내는 데 쓰이는 호수 접결구를 ( )라 한다.

| 정답 |
① 릴리프
② 송수구

확인! OX

순환배관과 성능시험배관에 대한 설명이다. 옳으면 "○", 틀리면 "×"로 표시하시오.

1. 가압송수장치의 정격운전 시 수온의 상승을 방지하기 위하여 체절압력 미만에서 개방되도록 순환배관에 릴리프밸브를 설치한다. ( )

2. 성능시험배관은 개폐밸브, 유량계, 유량조절밸브 등으로 구성되어 있다. ( )

정답 1. X 2. ○

| 해설 |
1. 체절운전 시 수온 상승을 방지하기 위해 릴리프밸브를 설치한다.

(4) 옥내소화전함 등 설치기준

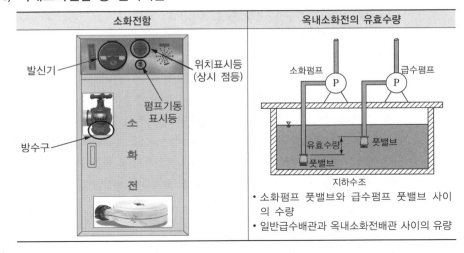

소화전함	옥내소화전의 유효수량
발신기 / 위치표시등 (상시 점등) / 펌프기동 표시등 / 방수구 / 소 화 전	소화펌프 / 급수펌프 / 유효수량 / 풋밸브 / 지하수조 · 소화펌프 풋밸브와 급수펌프 풋밸브 사이의 수량 · 일반급수배관과 옥내소화전배관 사이의 유량

개념 다지기 방수구의 설치기준   중요도 ★☆☆

- 특정소방대상물의 층마다 설치하되, 해당 특정소방대상물의 각 부분으로부터 하나의 옥내소화전 방수구까지의 **수평거리가 25m 이하**가 되도록 할 것
- **바닥으로부터 1.5m 이하**가 되도록 할 것
- 호스는 **구경 40mm**(호스릴 옥내소화전설비의 경우 25mm) 이상의 것으로서 특정소방대상물의 각 부분에 물이 유효하게 뿌려질 수 있는 길이로 설치할 것
- 호스릴 옥내소화전설비의 경우 그 노즐에는 노즐을 쉽게 개폐할 수 있는 장치를 부착할 것

(5) 기동용 수압개폐장치(압력체임버)의 역할

① 배관 내 설정압력 유지 : 압력스위치로 수압의 변화를 감지하고, 설정된 펌프의 기동·정지점이 될 때 펌프를 자동으로 기동·정지시켜 준다.
② 완충작용 : 체임버(Chamber) 상부의 공기가 완충작용을 하여 급격한 압력 변화를 방지한다.
   ㉠ 용적 : **100L 이상**
   ㉡ 안전밸브 : **과압방출**
   ㉢ 압력스위치 : 압력의 증감을 전기적 신호로 변환

(6) 제어반

① 수신기 : 자탐설비에서 각 경계구역의 화재표시, 경보, 전화통화, 작동시험, 단선유무 및 수신기의 예비전원 적합 여부를 판단하고 화재상황을 수신한다.

② 동력제어반 : 각종 동력 장치의 감시 및 제어기능이 있는 것을 말하며, 소화펌프의 직근에 설치한다.

    ㉠ 펌프 전원을 공급 또는 차단(ON/OFF)한다.

    ㉡ 펌프를 자동 또는 수동기동(Auto/Manu)으로 선택한다.

    ㉢ 외함의 두께는 1.5mm 이상의 강판으로 설치한다.

③ 감시제어반 : 평상시 설비를 감시하다가 화재 시 설비, 즉 펌프를 작동시키는 역할을 한다.

    ㉠ 소화전 주펌프와 충압펌프의 운전 선택스위치가 자동 위치에 있는지 확인한다.

    ㉡ 펌프 압력스위치 표시등과 저수위 감시스위치 표시등이 소등되어 있는지 확인한다.

④ 복합형수신기 : 수신기와 감시제어반이 함께 설치되는 경우 복합형수신기라 부른다.

동력제어반(MCC ; Motor Control Center)	감시제어반

(7) 방수압력의 측정

중요도 ★☆☆

① **직사형 관창과 피토게이지**를 이용하여 측정한다.

② 피토게이지는 노즐 선단에 근접(노즐 구경의 1/2)하여 측정한다.

+ 괄호문제

다음 괄호 안에 알맞은 내용을 쓰시오.

① 제어반은 펌프를 기동하는 전동기를 제어하는 장치로 ( ) 제어반과 ( )제어반이 있다.

② 방수압력의 측정은 노즐 선단에 ( )게이지를 근접시켜 측정하며 봉상주수 상태에서 ( )으로 측정해야 한다.

| 정답 |
① 동력, 감시
② 피토, 직각

확인! OX

방수압력의 측정에 대한 설명이다. 옳으면 "○", 틀리면 "×"로 표시하시오.

1. 방수압력은 원형 관창과 피토게이지를 이용하여 측정하며, 정상 압력은 0.17~0.7MPa 이다. ( )

2. 피토게이지는 봉상주수 상태에서 수평으로 측정해야 한다. ( )

정답 1. X 2. X

| 해설 |
1. 방수압력은 직사형 관창을 이용하여 측정한다.
2. 피토게이지는 봉상주수 상태에서 수직으로 측정해야 한다.

③ 방수압력 측정 시 정상 압력은 **0.17~0.7MPa**이다.

④ 피토게이지는 봉상주수 상태에서 **수직**으로 측정해야 한다.

⑤ 초기 방수 시 물속에 존재하는 이물질이나 공기 등이 완전히 배출된 후에 측정해야 막힘이나 고장을 방지할 수 있다.

(8) 펌프의 성능시험　　　　　중요도 ★★☆

① 성능시험 및 체절운전

　㉠ 성능시험 : 과부하운전[56](최대운전), 정격부하운전, 체절운전에서 펌프 성능의 정상 여부를 확인하는 것

　㉡ 체절운전[57] : 펌프 성능시험을 목적으로 펌프 토출 측 밸브를 닫은 상태에서 운전하는 것

② 펌프의 성능시험 순서

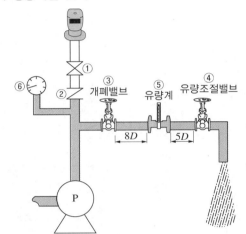

D : 배관직경[mm]

[성능시험 배관]

　㉠ 감시제어반 : 선택스위치 정지, 동력제어반 : 선택스위치 수동

　㉡ 펌프 토출 측 개폐밸브(그림 ①)를 잠근다.

　㉢ 펌프의 명판(토출량, 양정)을 파악하여 표를 작성한다.

펌프 성능시험 결과표						Sobang Pump		
구분		체절운전	정격운전 (100%)	정격유량의 150% 운전	적정 여부	모델명		
토출량 (L/min)	이론치	0	1,450L/min	2,175L/min		양수량	전양정	
	실측치	0				1.45m³/min	60m	
토출압 (MPa)	이론치	0.84MPa	0.60MPa	0.39MPa		출력	30kW	회전수
	실측치					인천펌프(주)		1,750rpm
릴리프밸브 작동압력 : 0.84MPa								

56) 과부하운전 상황 : 화재 시 스프링클러헤드 또는 소화전 개방 개수에 따라 펌프의 유량이 달라진다. 스프링클러헤드가 기준개수보다 많이 터지는 경우 또는 2개 층 이상에서 화재가 발생할 때 정격토출량을 초과할 수 있다.

57) 체절운전 상황 : 오작동 시 펌프의 토출량은 없으므로 수온이 상승하게 되고 펌프에 소손이 발생할 수 있다. 이를 방지하기 위해 순환배관을 설치하여 수온상승을 방지한다.

② 유량계(그림 ⑤)에 100%, 150% 유량 표시

⑩ 체절운전(No Flow Condition)

⑪ 정격부하운전(100% 유량운전) : 펌프를 기동한 상태에서 유량조절밸브를 개방하여 유량계의 유량이 정격유량상태(100%)일 때, 정격토출압력 이상이 되는지 확인하는 시험이다.

• 성능시험배관상의 개폐밸브(그림 ③)를 완전 개방, 유량조절밸브(그림 ④)를 약간 개방한다.

• 주펌프를 수동기동한다.

• 유량계를 보면서 유량조절밸브를 서서히 개방하여 정격토출량(100% 유량)일 때의 압력을 측정(그림 ⑥)한다.

• 주펌프를 정지한다.

⑫ 최대운전(150% 유량운전, Peak Load) : 유량조절밸브를 더욱 개방하여 유량계의 유량이 정격토출량의 150%가 되었을 때 정격토출압의 65% 이상이 되는지를 확인하는 시험이다.

• 유량조절밸브(그림 ④)를 중간 정도만 개방시켜 놓는다.

• 주펌프를 수동기동한다.

• 유량계를 보면서 유량조절밸브를 조절하여 정격토출량의 150%일 때의 압력을 측정(그림 ⑥)한다.

• 주펌프를 정지한다.

⑬ 복구

• 성능시험배관상의 개폐밸브(그림 ③)와 유량조절밸브(그림 ④)를 폐쇄하고, 펌프 토출 측 개폐밸브(그림 ①)를 개방한다.

• 제어반에서 주·충압펌프 선택스위치를 자동전환(먼저 충압펌프 자동전환 후 주펌프 자동전환)한다.

③ 펌프의 성능판단

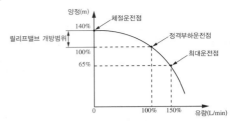

[펌프의 성능곡선]

㉠ 체절운전 시 정격토출압력의 140% 이하인지, 체절압력 미만에서 릴리프밸브[58]가 작동하는지 확인한다.
㉡ 정격부하운전 시 정격유량상태(100%)에서 정격토출압 이상이 되는지 확인한다.
㉢ 최대운전 시 정격토출량의 150%일 때 정격토출압의 65% 이상이 되는지 확인한다.
㉣ 가압송수장치가 확실히 작동되는지 확인하다.
㉤ 전동기의 운전전류값이 적용범위 내인지 확인한다.
㉥ 운전 중에 불규칙적인 소음, 진동, 발열은 없는지 확인한다.

구분	토출유량	토출압력
과부하운전	정격토출유량의 150%	정격토출압력의 65% 이상일 것
정격운전	정격토출유량의 100%	정격토출압력의 100% 이상일 것
체절운전	정격토출유량의 0%	정격토출압력의 140% 미만에서 릴리프밸브가 개방될 것

(9) 옥내소화전 펌프의 기동점과 정지점

① 압력스위치

㉠ 기동용 수압개폐장치(압력체임버)의 압력스위치에는 Range와 Diff의 눈금이 있으며, 펌프의 기동압력과 정지압력을 눈금으로 세팅한다.
- Diff = 정지압력(Range) – 기동압력
- 기동압력 = Range – Diff
∴ 펌프의 운전범위 : 기동압력~정지압력

㉡ 평상시 전 배관의 압력을 검지하고 있다가 일정 압력의 변동이 있을 시 압력스위치가 작동하여 감시제어반으로 신호를 보내고 제어 순서에 따라 펌프를 자동기동 및 정지시키는 역할을 한다.

② 계산방법

정지점 계산	주펌프의 정지점	펌프의 양정을 압력으로 환산 예 양정이 80m라면 1/100을 곱해 0.8MPa로 설정
	충압펌프의 정지점	주펌프보다 0.05~0.1MPa 낮게 설정
기동점 계산	주펌프의 기동점	자연낙차압 + 0.2MPa(옥내소화전)[또는 0.15MPa(스프링클러)]
	충압펌프의 기동점	주펌프보다 0.05MPa 높게 설정

---

58) 릴리프밸브의 조정방법
 – 조절볼트를 조이면(시계 방향) 릴리프밸브 작동압력이 높아진다.
 – 조절볼트를 풀면(반시계 방향) 릴리프밸브 작동압력이 낮아진다.

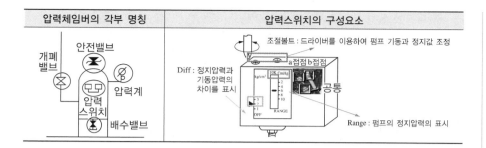

압력체임버의 각부 명칭	압력스위치의 구성요소

+ 괄호문제

다음 괄호 안에 알맞은 내용을 쓰시오.

① 옥외소화전설비 수원의 용량은 ( )m³에 소화전 설치개수를 곱한 양 이상이어야 한다.
② 옥외소화전 호스 접결구는 지면으로부터 높이가 0.5m 이상 1.0m 이하에 설치해야 하며, 호스의 구경은 ( )mm의 것으로 해야 한다.

| 정답 |
① 7
② 65

4. 옥외소화전설비(건축물 외부에 설치하는 물소화설비)

(1) 방수량과 방수압력

① 방수량 : 350L/min 이상
② 방수압력 : 0.25MPa 이상 0.7MPa 이하

(2) 수원의 용량

$$Q = 7 \times N \text{m}^3$$
여기서, N : 옥외소화전 개수(최대 2개)

(3) 설치기준

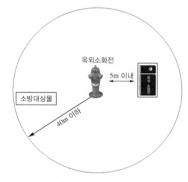

① 배관 등의 설치기준

㉠ 호스 접결구는 지면으로부터 높이가 0.5m 이상 1m 이하의 위치에 설치하고, 특정소방대상물의 각 부분으로부터 하나의 호스 접결구까지의 수평거리가 40m 이하가 되도록 설치한다.

㉡ 호스는 구경 65mm의 것으로 해야 한다.

② 옥외소화전함의 설치기준 : 설치거리는 옥외소화전마다 그로부터 5m 이내의 장소에 소화전함을 설치해야 한다.

㉠ 옥외소화전 10개 이하 : 5m 이내의 장소에 1개 이상 설치

㉡ 옥외소화전 11~30개 이하 : 11개 이상의 소화전함을 각각 분산하여 설치

㉢ 옥외소화전 31개 이상 : 옥외소화전 3개마다 1개 이상 설치

확인! OX

옥외소화전설비의 설치기준에 대한 설명이다. 옳으면 "○", 틀리면 "×"로 표시하시오.

1. 옥외소화전설비의 호스 접결구는 지면으로부터 높이가 0.5m 이상 1m 이하의 위치에 설치한다. ( )
2. 옥외소화전이 31개 이상인 경우 11개 이상의 소화전함을 각각 분산하여 설치해야 한다. ( )

정답 1. ○ 2. X

| 해설 |
2. 옥외소화전의 개수가 11~30개 이하인 경우 11개 이상의 소화전함을 각각 분산하여 설치한다.

③ 옥외소화전 위치표시등과 펌프기동표시등

  ㉠ 위치표시등 : 평상시 점등

  ㉡ 펌프기동표시등 : 주펌프 기동시에만 점등

5. 스프링클러설비

(1) 개념

물을 소화약제로 하는 자동식 소화설비로 냉각 및 질식효과[59]를 통해 화재를 진압할 수 있는 소화설비이다.

(2) 구성요소

① 감열부 유무에 따른 스프링클러헤드의 종류

구분	폐쇄형	개방형
그림	프레임 감열체 디플렉터	디플렉터
감열부	○	×
구조	방수구가 폐쇄되어 있음	방수구가 개방되어 있음

② 설치위치에 따른 스프링클러헤드의 종류

구분	상향식	하향식	측벽형
그림			

③ 주위온도에 따른 스프링클러헤드의 종류

설치장소의 최고 주위온도[60]	표시온도(헤드 작동온도)[61]
39℃ 미만	79℃ 미만
39℃ 이상 64℃ 미만	79℃ 이상 121℃ 미만
64℃ 이상 106℃ 미만	121℃ 이상 162℃ 미만
106℃ 이상	162℃ 이상

59) 물이 수증기가 될 경우 부수적으로 질식효과가 있다.
60) 암기 Tip : 삼국유사(3964)는 106페이지!
61) 암기 Tip : 79 12 11 62(친구 한둘을 11세에 만나 62세까지 놀자!)

[예외] 높이가 **4m 이상**인 **창고**(랙식 창고를 포함)에 설치하는 스프링클러헤드는 그 설치장소의 평상시 최고 주위온도에 관계없이 표시온도 **121℃ 이상**의 것으로 한다.

④ 방수량과 방수압력

    ㉠ 방수량 : **80L/min · 개 이상**

    ㉡ 방수압력 : **0.1MPa 이상 1.2MPa 이하**

⑤ 헤드의 기준개수 : 펌프 용량과 수원의 양을 계산하는 기준이 된다. `중요도 ★★★`

스프링클러설비의 설치장소			기준개수(개)
지하층을 제외한 층수가 10층 이하인 특정소방대상물	공장	특수가연물[62]을 저장·취급하는 것	30
		그 밖의 것	20
	근린생활시설[63], 판매시설, 운수시설 또는 복합건축물	판매시설 또는 복합건축물 (판매시설이 설치되는 복합건축물)	30
		그 밖의 것	20
	기타	헤드의 부착 높이가 8m 이상인 것	20
		헤드의 부착 높이가 8m 미만인 것	10
지하층을 제외한 층수가 11층 이상인 특정소방대상물, **지하가** 또는 지하역사			30

[비고] 하나의 소방대상물이 2 이상의 "스프링클러헤드의 기준개수"란에 해당하는 때에는 기준개수가 많은 것을 기준으로 한다. 다만, 각 기준개수에 해당하는 수원을 별도로 설치하는 경우에는 그렇지 않다.

⑥ 수원

$$Q = 1.6 \times N \text{m}^3$$
여기서, N : 폐쇄형 헤드의 기준개수

    ㉠ 수원량(저수량) = N(기준개수) × 80L/min × 20min
                   = N(10, 20, 30개) × 1,600L = $1.6 N \text{m}^3$

    ㉡ 30층 이상의 특정소방대상물(고층건축물)

        • 30~49층 건축물 = N(기준개수) × 80L/min × 40min = $3.2 N \text{m}^3$

        • 50층 이상 건축물 = N(기준개수) × 80L/min × 60min = $4.8 N \text{m}^3$

⑦ 배관

    ㉠ 가지배관 : 스프링클러헤드가 설치되어 있는 배관, 교차배관에서 분기되는 지점을 기준으로 한쪽 가지배관에 설치되는 헤드는 8개 이하로 할 것

    ㉡ 교차배관 : 직접 또는 수직배관을 통하여 가지배관에 급수하는 배관

⑧ 유수검지장치(Water Flow Indicator) : 스프링클러설비 내의 유수현상을 자동적으로 검지하여 신호 또는 경보를 발하는 장치

---

62) 가연물이란 불에 잘 타는 물질을 말하며, 가연물 중에서도 화재가 발생할 경우 불길이 빠르게 번지는 물질을 특수가연물이라 한다(면화류, 나무껍질, 종이부스러기, 사류(絲類), 볏짚류, 가연성 고체류, 석탄 등).

63) 주택가와 인접해 주민들의 생활 편의를 도울 수 있는 시설 등(슈퍼마켓, 병원, 제과점, 목욕탕, 미용실, 동사무소 등)

+ 괄호문제

다음 괄호 안에 알맞은 내용을 쓰시오.

① 높이가 4m 이상인 창고(랙식 창고를 포함)에 설치하는 스프링클러헤드는 주위온도에 관계없이 표시온도 ( )℃ 이상의 것으로 한다.

② 지하층을 제외한 층수가 10층 이하인 특정소방대상물의 경우 특수가연물을 저장·취급하는 장소에는 스프링클러헤드의 기준개수를 ( )개로 한다.

| 정답 |

① 121

② 30

`확인! OX`

스프링클러헤드에 대한 설명이다. 옳으면 "○", 틀리면 "×"로 표시하시오.

1. 스프링클러헤드가 설치되어 있는 배관을 가지배관이라 하며, 한쪽 가지배관에 설치되는 헤드는 8개 이하이다. ( )

2. 하나의 소방대상물이 2 이상의 "스프링클러헤드의 기준개수"란에 해당하는 때에는 기준개수가 적은 것을 기준으로 한다. ( )

`정답` 1. ○ 2. ×

| 해설 |

2. 하나의 소방대상물이 2 이상의 기준개수에 적용되는 때에는 기준개수가 많은 것을 기준으로 한다.

다음 괄호 안에 알맞은 내용을 쓰시오.

① 습식 스프링클러설비는 ( ) 밸브를 기준으로 1, 2차 측 모두 ( )로 채워져 있으며, 화재 시 폐쇄형 헤드가 개방되어 소화하는 방식이다.

② 건식 스프링클러설비는 헤드가 개방되어 1차 측의 물이 헤드로 공급되면 건식밸브 압력스위치가 작동되어 사이렌이 경보되고 감시제어반의 화재표시등과 밸브 개방표시등이 ( )된다.

| 정답 |
① 알람, 가압수
② 점등

6. 스프링클러설비의 4가지 종류

종류	헤드	감지기 유무	밸브	배관	수동조작함 유무 (SVP ; Supervisory Panel)
습식	폐쇄형	×	알람밸브	• 1차 측 : 가압수 • 2차 측 : 가압수	×
건식		×	건식밸브	• 1차 측 : 가압수 • 2차 측 : 압축공기 또는 질소	×
준비작동식		○	준비작동밸브 (프리액션밸브)	• 1차 측 : 가압수 • 2차 측 : 대기압	○
일제살수식	개방형	○	일제개방밸브	• 1차 측 : 가압수 • 2차 측 : 대기압	○

(1) 습식

① 알람밸브(습식 유수검지장치)를 기준으로 1, 2차 측 모두 가압수로 구성되어 있으며, 화재 시 폐쇄형 헤드가 개방되어 소화수가 방출된다.

② 작동순서

　㉠ 화재 발생

　㉡ 폐쇄형 헤드 개방, 방수

　㉢ 2차 측 배관 압력 저하

　㉣ 1차 측 압력에 의해 습식 유수검지장치의 클래퍼 개방

　㉤ 습식 유수검지장치의 압력스위치 작동 → **사이렌 경보, 감시제어반의 화재표시등, 밸브 개방표시등의 점등**

　㉥ 배관 내 압력저하로 기동용 수압개폐장치의 압력스위치 작동 → **펌프 기동**

③ 계통도

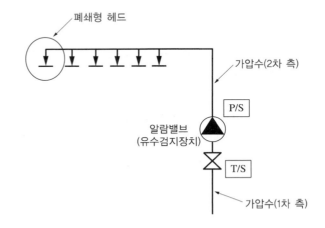

확인! OX

습식 스프링클러설비에 대한 설명이다. 옳으면 "○", 틀리면 "×"로 표시하시오.

1. 습식 유수검지장치인 알람밸브를 기준으로 1, 2차 측 모두 가압수로 채워져 있다.　　　( )

2. 화재 시 개방형 헤드가 개방되어 소화수가 방출되며, 감시제어반의 화재표시등이 점등된다.　　　( )

정답 1. ○ 2. X

| 해설 |
2. 화재 시 폐쇄형 헤드가 개방되어 소화수가 방출된다.

(2) 건식

① 헤드가 개방되어 클래퍼 2차 측 공기의 압력이 낮아지면, 급속개방기구[64]가 작동하여 클래퍼를 신속히 개방시켜 1차 측의 물을 헤드로 공급하며, 습식 유수검지장치와 같이 시트링의 홀을 통해 압력스위치를 작동시켜 제어반으로 사이렌, 화재표시등, 밸브 개방표시등의 신호를 보낸다.

② 작동순서

    ㉠ 화재 발생

    ㉡ 폐쇄형 헤드 개방, 압축공기 방출

    ㉢ 2차 측 공기압 저하

    ㉣ 클래퍼 작동(급속개방기구 작동)

    ㉤ 1차 측 가압수 2차 측으로 흘러 헤드로 방수

      → 건식밸브의 압력스위치 작동으로 사이렌 경보, 감시제어반 화재표시등과 밸브 개방표시등 점등

    ㉥ 배관 내 압력 저하로 기동용 수압개폐장치[65]의 압력스위치 작동 → 펌프 기동

③ 계통도

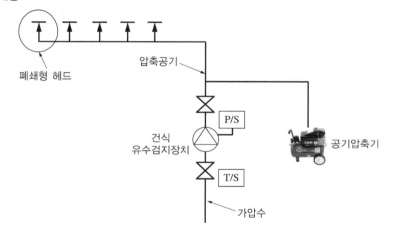

폐쇄형 헤드 / 압축공기 / 건식 유수검지장치 / P/S / T/S / 공기압축기 / 가압수

(3) 준비작동식

① A, B 감지기가 모두 동작하면 중간체임버와 연결된 솔레노이드밸브[66]가 개방되면서 중간체임버의 물이 배수되어 클래퍼가 밀려 1차 측 배관의 물이 2차 측으로 유수된다.

② 작동순서

    ㉠ 화재 발생

    ㉡ 교차회로 방식의 A or B 감지기 작동(경종&사이렌 경보, 화재표시등 점등)

---

64) 급속개방기구(Quick Opening Device) : 2차 측 배관 내 압축공기가 헤드를 통해 빠져나가는 데 시간이 소요되기 때문에 액셀러레이터를 사용하여 클래퍼를 신속히 개방시킨다.
65) 압력체임버
66) 전자밸브 vs 솔레노이드밸브 차이점

+ 괄호문제

다음 괄호 안에 알맞은 내용을 쓰시오.

① 준비작동식 유수검지장치는 A, B 감지기가 모두 작동하면 중간챔버와 연결된 ( )밸브가 개방되면서 중간챔버의 물이 배수되어 클래퍼가 밀려 1차 측 배관의 물이 2차 측으로 유수된다.

② 준비작동식 유수검지장치가 작동되면 1차 측의 물이 2차 측으로 급수되고 헤드가 개방되면 방수가 이루어진다. 이때, 배관 내 압력저하로 기동용 수압개폐장치의 ( ) 스위치가 작동되어 펌프가 기동하게 된다.

| 정답 |
① 솔레노이드
② 압력

© A and B 감지기 작동 또는 수동조작함(SVP) 작동

② 준비작동식 유수검지장치[67] 작동 → 솔레노이드밸브 작동, 중간챔버 감압, 밸브 개방, 압력스위치 작동(사이렌 경보, 밸브 개방표시등 점등)

© 2차 측으로 급수

📱 폐쇄형 헤드 개방, 방수

⊗ 배관 내 압력 저하 → 기동용 수압개폐장치의 압력스위치 작동 → 펌프 기동

③ 계통도

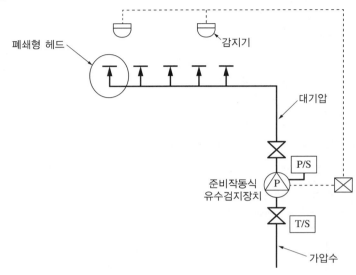

확인! OX

일제살수식 스프링클러설비에 대한 설명이다. 옳으면 "○", 틀리면 "×"로 표시하시오.

1. 폐쇄형 헤드를 사용하는 스프링클러설비로 화재 발생 시 자동 또는 수동식 기동장치에 따라 밸브가 열린다.
( )

2. A or B 감지기가 작동되면 경종과 사이렌이 울리고, 화재표시등과 밸브 개방표시등이 점등된다.
( )

정답 1. X 2. X

| 해설 |
1. 개방형 헤드를 사용하는 스프링클러설비이다.
2. 밸브 개방표시등은 A and B 감지기가 작동하면 일제개방밸브가 작동하여 점등된다.

(4) 일제살수식

① 개방형 헤드를 사용하는 스프링클러설비로 화재 발생 시 자동 또는 수동식 기동장치에 따라 밸브가 열린다.

② 작동순서

㉠ 화재 발생

㉡ 교차회로 방식의 A or B 감지기 작동(경종/사이렌 경보, 화재표시등 점등)

㉢ A and B 감지기 작동 또는 수동조작함(SVP) 작동

㉣ 일제개방밸브 작동 → 솔레노이드밸브 작동, 중간챔버 감압, 밸브 개방, 압력스위치 작동(사이렌 경보, 밸브 개방표시등 점등)

㉤ 2차 측으로 급수

㉥ 개방형 헤드에서 바로 방수

㉦ 배관 내 압력저하 → 기동용 수압개폐장치의 압력스위치 작동 → 펌프 기동

---

67) 프리액션밸브

③ 계통도

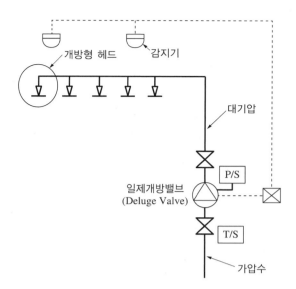

개방형 헤드   감지기

대기압

일제개방밸브
(Deluge Valve)   P/S

T/S

가압수

+ 괄호문제

다음 괄호 안에 알맞은 내용을 쓰시오.

① 동파의 우려가 있는 장소에도 설치가 가능하며, 컴프레서 설치 등에 의해 설치면적이 크고 배관의 기밀성이 요구되는 것을 ( ) 스프링클러설비라고 한다.

② 동파의 우려가 있는 장소에는 부적당하지만, 구조가 간단하고 화재 시 방수 속도가 가장 빠른 것은 ( ) 스프링클러설비이다.

| 정답 |
① 건식
② 습식

(5) 스프링클러설비의 종류별 장단점

① 습식

ㄱ 장점

• 구조가 간단하다.

• 화재 시 방수 속도가 빠르다.

ㄴ 단점 : 동파의 우려가 있는 장소에는 부적당하다.

ㄷ 경제성 : 시공비가 저렴하다.

② 건식

ㄱ 장점 : 동파의 우려가 있는 장소에도 설치가 가능하다.

ㄴ 단점 : 컴프레서 설치 등에 의해 설치면적이 크며, 배관의 기밀성이 요구된다.

ㄷ 경제성 : 감지기를 설치할 필요가 없으므로 준비작동식에 비해 경제적이다.

③ 준비작동식

ㄱ 장점 : 동파의 우려가 있는 장소에도 설치가 가능하다.

ㄴ 단점

• 감지기를 설치해야 하므로 경비가 많이 소요된다.

• 오동작의 우려가 크다.

ㄷ 경제성 : 감지기를 설치해야 하고 밸브의 가격이 비싸 비용이 많이 소요된다.

④ 일제살수식

ㄱ 장점

• 동파의 우려가 있는 장소에도 설치가 가능하다.

• 화재진압이 가장 빠르다.

확인! OX

준비작동식 스프링클러설비의 장단점에 대한 설명이다. 옳으면 "○", 틀리면 "×"로 표시하시오.

1. 동파의 우려가 있는 장소에는 설치가 불가능하다.
( )

2. 오동작의 우려가 크고, 감지기를 설치해야 하므로 경비가 많이 소요된다.   ( )

정답 1. X   2. ○

| 해설 |
1. 동파의 우려가 있는 장소에도 설치가 가능하다.

ⓒ 단점
   • 감지기를 설치해야 하므로 경비가 많이 소요된다.
   • 감지기 오동작으로 인한 물의 피해가 크다.

ⓒ 경제성 : 감지기를 설치해야 하고 밸브의 가격이 비싸 비용이 많이 든다.

7. 물분무등소화설비

(1) 이산화탄소소화설비의 장단점   중요도 ★★☆

① 장점
   ㉠ 가연물 내부에서 연소하는 심부화재[68]에 적합하다.
   ㉡ 화재진화 후 깨끗하다.
   ㉢ 피연소물에 피해가 적다.
   ㉣ 비전도성이므로 전기화재에 좋다.

② 단점
   ㉠ 사람에게 질식의 우려가 있다.
   ㉡ 방사 시 동상[69]의 우려가 있다.
   ㉢ 설비가 고압으로 특별한 주의와 관리가 필요하다.

(2) 소화약제 방출방식에 따른 분류

① 전역방출방식 : 소화약제 공급장치에 배관 및 분사헤드 등을 설치하여 밀폐 방호구역 전체에 소화약제를 방출하는 방식

② 국소방출방식 : 소화약제 공급장치에 배관 및 분사헤드 등을 설치하여 직접 화점에 소화약제를 방출하는 방식

③ 호스릴방출방식 : 소화수 또는 소화약제 저장용기 등에 연결된 호스릴을 이용하여 사람이 직접 화점에 소화수 또는 소화약제를 방출하는 방식

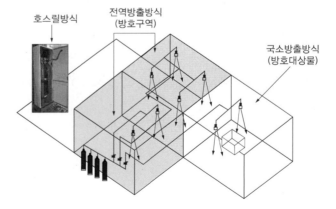

호스릴방식 / 전역방출방식 (방호구역) / 국소방출방식 (방호대상물)

---

68) 심부화재란 목재 또는 섬유와 같이 가연물 내부에서 연소하는 화재를 말한다.
69) CO_2는 액체에서 가스로 변할 때 부피가 539배로 팽창하며, 기화잠열(액체가 기체로 변할 때 소비되는 열량)도 커서 온도를 떨어뜨리는 냉각효과가 크다.

(3) 작동순서

화재발생

감지기 A, B 동작
또는 수동기동장치 ON

화재수신기(자탐경보)

지연시간(30초)

솔레노이드 작동

기동용기 개방

저장용기 개방

선택밸브 개방(압력스위치 동작 :
경보발생, 방출표시등 동작)

분사헤드(약제방출)

소화가스방출중
출 입 금 지

(4) 기동용기 솔레노이드밸브 격발 시험방법   중요도 ★★★

① 수동조작버튼 작동(즉시 격발)

② 수동조작함 작동

③ 교차회로감지기 작동

④ 제어반 수동조작스위치 동작

(5) 점검 후 복구방법   중요도 ★☆☆

① 제어반의 복구스위치 복구

② 제어반의 솔레노이드밸브 연동 정지

③ 솔레노이드밸브 복구 : 작동점검 시 격발된 솔레노이드밸브를 복구

④ 솔레노이드밸브에 안전핀을 체결한 후 기동용기에 결합

⑤ 제어반의 스위치가 연동 상태인지 확인 후 솔레노이드밸브에서 안전핀 분리

⑥ 점검 전 분리했던 조작동관을 결합

CHAPTER
03
경보설비

10%
출제율

출제포인트
• 자동화재탐지설비의 구성요소
• P형 수신기의 점검방법
• 감지기 설치 시 유효면적과 설치개수

• 경계구역 구하기
• 발신기의 설치기준
• 경보방식

기출 키워드

자탐설비, 경계구역, P형 수신기,
발신기, 경보방식

1. 자동화재탐지설비의 구성요소

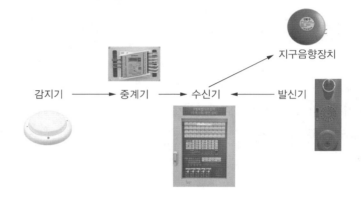

지구음향장치

감지기 ——→ 중계기 ——→ 수신기 ←—— 발신기

(1) 경계구역

특정소방대상물 중 화재 신호를 발신하고, 그 신호를 수신하여 제어할 수 있는 구역

(2) 수신기

감지기나 발신기에서 발하는 화재 신호를 직접 수신하거나 중계기를 통하여 수신하여
화재의 발생을 표시 및 경보하여 주는 장치

(3) 중계기

감지기, 발신기 또는 전기적인 접점 등의 작동에 따른 신호를 받아 이를 수신기에 전송하
는 장치

(4) 감지기

화재 시 발생하는 열, 연기, 불꽃 또는 연소생성물을 자동으로 감지하여 수신기에 화재
신호 등을 발신하는 장치

(5) 발신기

수동누름버튼 등의 작동으로 화재 신호를 수신기에 발신하는 장치

(6) 시각경보장치

자동화재탐지설비에서 발하는 화재 신호를 시각경보기에 전달하여 청각장애인에게 점멸형태의 시각 경보를 하는 것

(7) 거실

거주·집무·작업·집회·오락, 그 밖에 이와 유사한 목적을 위하여 사용하는 실

(8) 신호처리방식

화재 신호 및 상태 신호 등(화재신호 등)을 송수신하는 방식
① 유선식 : 화재 신호 등을 배선으로 송수신하는 방식
② 무선식 : 화재 신호 등을 전파에 의해 송수신하는 방식

+ 괄호문제

다음 괄호 안에 알맞은 내용을 쓰시오.
① 자동화재탐지설비에서 발하는 화재 신호를 시각경보기에 전달하여 (　　)장애인에게 점멸형태로 시각 경보를 주는 것을 (　　)장치라 한다.
② (　　)이란 자동화재탐지설비의 1회선이 화재의 발생을 효율적으로 감지할 수 있도록 범위를 정한 구역을 말한다.

| 정답 |
① 청각, 시각경보
② 경계구역

2. 경계구역 중요도 ★★★

자동화재탐지설비의 1회선이 화재의 발생을 효율적으로 감지할 수 있도록 범위를 정한 구역

(1) 하나의 경계구역이 2 이상의 건축물에 미치지 않도록 할 것

(2) 하나의 경계구역이 2 이상의 층에 미치지 않도록 할 것(다만, 500m² 이하의 범위 안에서는 2개의 층을 하나의 경계구역으로 할 수 있다)

(3) 하나의 경계구역의 면적은 600m² 이하로 하고, 한 변의 길이는 50m 이하로 할 것. 다만, 해당 특정소방대상물의 주된 출입구에서 그 내부 전체가 보이는 것에 있어서는 한 변의 길이가 50m의 범위 내에서 1,000m² 이하로 할 수 있다.

건물 A와 건물 B의 경계구역을 분리하여 설정	1층과 2층의 바닥면적 합계가 500m² 이하이므로 하나의 경계구역으로 설정	하나의 경계구역은 면적 600m² 이하이고 한 변의 길이는 50m 이하
건물 A　　건물 B	2층 200m² / 1층 300m²	600m² 이하 / 50m 이하 / 50m 이하

확인! OX

경계구역에 대한 설명이다. 옳으면 "○", 틀리면 "×"로 표시하시오.

1. 하나의 경계구역이 2 이상의 건축물에 미치지 않도록 해야 한다. 다만 500m² 이하의 범위 안에서 2개의 건물을 하나의 경계구역으로 설정할 수 있다. (　　)
2. 하나의 경계구역의 면적은 600m² 이하로 하고, 한 변의 길이는 60m 이하로 설정해야 한다. (　　)

정답 1. X 2. X

| 해설 |
1. 500m² 이하의 범위 안에서 2개의 층을 하나의 경계구역으로 할 수 있다.
2. 한 변의 길이는 50m 이하로 설정해야 한다.

3. 수신기

(1) P형 수신기(소유주의, Proprietary)

화재 신호를 접점 신호인 공통신호로 수신하기 때문에 경계구역마다 별도의 실선배선(Hard Wire)으로 연결한다. 따라서, 경계구역 수가 증가할수록 회선 수가 증가하게 되므로 소규모 건물에 설치한다.

(2) R형 수신기(기록, Record)

통신신호방식으로 신호를 주고받기 때문에 하나의 선로를 통하여 많은 신호를 주고받을 수 있어 배선 수를 획기적으로 감소시킬 수 있으며 경계구역 수가 많은 대형 건물에 많이 사용된다.

(3) 수신기의 설치기준

① 수신기가 설치된 장소에는 경계구역 일람도를 비치할 것
② 수신기의 조작스위치 높이 : 바닥으로부터 높이가 0.8m 이상 1.5m 이하
③ 수위실(방재실, 경비실) 등 상시 사람이 근무하고 있는 장소에 설치할 것

(4) 수신기 스위치별 기능

① 화재표시등 : 화재 발생 시 적색으로 표시
② 지구표시등(경계구역 표시등) : 화재 신호가 발생한 각 경계구역을 나타내는 표시등
③ 전압표시등 : 수신기의 공급전압을 표시
④ 예비전원(축전지)감시표시등 : 예비전원의 이상 유무를 확인하여 주는 표시등
⑤ 발신기응답표시등(작동등) : 수신기에 수신된 신호가 발신기의 조작에 의한 신호인지의 여부를 식별해 주는 표시장치
⑥ 스위치주의표시등 : 각 조작스위치가 정상위치에 있지 않을 때 점멸·점등을 반복
⑦ 도통시험표시등 : 도통시험에서 해당 회로의 불량(적색등 점등)과 정상(녹색등 점등) 여부를 쉽게 판별할 수 있는 표시등
⑧ 예비전원시험스위치 : 예비전원의 배터리 충전상태 점검 시 사용(평상시 LED 램프가 소등 상태 유지)
⑨ 주경종정지스위치 : 수신기 옆 또는 내부에 있는 주경종을 정지할 때 사용(평상시 LED 램프가 소등 상태 유지)
⑩ 지구경종정지스위치 : 지구경종의 명동을 정지할 때 사용하는 스위치(평상시 LED 램프가 소등 상태 유지)
⑪ 동작시험스위치 : 수신기에 화재 신호를 수동으로 입력하여 수신기가 정상적으로 동작하는지를 점검하는 시험스위치
⑫ 도통시험스위치 : 도통시험스위치를 누르고 회로선택스위치를 회전시키거나 버튼을 눌러 선택된 회로의 결선 상태를 확인할 때 사용

⑬ 회로선택스위치 : 스위치 주위에 회로 번호가 표시되어 있으며, 동작시험이나 회로도 통시험을 실시할 때 필요한 회로를 선택하기 위하여 사용하는 스위치

⑭ 자동복구스위치 : 스위치가 시험 위치에 놓여 있을 때는 감지기의 복구에 따라 수신기의 동작 상태가 자동복구

⑮ 화재복구스위치 : 수신기의 동작 상태를 정상으로 복구할 때 사용

⑯ 버저 : 발신기의 전화잭에 송수화기를 연결 시 버저가 울림

⑰ 전화잭 : 발신기와 수신기, 수신기 상호 간 통화 가능

⑱ 비상방송정지스위치 : 비상방송 연동을 정지시킨다.

⑲ 축적스위치 : 일시적으로 발생한 열·연기 또는 먼지 등으로 인하여 감지기가 화재신호를 발신할 우려가 있는 경우에 대비하기 위하여 사용되는 스위치(LED 램프가 점등되었을 때는 축적이고, LED가 소등되었을 때는 비축적 상태)

+ 괄호문제

다음 괄호 안에 알맞은 내용을 쓰시오.

① 축적스위치의 LED 램프가 ( )되었을 때 축적이고, LED가 ( )되었을 때는 비축적 상태이다.

② ( )스위치란 스위치가 시험 위치에 놓여 있을 때는 감지기의 복구에 따라 수신기의 동작 상태가 자동복구된다.

| 정답 |
① 점등, 소등
② 자동복구

(5) P형 수신기의 점검방법   중요도 ★★★

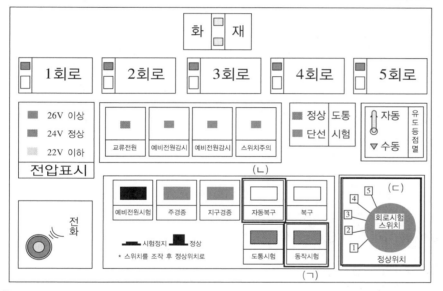

① 동작시험 순서 : (ㄱ) 동작시험스위치 누름 → (ㄴ) 자동복구스위치 누름 → (ㄷ) 회로시험스위치 돌림

② 동작시험 복구순서 : (ㄷ) 회로시험스위치 돌림 → (ㄱ) 동작시험스위치 누름 → (ㄴ) 자동복구스위치 누름

개념 다지기 회로도통시험과 예비전원시험

• 회로도통시험 : 도통시험스위치 누름 → 회로시험스위치 돌림
• 예비전원시험 : 예비전원시험스위치 누름(누르고 있는 동안 시험 확인) → 전압 적정 확인(24V 정상)

확인! OX

P형 수신기의 점검방법에 대한 설명이다. 옳으면 "○", 틀리면 "×"로 표시하시오.

1. 동작시험 순서는 회로시험 스위치를 돌리고 자동복구 스위치를 누른 후 동작시험 스위치를 눌러 확인한다.
( )

2. 동작시험 복구순서는 회로 시험스위치를 돌리고 동작 시험스위치를 누른 후 자동 복구스위치를 누른다.
( )

정답 1. X 2. O

| 해설 |
1. 동작시험 순서는 동작시험스위치 → 자동복구스위치 → 회로 시험스위치 순이다.

+ 괄호문제

다음 괄호 안에 알맞은 내용을 쓰시오.

① 발신기의 스위치는 바닥으로부터 (　)m 이상 (　)m 이하의 높이에 설치하고, 하나의 발신기까지의 수평거리는 (　)m 이하가 되도록 설치한다.

② 정해진 온도 이상이 되면 열을 감지하여 작동하는 감지기로 불을 사용하는 주방이나 보일러실에 설치하는 것을 (　) 열감지기라 한다.

| 정답 |

① 0.8, 1.5, 25

② 정온식

4. 발신기

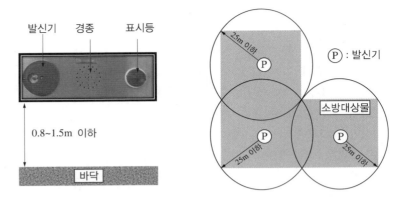

발신기　경종　표시등

0.8~1.5m 이하

바닥

ⓟ : 발신기

25m 이하

소방대상물

25m 이하

25m 이하

(1) 조작이 쉬운 장소에 설치하고, 스위치는 바닥으로부터 **0.8m 이상 1.5m 이하**의 높이에 설치한다.

(2) 특정소방대상물의 층마다 설치하되, 해당 층의 각 부분으로부터 하나의 발신기까지의 수평거리가 **25m 이하가** 되도록 설치한다. 다만, 복도 또는 별도로 구획된 실로서 보행거리가 40m 이상일 경우에는 추가로 설치해야 한다.

(3) 발신기 누름스위치를 누르면 수신기 동작으로 **화재표시등, 지구표시등, 발신기표시등이 점등**된다.
※ 복구방법은 발신기 누름스위치를 원위치로 복귀하고 수신기에서 복구스위치를 누른다.

확인! OX

발신기의 설치기준에 대한 설명이다. 옳으면 "○", 틀리면 "×"로 표시하시오.

1. 발신기는 층마다 설치하되, 하나의 발신기까지의 수평거리는 40m 이하가 되도록 설치해야 한다. (　)

2. 발신기 누름스위치를 누르면 수신기 동작으로 화재표시등, 지구표시등, 발신기표시등이 소등된다. (　)

정답 1. X　2. X

| 해설 |

1. 수평거리는 25m 이하가 되도록 설치한다.

2. 화재표시등, 지구표시등, 발신기표시등이 점등된다.

5. 감지기

(1) 감지기의 종류

열감지기	차동식[70]	분포형	넓은 범위에서 열효과에 작동
		스포트형	일국소에서 열효과에 작동
	정온식[71]	감지선형	일국소 주위온도가 일정 이상의 온도가 되면 작동
		스포트형	바이메탈을 이용한 방식, 금속의 팽창계수차를 이용한 방식 등
	보상식	스포트형	차동식+정온식 겸용
연기감지기	이온화식	비축적형	연기에 의한 이온전류의 변화를 이용
		축적형	
	광전식	산란광식	빛의 투과를 측정하여 연기의 존재를 감지
		감광식	

---

70) 급격한 온도 변화에 의해 내부 공기가 팽창하고 접점이 붙어 화재를 감지. 온도 변화가 적은 거실과 방, 사무실에 주로 설치

71) 정해진 온도 이상일 때 동작하는 감지기로 내부의 바이메탈이 동작하면 접점이 붙어 화재를 감지. 주방이나 보일러실, 난로 주변에 설치

(2) 감지기의 구조

구분	차동식 스포트형 감지기	정온식 스포트형 감지기
구조		
원리	화재 시 온도 상승 → 감열실 내 공기가 팽창 → 다이어프램의 가동접점이 고정접점에 접촉 → 수신기로 신호를 발신	화재 시 감열판에 열전달 → 바이메탈이 휘어져 접점이 붙음 → 수신기로 신호를 발신
주요 부분	리크 구멍 : 감지기 오동작 방지	바이메탈 : 열변형을 이용하여 접점을 이동

구분	광전식 스포트형 감지기			
그림				
작동 순서	망으로 연기가 침투	커버를 분리하면 발광부 LED와 수광부 센서가 있음	발광부에서 빛이 발광되면 수광부로 빛이 침투되지 않음(빛은 직진성이 있음)	화재 시 연기가 침투되면 연기에 빛이 반사되어 수광부로 빛이 침투되고 화재를 감지하여 감지기 동작표시등을 점등

(3) 감지기의 설치 유효면적[72]　　중요도 ★★★

① 화재안전기준에는 열감지기의 설치기준이 있으며, 이는 화재를 효과적으로 감지할 수 있도록 정해놓은 기준이다.

② 감지기의 부착높이, 소방대상물의 구분(내화구조와 기타구조), 감지기의 종류(차동식·보상식·정온식)에 따라서 감지기가 감지할 수 있는 면적이 달라진다.

---

72) 암기 Tip

차동식·보상식 스포트형		정온식 스포트형		
1종	2종	특종	1종	2종
90	70	70	60	20
1/2+5	1/2+5	1/2+5	30	15
1/2	1/2	1/2	30	–
30	1/2−10	1/2−10	15	–

+ 괄호문제

다음 괄호 안에 알맞은 내용을 쓰시오.

① 광전식 스포트형 감지기는 화재 시 연기가 침투되면 발광부에서 발광된 빛이 (　)로 침투되어 화재를 감지하게 된다.

② 차동식 스포트형 감지기의 주요 부분 중 리크구멍은 외부 압력과 평형을 유지하여 화재 신호를 발하지 않도록 하여 감지기의 (　)을 방지하는 역할을 한다.

| 정답 |
① 수광부
② 오동작

확인! OX

감지기의 구조에 대한 설명이다. 옳으면 "○", 틀리면 "×"로 표시하시오.

1. 정온식 스포트형 감지기는 감열실, 다이어프램, 리크구멍, 접점 등으로 구성되어 있다. (　)

2. 광전식 스포트형 감지기는 화재 시 연기가 침투되면 연기에 빛이 반사되어 수광부로 빛이 침투되고 화재를 감지한다. (　)

정답 1. X　2. O

| 해설 |
1. 차동식 스포트형 감지기에 대한 설명이다.

③ 감지기는 높은 곳에 설치해야 하며, 내화구조가 아닌 경우 감지기를 더 많이 설치해야 한다.

부착높이 및 특정소방대상물의 구분		감지기의 종류(단위 : m²)				
		차동식 · 보상식 스포트형		정온식 스포트형		
		1종	2종	특종	1종	2종
4m 미만	내화구조	90	70	70	60	20
	기타구조	50	40	40	30	15
4m 이상 8m 미만	내화구조	45	35	35	30	–
	기타구조	30	25	25	15	–

(4) 송배선식 감지기의 결선 방법

① 감지기 사이의 회로는 배선을 송배선식으로 해야 한다.

② 송배선식의 목적은 도통시험을 확실하게 하기 위한 배선 방식이며 일명 보내기 배선이라고도 한다.

③ 송배선식의 감지기 배선은 감지기 1극에 2개씩 총 4개의 단자를 이용하여 배선을 하며, 배선이 도중에 분기하지 않도록 아래 그림과 같이 시공하는 배선 방식이다.

④ 감지기 회로 말단에 있는 발신기 내에 종단저항을 설치하여 도통시험이 용이하도록 한다.

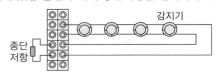

6. 음향장치

(1) 종류

① 주음향장치 : 수신기의 내부 또는 그 직근에 설치할 것

② 지구음향장치 : 각 경계구역에 설치할 것

(2) 설치기준

① 특정소방대상물의 층마다 설치하되, 해당 층의 각 부분으로부터 하나의 음향장치까지의 수평거리 25m 이하가 되도록 설치할 것

② 음향의 크기는 부착된 음향장치의 중심으로부터 **1m** 떨어진 위치에서 **90dB 이상**이 되는 것으로 할 것

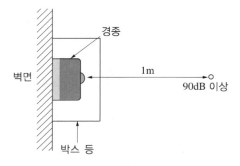

(3) 경보방식

① 일제경보방식과 우선경보방식

발화층	경보층	
	11층(공동주택 16층) 미만 = 일제경보방식	11층(공동주택 16층) 이상 = 우선경보방식
2층 이상 발화	전층 일제경보[73]	• 발화층 • 직상 4개층
1층 발화		• 발화층 • 직상 4개층 • 지하층
지하층 발화		• 발화층 • 직상층 • 기타의 지하층

② 우선경보방식의 경보 및 화재발생

11층 이상				
⋮				
6층	●			
5층	●	●		
4층	●	●		
3층	●	●		
2층	🔥●	●		
1층		🔥●	●	
지하 1층		●	🔥●	●
지하 2층		●	●	🔥●
지하 3층		●	●	●

※ ● : 경보발생, 🔥 : 화재발생

---

73) 어느 1개 층에 화재가 감지되더라도 전층에 화재경보가 울리도록 하여 재실자가 화재정보를 신속히 인지하여 대피할 수 있도록 한다.

피난구조설비

출제포인트
- 피난기구의 종류
- 비상조명등의 유효 작동시간
- 유도등의 종류
- 설치장소별 피난기구의 적응성
- 휴대용 비상조명등의 설치대상

1. 피난기구의 종류

종류	정의	구조
구조대	포지 등을 사용하여 자루 형태로 만든 것으로서 화재 시 사용자가 그 내부에 들어가서 내려옴으로써 대피할 수 있는 것	
완강기	사용자의 몸무게에 따라 자동으로 내려올 수 있는 기구 중 사용자가 교대하여 **연속적으로 사용**할 수 있는 것	
간이완강기	사용자의 몸무게에 따라 자동으로 내려올 수 있는 기구 중 사용자가 **연속적으로 사용할 수 없는 것**	

종류	정의	구조
피난사다리	화재 시 긴급대피를 위해 사용하는 사다리	
미끄럼대	사용자가 미끄럼식으로 신속하게 지상 또는 피난층으로 이동할 수 있는 피난기구	
다수인 피난장비	화재 시 2인 이상의 피난자가 동시에 해당 층에서 지상 또는 피난층으로 하강하는 피난기구	
기타 피난기구	피난교, 피난용 트랩, 공기안전매트, 승강식 피난기 등	

+ 괄호문제

다음 괄호 안에 알맞은 내용을 쓰시오.

① 사용자의 몸무게에 따라 자동으로 내려올 수 있는 기구 중 사용자가 교대하여 연속적으로 사용할 수 있는 것을 (　)라 하며, 사용자가 연속적으로 사용할 수 없는 것을 (　)라고 한다.

② 화재 시 신속하게 지상 또는 피난층으로 이동할 수 있는 피난기구로 장애인복지시설, 노약자수용시설, 병원 등에 설치하는 것을 (　)라고 한다.

| 정답 |
① 완강기, 간이완강기
② 미끄럼대

확인! OX

피난기구에 대한 설명이다. 옳으면 "○", 틀리면 "×"로 표시하시오.

1. 화재 시 2인 이상의 피난자가 동시에 해당 층에서 지상 또는 피난층으로 하강하는 피난기구를 피난용 트랩이라고 한다. (　)

2. 화재가 발생할 경우 소방대상물에 거주하는 사람들이 안전한 장소로 피난할 때 사용하는 기구 또는 설비를 피난구조설비라 한다. (　)

정답 1. X 2. O

| 해설 |
1. 다수인 피난장비에 대한 설명이다.

다음 괄호 안에 알맞은 내용을 쓰시오.

① 노유자시설 3층에 설치해야 하는 피난기구로는 미끄럼대, 구조대, 피난교, 다수인 피난장비, ( )가 있다.

② 구조대의 적응성은 장애인 관련 시설로서 주된 사용자 중 스스로 ( )이 불가한 자가 있는 경우에 따라 추가로 설치하는 경우에 한한다.

| 정답 |
① 승강식 피난기
② 피난

2. 설치장소별 피난기구의 적응성

구분	1층	2층	3층	4층 이상 10층 이하
노유자시설[74]	• 미끄럼대 • 구조대 • 피난교 • 다수인 피난장비 • 승강식 피난기	• 미끄럼대 • 구조대 • 피난교 • 다수인 피난장비 • 승강식 피난기	• 미끄럼대 • 구조대 • 피난교 • 다수인 피난장비 • 승강식 피난기	• 구조대* • 피난교 • 다수인 피난장비 • 승강식 피난기
의료시설 · 근린생활시설[75] 중 입원실이 있는 의원 · 접골원[76] · 조산원	–	–	• 미끄럼대 • 구조대 • 피난교 • 피난용 트랩 • 다수인 피난장비 • 승강식 피난기	• 구조대 • 피난교 • 피난용 트랩 • 다수인 피난장비 • 승강식 피난기
다중이용업소로서 영업장의 위치가 4층 이하인 다중이용업소[77]	–	• 미끄럼대 • 구조대 • 피난사다리 • 다수인 피난장비 • 승강식 피난기 • 완강기	• 미끄럼대 • 구조대 • 피난사다리 • 다수인 피난장비 • 승강식 피난기 • 완강기	• 미끄럼대 • 구조대 • 피난사다리 • 다수인 피난장비 • 승강식 피난기 • 완강기
그 밖의 것	–	–	• 미끄럼대 • 구조대 • 피난교 • 피난사다리 • 피난용 트랩 • 다수인 피난장비 • 승강식 피난기 • 완강기 • 간이완강기** • 공기안전매트***	• 구조대 • 피난교 • 피난사다리 • 다수인 피난장비 • 승강식 피난기 • 완강기 • 간이완강기** • 공기안전매트***

[비고]
* : 구조대의 적응성은 장애인 관련 시설로서 주된 사용자 중 스스로 피난이 불가한 자가 있는 경우에 따라 추가로 설치하는 경우에 한한다.
, * : 간이완강기의 적응성은 숙박시설의 3층 이상에 있는 객실에, 공기안전매트의 적응성은 공동주택에 추가로 설치하는 경우에 한한다.

확인! OX

설치장소별 피난기구의 적응성에 대한 설명이다. 옳으면 "○", 틀리면 "×"로 표시하시오.

1. 의료시설 2층에는 구조대, 피난교, 피난용 트랩, 다수인 피난장비, 승강식 피난기를 설치해야 한다. ( )

2. 노유자시설의 4층에는 미끄럼대를 반드시 설치해야 한다. ( )

정답 1. X 2. X

| 해설 |
1. 의료시설의 4층 이상 10층 이하에 설치하는 피난기구이다. 2층에는 설치할 필요가 없다.
2. 미끄럼대는 노유자시설의 1층, 2층, 3층에만 설치한다.

74) 노약자, 아동 등을 위한 시설
75) 주택가와 인접해 주민들의 생활에 편의를 줄 수 있는 시설물(소매점, 음식점, 제과점, 미용원, 목욕탕, 세탁소, 의원, 탁구장, 마을회관, 부동산, 금융업소 등)
76) 어긋나거나 부러진 뼈를 이어 맞추는 일을 전문으로 하는 곳
77) 불특정다수가 이용하는 영업소 중 화재 등 재난 발생 시 피해가 발생할 우려가 큰 업소

3. 인명구조기구

(1) 종류

① 방열복 : 고온의 복사열에 가까이 접근하여 소방활동을 수행할 수 있는 내열피복을 말한다.

② 인공소생기 : 호흡 부전 상태인 사람에게 인공호흡을 시켜 환자를 보호하거나 구급하는 기구를 말한다.

③ 공기호흡기 : 소화활동 시에 화재로 인하여 발생하는 각종 유독가스 중에서 일정시간 사용할 수 있도록 제조된 압축공기식 개인호흡장비(보조마스크 포함)를 말한다.

④ 방화복 : 화재진압 등의 소방활동을 수행할 수 있는 피복을 말한다.

방열복	인공소생기	공기호흡기	방화복

(2) 특정소방대상물의 용도 및 장소별로 설치해야 할 인명구조기구

특정소방대상물	인명구조기구	설치 수량
(지하층 포함) 층수가 7층 이상인 관광호텔 및 5층 이상인 병원	• 방열복 또는 방화복(안전모, 보호장갑 및 안전화 포함) • 공기호흡기 • 인공소생기	각 2개 이상 비치할 것 (다만, 병원의 경우 인공소생기를 설치하지 않을 수 있다)
• 문화 및 집회시설 중 수용인원 100명 이상인 영화상영관 • 판매시설 중 대규모 점포 • 운수시설 중 지하역사 • 지하가 중 지하상가	공기호흡기	층마다 2개 이상 비치할 것 (다만, 각 층마다 갖추어 두어야 할 공기호흡기 중 일부를 직원이 상주하는 인근 사무실에 갖추어 둘 수 있다)
물분무등소화설비 중 이산화탄소소화설비를 설치해야 하는 특정소방대상물	공기호흡기	이산화탄소소화설비가 설치된 장소의 출입구 외부 인근에 1개 이상 비치할 것

4. 비상조명등

화재 발생 등에 따른 정전 시 안전하고 원활한 피난활동을 할 수 있도록 거실 및 피난통로 등에 설치되어 자동 점등되는 조명등을 의미한다.

(1) 조도[조명도(照明度)][78] : 각 부분의 바닥에서 1lx[79] 이상이 되도록 할 것

(2) 설치대상(소방시설법 영 별표 4)

① (지하층 포함) 층수가 5층 이상 건축물로 연면적 3,000m² 이상인 경우에는 모든 층
② 지하층 또는 무창층의 바닥면적이 450m² 이상인 경우에는 모든 층
③ 지하가 중 터널로서 그 길이가 500m 이상인 것

(3) 설치위치 : 특정소방대상물의 각 거실과 그로부터 지상에 이르는 복도, 계단 및 그 밖에 통로에 설치할 것

(4) 예비전원 내장 시

① 점등 여부를 확인할 수 있는 점검 스위치를 설치할 것
② 축전지와 예비전원 충전장치를 내장한 것

(5) 유효 작동시간

구분		내용
용량	20분 이상	일반적인 경우
	60분 이상	지하층을 제외한 층수가 11층 이상
		지하층 또는 무창층으로서 용도가 도매시장·소매시장·여객자동차터미널·지하역사 또는 지하상가

[비상조명등]

---

78) 조도 : 등의 밝기
79) Lux(lx) : 빛의 조도를 나타내는 SI 단위

5. 휴대용 비상조명등

화재 발생 등으로 정전 시 안전하고 원활한 피난을 위하여 피난자가 휴대할 수 있는 조명등을 의미한다.

(1) 설치기준

① 건전지(방전 방지조치) 및 충전식 배터리(상시 충전)의 용량은 20분 이상 유효하게 사용할 수 있는 것으로 할 것

② 어둠 속에서 위치를 확인할 수 있고 사용 시 자동으로 점등되는 구조일 것

(2) 설치대상

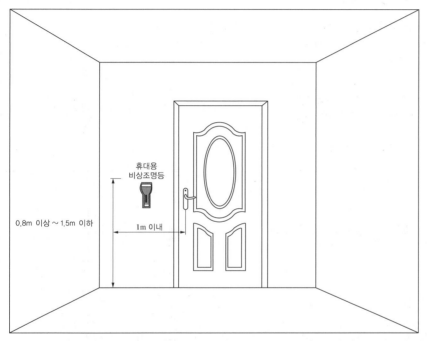

설치개수	설치대상	설치장소
1개 이상	숙박시설, 다중이용업소	객실 또는 영업장 안의 구획된 실마다 잘 보이는 곳에 설치
3개 이상	영화상영관, 판매시설 중 대규모 점포 (수용인원 100명 이상)	보행거리 50m마다
	지하역사, 지하상가	보행거리 25m마다(인공조명)

6. 유도등과 유도표지

(1) 개념

화재 시 피난을 유도하기 위한 등 및 표지로, 평상시 상용전원이 점등되고 정전 시 비상전원으로 자동전환되며 20분 이상 작동해야 한다(단, 11층 이상이거나 지하상가의 경우 60분 이상 작동).

+ 괄호문제

다음 괄호 안에 알맞은 내용을 쓰시오.

① 화재 발생 등으로 정전 시 안전하고 원활한 피난을 위하여 피난자가 휴대할 수 있는 조명등을 ( ) 비상조명등이라 한다.

② 휴대용 비상조명등은 어둠 속에서 위치를 확인할 수 있고 사용 시 자동으로 ( )된다.

| 정답 |
① 휴대용
② 점등

확인! OX

휴대용 비상조명등에 대한 설명이다. 옳으면 "○", 틀리면 "×"로 표시하시오.

1. 화재 발생 등으로 정전 시 안전한 피난을 위해 휴대할 수 있는 조명등으로 20분 이상 유효하게 사용할 수 있어야 한다. ( )

2. 지하역사 및 지하상가의 경우 보행거리 50m마다 3개 이상 설치해야 한다. ( )

정답 1. ○ 2. X

| 해설 |
2. 지하역사 및 지하상가는 보행거리 25m마다 설치해야 한다.

(2) 종류

① 공연장, 집회장, 관람장, 운동시설, 유흥주점 영업시설 : **대**형피난구유도등, **통**로유도등, **객석**유도등

② 위락시설 : **대**형피난구유도등, **통**로유도등

③ 오피스텔, 지하층, 무창층 또는 층수가 11층 이상인 특정소방대상물 : **중**형피난구유도등, **통**로유도등

④ 교정 및 군사시설, 복합건축물 : **소**형피난구유도등, **통**로유도등

7. 유도등의 설치

(1) 피난구유도등의 설치장소

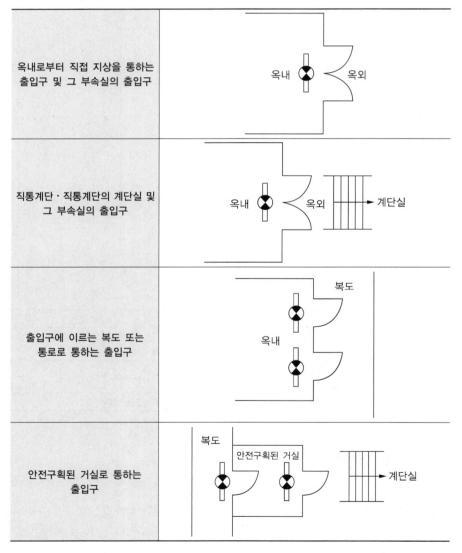

옥내로부터 직접 지상을 통하는 출입구 및 그 부속실의 출입구	옥내 ● 옥외
직통계단·직통계단의 계단실 및 그 부속실의 출입구	옥내 ● 옥외 → 계단실
출입구에 이르는 복도 또는 통로로 통하는 출입구	복도 옥내
안전구획된 거실로 통하는 출입구	복도 안전구획된 거실 → 계단실

(2) 피난구유도등, 통로유도등, 객석유도등의 비교

구분	피난구유도등	통로유도등			객석유도등
		복도	계단	거실	
용도	출입구를 표시하여 피난을 유도	복도에 설치하고 피난구의 방향을 명시	계단에 설치하는 유도등으로 바닥면을 비춤	거실에 설치하는 유도등으로 피난의 방향을 명시	객석의 통로, 바닥 또는 벽에 설치하는 유도등
예시	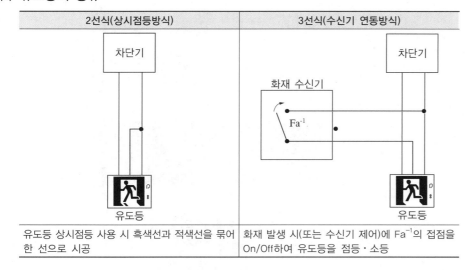				
설치장소 (위치)	출입구 (상부 설치)	일반 복도 (하부 설치)	일반 계단 (하부 설치)	주차장, 도서관 등 (상부 설치)	공연장, 극장 등 (하부 설치)
설치기준	바닥으로부터 1.5m 이상 출입구에 인접하게 설치	구부러진 모퉁이 및 보행거리 20m 마다 설치. 바닥으로부터 1m 이하의 위치에 설치	각 층의 **경사로 참** 또는 **계단참**[80] 마다 설치. 바닥으로부터 1m 이하의 위치에 설치	구부러진 모퉁이 및 보행거리 20m 마다 설치. 바닥으로부터 1.5m 이상의 위치에 설치	–

> **개념 다지기** 객석유도등의 설치기준
>
> $$설치개수 = \frac{객석\ 통로의\ 직선부분\ 길이(m)}{4} - 1$$
>
> (단, 소수점 이하의 수는 1로 본다)

8. 유도등의 점검

(1) 유도등의 종류

2선식(상시점등방식)	3선식(수신기 연동방식)
차단기 — 유도등	차단기 / 화재 수신기 Fa^{-1} — 유도등
유도등 상시점등 사용 시 흑색선과 적색선을 묶어 한 선으로 시공	화재 발생 시(또는 수신기 제어)에 Fa^{-1}의 접점을 On/Off하여 유도등을 점등·소등

80) 계단참 : 층과 층간의 연결되는 계단의 조금 넓은 평면 공간

(2) 점검방법

① 2선식 유도등 : 평상시 유도등이 항상 켜져 있으므로 유도등에 문제가 있을 때 쉽게 식별할 수 있어 관리가 쉽다. 하지만, 항상 켜져 있어 전기를 지속해서 소모하므로 유도등의 수명이 짧다.

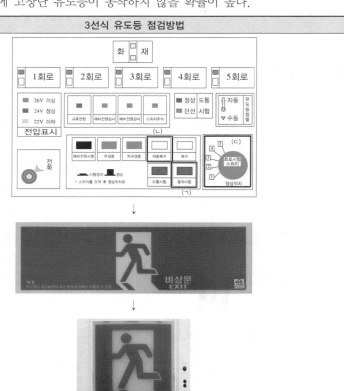

2선식 유도등 점검방법

○ 점검스위치
● 전원등
● 축전지 감시등

㉠ 유도등이 평상시 점등되어 있는지 확인한다.

㉡ 점등되지 않은 곳은 점검 스위치를 눌러본다(스위치를 눌러도 점등되지 않은 곳은 등의 수명이 다했으므로 전구를 교체).

※ 2선식 유도등의 절전을 위해 Off 상태로 두면 예비전원(배터리)이 방전되어 비상시 점등되지 않음

② 3선식 유도등 : 평상시 유도등이 꺼져 있으므로 전기를 아낄 수 있고 유도등 또한 오래 사용할 수 있다. 하지만, 평상시 유도등의 문제가 있는지 식별이 되지 않아 화재나 비상시에 고장난 유도등이 동작하지 않을 확률이 높다.

3선식 유도등 점검방법

ⓒ 화재수신기에서 유도등 수동스위치를 점등(On)으로 변경하거나 경보설비 점검방식에 따른 화재시험을 한다.

ⓑ 유도등의 점등 상태를 확인한다.

ⓒ 점등되지 않은 곳은 점검스위치를 눌러본다(스위치를 눌러 점등되지 않는다면 전구를 교체).

(3) 3선식 유도등의 설치장소

특정소방대상물 또는 그 부분에 사람이 없거나 다음의 어느 하나에 해당하는 장소

① 외부의 빛에 의해 피난구 또는 피난 방향을 쉽게 식별할 수 있는 장소

② 공연장, 암실 등으로서 어두워야 할 필요가 있는 장소

③ 특정소방대상물의 관계인 또는 종사원이 주로 사용하는 장소

CHAPTER

05

소화용수설비

2%
출제율

출제포인트
- 상수도소화용수설비의 설치대상
- 소요수량에 따른 흡수관 투입구의 수
- 저수량 구하기
- 소요수량에 따른 채수구의 설치개수

---

1. 소화용수설비

화재를 진압하는 데 필요한 물을 공급하거나 저장하는 설비이다.

2. 상수도소화용수설비

(1) 설치대상(소방시설법 영 별표 4)

설치대상	설치조건
연면적 5,000m² 이상(가스시설, 지하가 중 터널, 지하구는 제외)	전부 해당
가스시설(지상에 노출된 탱크)	100ton 이상
폐기물재활용시설 및 폐기물처분시설	전부 해당

(2) 설치기준

① 호칭지름 75mm 이상의 수도배관에 호칭지름 100mm 이상의 소화전을 접속한다.
② 소화전은 소방자동차 등의 진입이 쉬운 도보면 또는 공지에 설치한다.
③ 소화전은 특정소방대상물의 수평투영면의 각 부분으로부터 140m 이하가 되도록 설치한다.
④ 지상식 소화전의 호스 접결구는 지면으로부터 높이가 0.5m 이상 1m 이하가 되도록 설치한다.

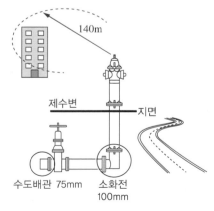

제수변 지면
수도배관 75mm 소화전 100mm

3. 소화수조 및 저수조

(1) 상수도소화용수설비를 설치할 수 없을 경우에 설치하여 소방대에 필요한 물을 공급받을 수 있도록 한 설비이다.

(2) 채수구 또는 흡수관 투입구는 소방차가 2m 이내의 지점까지 접근할 수 있는 위치에 설치한다.

(3) 저수량

$$저수량 = \frac{소방대상물의\ 연면적}{기준면적} \times 20m^3$$

(단, 소수점 이하의 수는 1로 계산한다)

소방대상물의 구분	기준면적
1층 및 2층 바닥면적의 합계가 15,000m² 이상인 소방대상물	7,500m²
기타	12,500m²

(4) 흡수관 투입구의 설치개수

흡수관 투입구는 그 한 변 또는 직경이 0.6m 이상인 것으로 소요수량이 80m³ 미만인 것은 1개 이상, 80m³ 이상인 것은 2개 이상을 설치해야 한다.

소요수량	80m³ 미만	80m³ 이상
흡수관 투입구의 수	1개 이상	2개 이상

(5) 채수구의 설치개수

소요수량	20m³ 이상 40m³ 미만	40m³ 이상 100m³ 미만	100m³ 이상
채수구의 수	1개	2개	3개

CHAPTER

06 소화활동설비

출제포인트
- 차압의 기준
- 송수구, 방수구의 설치기준
- 연결송수관설비의 설치대상
- 비상콘센트설비의 설치기준

기출 키워드

차압, 출입문의 개방력, 송수구, 방수구, 비상콘센트설비

1. 제연설비

(1) 계단실 또는 부속실을 화재가 발생한 장소보다 공기압을 높여 옥내의 연기가 계단실 및 부속실 안으로 침입하는 것을 방지함으로써 연기에 의한 질식 방지로 피난자의 안전을 도모하고 소화활동을 원활하게 할 수 있도록 보조하는 소화활동설비이다.

(2) 차압

① 계단으로의 연기 유입을 막기 위해 제연구역과 옥내와의 사이에 유지되어야 하는 일정한 기압을 말한다.
② 최소 차압은 40Pa 이상으로 해야 한다(옥내에 스프링클러가 설치된 경우 12.5Pa).
③ 출입문의 개방력은 110N 이하로 해야 한다.

2. 연결송수관설비

(1) 고층 건물 등에 설치하여 소방대가 건물 내 소화 작업 시 외부의 송수구에서 물을 공급하여 방수구에서 물을 사용하여 소화할 수 있도록 하는 소화활동설비이다.

(2) 설치목적

① 소화펌프 작동정지에 대응
② 수원의 고갈에 대응
③ 소방차에서 직접 살수 시 도달 높이 및 장애물의 한계를 극복

(3) 설치대상(소방시설법 영 별표 4)

설치대상	설치조건
층수 5층 이상+연면적 6,000m² 이상	전부 해당
(지하층 포함)7층 이상	
지하 3층 이상 + 지하층 바닥면적의 합계가 1,000m² 이상	
지하가 중 터널	1,000m 이상

※ 위험물 저장 및 처리시설 중 가스시설 및 지하구는 제외한다.

(4) 송수구

① 소방차가 쉽게 접근할 수 있고 잘 보이는 장소에 설치할 것

② 지면으로부터 높이가 0.5m 이상 1m 이하의 위치에 설치할 것

③ 구경 65mm의 쌍구형으로 할 것

④ 송수구에는 그 가까운 곳의 보기 쉬운 곳에 송수압력범위를 표시한 표지를 할 것

⑤ 송수구에는 이물질을 막기 위한 마개를 씌울 것

(5) 방수구

① 연결송수관설비의 방수구는 그 특정소방대상물의 층마다 설치할 것

② 바닥으로부터 높이가 0.5m 이상 1m 이하의 위치에 설치할 것

③ 방수구는 연결송수관설비의 전용 방수구 또는 옥내소화전 방수구로서 구경 65mm의 것으로 할 것

3. 연결살수설비

(1) 화재 발생 시 소방대의 진입이 어려운 지하가 또는 지하층에 설치하여 지상의 송수구를 통하여 물을 공급하여 살수헤드로 물을 방사하여 소화하는 소화활동설비이다.

(2) 설치대상(소방시설법 영 별표 4)

설치대상	설치조건
지하층 (피난층으로 주된 출입구가 도로와 접한 경우는 제외)	바닥면적의 합계가 150m² 이상
판매시설·운수시설·창고시설 중 물류터미널	바닥면적의 합계가 1,000m² 이상
가스시설 중 지상으로 노출된 탱크	30ton 이상
연결통로 (지하층, 판매시설, 운수시설, 창고시설 중 물류터미널에 부속된 것)	전부

4. 비상콘센트설비

(1) 화재 시 소방대의 조명장치, 파괴기구 등을 접속하여 사용하는 비상전원설비로 소화활동을 용이하게 하기 위한 설비이다.

(2) 설치기준

① 바닥으로부터 높이 0.8m 이상 1.5m 이하의 위치에 설치할 것

② 바닥면적이 1,000m² 미만인 층은 계단의 출입구로부터 5m 이내에 설치한다.

③ 바닥면적이 1,000m² 이상인 층은 각 계단의 출입구 또는 계단부속실의 출입구로부터 5m 이내에 설치한다.

+ 괄호문제

다음 괄호 안에 알맞은 내용을 쓰시오.

① 지하가 중 터널로서 길이가 1,000m 이상인 경우 ( )를 설치해야 한다.

② 판매시설, 운수시설, 창고시설 중 물류터미널로서 해당 용도로 사용되는 부분의 바닥면적의 합계가 ( )m² 이상인 경우 연결살수설비를 설치해야 한다.

| 정답 |
① 연결송수관설비
② 1,000

확인! OX

비상콘센트설비의 설치위치에 대한 설명이다. 옳으면 "○", 틀리면 "×"로 표시하시오.

1. 바닥면적이 1,000m² 미만인 층은 계단의 출입구로부터 5m 이내에 설치한다. ( )
2. 바닥면적이 1,000m² 이상인 층은 각 계단의 출입구 또는 계단부속실의 출입구로부터 10m 이내에 설치한다. ( )

정답 1. ○ 2. ×

| 해설 |
2. 5m 이내에 설치한다.

+ 괄호문제

다음 괄호 안에 알맞은 내용을 쓰시오.

① 무선통신보조설비란 지하층의 화재 발생 시 지상과 지하층 사이의 소방대 상호 간의 ( )통신을 용이하게 하기 위한 소화활동설비이다.

② 무선통신보조설비는 지하층의 화재 발생 시 소방대 상호 간의 무선통신을 용이하게 하기 위한 소화활동상에 필요한 설비로 누설동축케이블 방식, ( ) 방식 등이 있다.

| 정답 |
① 무선
② 안테나

⊙ 지하상가 또는 지하층의 바닥면적의 합계가 3,000m^2 이상은 수평거리 25m 이하마다 설치한다.

ⓛ ⊙에 해당하지 않는 것은 수평거리 50m 이하마다 설치한다.

5. 무선통신보조설비

(1) 지하층의 화재 발생 시 누설동축케이블 등을 설치하여 지상과 지하층 사이의 소방대 상호 간의 무선통신을 용이하게 하기 위한 소화활동상 필요한 설비이다.

(2) 종류
① 누설동축케이블 방식
② 안테나 방식

6. 연소방지설비

(1) 전력 및 통신선 등이 설치된 지하구에 화재가 발생하였을 때 지상의 송수구를 통하여 소방펌프차로 송수를 하고 배관을 통해 연소방지설비 전용헤드로 방수되는 설비이다.

(2) 송수구, 배관, 방수헤드로 구성되어 있다.

확인! OX

연소방지설비에 대한 설명이다. 옳으면 "○", 틀리면 "✕"로 표시하시오.

1. 전력 또는 통신선 등이 설치된 지하구에 화재가 발생했을 때 필요한 설비이다.
( )

2. 화재가 발생했을 때 지상의 방수구를 통하여 소방펌프차로 방수하고, 배관을 통해 연소방지설비 전용헤드로 송수된다. ( )

정답 1. ○ 2. ✕

| 해설 |
2. 지상의 송수구를 통하여 소방펌프차로 송수하고, 배관을 통해 연소방지설비 전용헤드로 방수된다.

PART **05**

소방계획 및 초기(화재)대응

소방계획의 수립

4%
출제율

출제포인트
• 소방계획의 주요 내용
• 소방계획의 주요 원리
• 소방계획의 수립 절차

1. 소방계획

소방안전관리대상물의 화재로 인한 재난 발생을 사전에 예방·대비하고 화재 시 신속하고 효율적으로 대응·복구함으로써 인명 및 재산피해를 최소화하기 위해 작성·운영하고 유지·관리하는 위험관리계획을 의미한다.

2. 소방계획의 주요 내용(화재예방법 영 제27조)

(1) **소방훈련·교육**에 관한 계획

(2) 위험물의 저장·취급에 관한 사항

(3) 화재 예방을 위한 **자체점검계획** 및 **대응대책**

(4) 소화에 관한 사항과 **연소 방지**에 관한 사항

(5) 관리의 권원[81]이 분리된 특정소방대상물의 소방안전관리에 관한 사항

(6) **소방시설·피난시설 및 방화시설의 점검·정비계획**

(7) 소방안전관리에 대한 업무 수행에 관한 기록 및 유지에 관한 사항

(8) 화재 발생 시 화재경보, 초기소화 및 피난유도 등 초기대응에 관한 사항

(9) 소방안전관리대상물의 위치·구조·연면적·용도 및 수용인원 등 일반 현황

(10) **화기 취급 작업**에 대한 사전안전조치 및 감독 등 공사 중 소방안전관리에 관한 사항

(11) 소방안전관리대상물에 설치한 소방시설·방화시설[82], 전기시설·가스시설 및 위험물시설의 현황

(12) 피난층 및 피난시설의 위치와 피난경로의 설정, 화재안전취약자[83]의 피난계획 등을 포함한 피난계획

(13) 방화구획, 제연구획, 건축물의 내부 마감재료 및 방염대상물품의 사용현황과 그 밖의 방화구조 및 설비의 유지·관리계획

---

81) 어떤 행위를 정당화하는 법률적인 원인
82) 화재를 진압하는 데 필요한 물을 공급하거나 저장하는 설비(상수도소화용수설비, 소화수조, 저수조 등)
83) 어린이, 노인, 장애인

(14) 소방안전관리대상물의 근무자 및 거주자의 자위소방대[84] 조직과 대원의 임무(화재안전취약자의 피난보조 임무를 포함한다)에 관한 사항

(15) 그 밖에 **소방본부장 또는 소방서장**이 소방안전관리대상물의 위치·구조·설비 또는 관리 상황 등을 고려하여 소방안전관리에 필요하여 요청하는 사항

3. 소방계획의 주요 원리

(1) 종합적 안전관리
① 모든 형태의 위험을 포괄
② 재난의 전주기적(예방·대비 → 대응 → 복구) 단계의 위험성 평가

(2) 통합적 안전관리
① 외부 : 거버넌(정부–대상처–전문기관) 및 안전관리 네트워크 구축
② 내부 : 협력 및 파트너십 구축, 전원 참여

(3) 지속적 발전모델(PDCA Cycle)
① Plan : 계획
② Do : 이행/운영
③ Check : 모니터링
④ Act : 개선

4. 소방계획의 작성원칙[85]   중요도 ★☆☆
① **실현 가능한 계획** : 위험 요인의 관리는 반드시 실현 가능한 계획으로 구성
② **관계인의 참여** : 관계인(소유자, 관리자, 점유자), 재실자(상시거주자, 근무자) 및 방문자 등 전원이 참여하도록 수립
③ **계획 수립의 구조화** : 작성 → 검토 → 승인의 3단계의 구조화된 절차
④ **실행 우선** : 교육훈련 및 평가 등 이행의 과정이 있어야 소방계획이 완성

---

84) 화재 발생 시 즉각 출동할 수 있도록 조직된 민간 조직의 소방대
85) 암기 Tip : **실관계실**

+ 괄호문제

다음 괄호 안에 알맞은 내용을 쓰시오.
① (   )이란 소방안전관리대상물의 화재로 인한 재난 발생을 사전에 예방·대비하고 화재 시 신속하고 효율적으로 대응·복구함으로써 인명 및 재산피해를 최소화하기 위해 작성·운영하고 유지·관리하는 위험관리 계획을 의미한다.
② 소방계획의 주요 원리 중 PDCA Cycle을 주요 내용으로 하는 모델은 (   )이다.

| 정답 |
① 소방계획
② 지속적 발전모델

확인! OX

소방계획의 작성원칙에 대한 설명이다. 옳으면 "○", 틀리면 "×"로 표시하시오.

1. 소방계획의 작성에서 가장 핵심적인 측면은 위험 요인의 관리이며 반드시 실현 가능한 계획으로 구성되어야 한다. (   )
2. 소방계획의 수립 및 시행 과정은 소방안전관리대상물의 관계인만 참석하면 된다. (   )

정답 1. ○ 2. ×

| 해설 |
2. 소방안전관리대상물의 관계인, 재실자, 방문자 등 전원이 참석하도록 수립해야 한다.

5. 소방계획의 수립 절차[86]   중요도★★☆

1단계(사전기획)	2단계(위험환경 분석)	3단계(설계 및 개발)	4단계(시행 및 유지관리)
작성준비 ⇩ 요구사항 검토 ⇩ 작성계획 수립	위험환경 식별 ⇩ 위험환경 분석/평가 ⇩ 위험경감대책 수립	목표/전략수립 ⇩ 실행계획 설계 및 개발	수립/시행 ⇩ 운영/유지관리

6. 2급 소방안전관리대상물의 소방계획서 작성항목

일반계획		
구분	단계	주요내용
일반사항	표지부	0.1 표지 0.2 목차 0.3 개정이력 0.4 작성안내(작성체계)
	내용부	1. 목적 2. 적용근거 3. 적용범위 4. 문서작성 및 기록유지
관리계획	예방 및 완화	5. 일반현황 등의 작성 6. 자체점검 7. 업무대행 8. 일상적 안전관리 9. 화재예방 및 홍보 10. 화기취급 감독
	대비	11. 공동 소방안전관리 협의회 12. 자위소방대 및 초기대응체계 구성·운영 13. 교육훈련 및 자체평가
대응계획	대응	14. 비상연락 15. 초기대응 16. 피난유도
	복구	17. 화재피해 복구

소방안전관리자 현황표(대상명 : 인천소방고등학교)

이 건축물의 소방안전관리자는 다음과 같습니다.
☐ 소방안전관리자 : 김미현(선임일자 : 2023년 3월 1일)
☐ 소방안전관리대상물 등급 : 2급
☐ 소방안전관리자 근무 위치(화재수신기 위치) : 행정실(당직실)
「화재의 예방 및 안전관리에 관한 법률」제26조 제1항에 따라 이 표지를 붙입니다.

소방안전관리자 연락처 : 010-1234-5678

[소방안전관리자 현황표]

---

86) 암기 Tip : 사위설시

자위소방대 및 초기대응체계

출제포인트
• 자위소방대의 개념
• 자위소방활동의 종류와 업무 특성
• 자위소방대의 조직 편성기준

1. 자위소방대

(1) 개념

① 관계인과 소방안전관리자로 구성된다.

② 소방교육 및 훈련을 실시한 기록결과는 **2년간** 보관해야 한다.

③ 소방안전관리자는 연 1회 이상 자위소방대를 소집하여 편성 상태를 확인하고 교육·훈련을 실시해야 한다.

④ 화재 등 재난 발생 시 비상연락, 초기소화, 피난유도 및 인명·재산피해의 최소화를 위한 조치를 한다.

⑤ 자위소방대는 소방안전관리대상물의 화재 시 초기소화, 조기피난 및 응급처치 등에 필요한 골든타임[87] 확보를 위해 필수적이다.

(2) 자위소방활동

① 비상연락 : 화재 시 상황 전파, 화재신고(119) 및 통보연락 업무

② 초기소화 : 초기소화설비를 이용한 초기 화재진압

③ 응급구조 : 응급상황 발생 시 응급처치 및 응급의료소 설치·지원

④ 방호안전 : 화재확산방지, 위험물 시설에 대한 제어 및 비상반출

⑤ 피난유도 : 재실자, 방문자의 피난유도 및 피난약자에 대한 피난보조활동

> **기출 키워드**
>
> 자위소방대, 비상연락, 초기소화, 응급구조, 방호안전, 피난유도

---

87) 골든타임 : 화재 시 5분, CPR(심폐소생술)은 4~6분 이내

2. 자위소방대의 조직 편성기준

구분	대상	조직	기준
Type Ⅰ	• 특급 소방안전관리대상물 • 1급(연면적 30,000m² 이상 포함-공동주택 제외)	지휘	지휘통제팀
		현장대응 (본부대)	비상연락팀, 초기소화팀, 피난유도팀, 응급구조팀, 방호안전팀 * 필요시 팀 가감 편성
		현장대응 (지구대)	각 구역(zone)별 현장대응팀 * 구역별 규모, 인력에 따라 편성
Type Ⅱ	• 1급[연면적 30,000m² 이상의 경우 Type Ⅰ을 참고 및 적용(공동주택 제외)] • 2급(상시 근무인원 50명 이상)	지휘	지휘통제팀
		현장대응	비상연락팀, 초기소화팀, 피난유도팀, 응급구조팀, 방호안전팀 * 필요시 팀 가감 편성
Type Ⅲ	2·3급[상시근무인원 50명 이상의 경우 Type Ⅱ 참고 및 적용]	지휘	지휘통제팀
		현장대응	(10인 미만 시) 현장대응팀 - 개별 팀 구분 없음 (10인 이상 시) 비상연락팀, 초기소화팀, 피난유도팀 * 필요시 팀 가감 편성
초기대응체계	상시근무 또는 거주인원	초기대응	초기대응팀(휴일 야간 포함)

① 지휘통제팀은 수신반, 종합방재실을 거점으로 화재 상황의 모니터링, 지휘통제 임수를 수행한다. 현장대응팀은 화재 등 재난현장에서 비상연락, 초기소화, 피난유도 등의 임무를 수행한다.

② 대원편성은 상시 근무 또는 거주 인원 중 자위소방활동이 가능한 인력을 기준으로 조직 구성한다.

③ 초기대응체계는 특정소방대상물의 이용시간 동안 운영한다.

3. 소방대상물의 조직 구성

(1) Type Ⅰ

① 지휘조직인 지휘통제팀과 현장대응조직인 비상연락팀, 초기소화팀, 피난유도팀, 응급구조팀, 방호안전팀으로 구성한다.

② 대상물의 관리·이용 형태 및 위험 특성을 고려하여 둘 이상의 현장대응조직을 운영할 수 있다. 이 경우, 최초의 현장대응조직은 본부대가 되며 추가적인 편성 조직은 지구대로 구분한다.

③ 본부대는 비상연락팀, 초기소화팀, 피난유도팀, 응급구조팀, 방호안전팀을 기본을 편성하며, 지구대는 각 구역(Zone)별 규모, 편성 대원 등 현장 운영 여건에 따라 필요한 팀을 구성할 수 있다.

(2) Type Ⅱ

① 지휘조직인 지휘통제팀과 현장대응조직인 비상연락팀, 초기소화팀, 피난유도팀, 응급구조팀, 방호안전팀으로 구성한다.

② 현장대응조직은 조직 및 편성 대원의 여건에 따라 일부팀을 가감하여 운영할 수 있다.

(3) Type Ⅲ

① 지휘조직과 현장대응조직으로 구성한다.

② 편성 대원 10명 미만의 현장대응조직은 하위조직(팀)의 구분 없이 운영할 수 있지만, 개인별 비상연락, 초기소화, 피난유도 등의 업무를 담당할 수 있도록 현장대응팀을 구성한다.

③ 편성 대원 10인 이상의 현장대응조직은 비상연락팀, 초기소화팀, 피난유도팀을 구성하여 해당 업무를 수행하며, 필요시 팀을 가감하여 편성한다.

4. 지구대 설정 시 고려할 수 있는 구역(Zone)별 설정 기준

구분	적용기준	구역설정
수직구역	대상물의 층(Floor)	단일 층 또는 일부 층(5층 이내)을 하나의 구역으로 설정
수평구역	대상물의 면적(Area)	하나의 층이 1,000m² 초과 시 구역을 추가 설정하거나 대상물의 방화구획 기준으로 구분
임차구역	대상구역의 관리권원(Tenacy)[88]	구역 내 관리권원(임차권)별로 분할하거나 다수의 관리권원을 통합해 설정
용도구역	대상구역의 용도(Occupancy)	비거주용도(주차장, 공장, 강당 등)는 구역설정에서 제외

---

88) 상가+오피스텔, 상가+공동주택 등 관리권원이 분리되는 경우 별도의 소방안전관리를 실시하도록 한다.

화재대응 및 피난

4%
출제율

출제포인트
- 화재 시 일반적인 피난행동
- 일반적인 피난계획 수립 절차
- 장애 유형별 피난보조방법

1. 화재대응의 요령

화재전파 및 접수 → 화재신고(119) → 비상방송 → 대원소집 및 임무부여 → 관계기관 통보 · 연락 → 초기소화

2. 화재 시 일반적인 피난행동

(1) **유도등, 유도표지**를 따라 대피한다.

(2) 아래층으로 대피할 수 없을 때에는 **옥상**으로 대피한다.

(3) 탈출하였으면 절대로 다시 화재 건물로 들어가지 않는다.

(4) 엘리베이터는 이용하지 않고 **계단**을 통해 옥외로 대피한다.

(5) 옷에 불이 붙었을 때는 눈과 입을 가리고 바닥에 뒹군다.

(6) 출입문을 열기 전 손잡이가 뜨거우면 문을 열지 말고 다른 길을 찾는다.

(7) 연기 발생 시 **낮은 자세**로 이동하고, 코와 입을 **젖은 수건** 등으로 막아 연기를 마시지 않도록 한다.

(8) 아파트의 경우 세대 밖으로 나가기 어려우면 세대 사이에 설치된 경량 칸막이를 통해 옆 세대로 대피하거나 **세대 내 대피 공간**으로 대피한다.

3. 일반적인 피난계획 수립

사전 피난준비 → 피난개시 명령 → 피난유도 → 피난안전구역의 활용[89] → 집결[90]

4. 장애 유형별 피난보조방법

(1) 지체장애인

불가피한 경우를 제외하고 2인 이상이 1조가 되어 피난을 보조하고 장애 정도에 따라 보조기구를 적극 활용하며 계단 및 경사로에서 균형에 주의한다.

> **개념 다지기** 휠체어 사용자
>
> 평지보다 계단에서 주의가 필요하며, **많은 사람이 보조할수록** 상대적으로 **쉬운 대피가** 가능하다.

(2) 청각장애인

시각적인 전달을 위해 표정이나 제스처를 쓰고 손전등과 같은 조명을 적극 활용한다.

(3) 시각장애인

① 평상시와 같이 지팡이를 이용하여 피난하도록 한다.
② 피난 유도 시 '여기, 저기' 등 애매한 표현보다 '좌측 1m'와 같이 명확하게 표현한다.
③ 여러 명의 시각장애인이 동시 대피하는 경우 서로 손을 잡고 피난한다.

(4) 지적장애인

공황 상태에 빠질 수 있으므로 차분하고 느린 어조로 도움을 주러 왔음을 밝히고 피난을 보조한다.

(5) 노약자

장애인에 준하여 피난을 보조한다.

---

89) 피난안전구역으로 피난 요구자를 일차적으로 대피 유도하고, 구조 상황에 따라 추가적인 피난을 유도할 수 있다.
90) 피난을 완료한 재실자 등이 다시 대상물로 재진입하지 못하도록 조치한다.

P A R T **06**

응급처치 및 소방안전교육

CHAPTER 01 응급처치

8%
출제율

출제포인트
• 응급처치의 중요성 및 일반원칙
• 출혈의 증상 및 화상의 종류
• 의식의 유무에 따른 응급처치 절차
• 심폐소생술의 시행절차 및 AED의 사용방법

기출 키워드

하임리히법, 심폐소생술, 지혈, 골절, 화상, CPR, AED

1. 응급처치의 중요성

(1) 환자의 고통을 경감

(2) 긴급한 환자의 생명을 유지

(3) 현장 처치의 원활화로 의료비 절감

(4) 위급한 부상 부위의 응급처치로 치료 기간을 단축

2. 응급처치의 기본원칙

(1) 기도 확보

① 환자의 입 안에 이물질이 있는 경우 **기침**을 유도한다.

② 환자가 기침할 수 없을 때 **하임리히법[91]**을 실시한다.

③ 눈에 보이는 이물질이라 하여 **함부로 제거하려 해서는 안 된다.**

④ 이물질이 제거된 후 **머리**를 **뒤로** 젖히고, **턱**을 **위로** 들어 올려 기도가 개방되도록 한다.

[하임리히법]

(2) 지혈 처리

① 혈액은 성인의 경우 전체 몸무게의 7%, 소아의 경우 8~9%를 차지한다.

② 혈액량의 15~20% 출혈 시 생명이 위험해지고, 30% 출혈 시 사망한다.

---

91) 기도가 막혔을 때 환자의 명치와 배꼽 중간 지점에 주먹을 대고 위로 밀어 올려 이물질을 제거한다.

(3) 상처 보호

　① 출혈된 손상 부위를 소독거즈로 응급처치하고 붕대로 드레싱한다.

　② 사용한 거즈 등으로 상처를 닦는 것은 금하고, 청결하게 소독된 거즈를 사용한다.

3. 응급처치의 일반원칙　중요도★★☆

(1) 긴박한 상황에서도 구조자는 **자신의 안전**을 **최우선**으로 한다.

(2) 응급처치 시 사전에 보호자 또는 당사자의 이해와 동의를 얻어 실시하는 것을 원칙으로 한다.

(3) 환자 상태를 관찰하고 모든 손상을 발견하여 처치하되 **불확실한 처치는 하지 않는다.**

(4) **119 구급차** 이용 시 전국 어느 곳에서 이송거리, 환자 수 등과 관계없이 무료이나, **사설 단체 또는 병원에서 운영하는 구급차**는 일정 요금을 징수한다.

[119 구급차]

[사설 구급차]

4. 응급처치의 체계도　중요도★★★

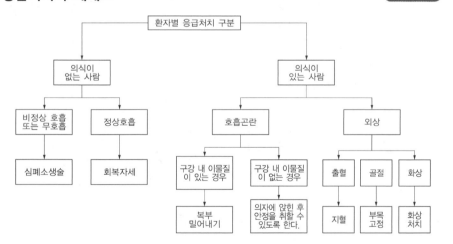

5. 응급처치의 요령

(1) 출혈

　① 출혈의 증상

　　㉠ **구토**가 발생한다.

ⓒ 반사작용이 둔해진다.
ⓒ 혈압이 저하되고 피부가 창백해진다.
ⓔ 체온이 떨어지고 **호흡곤란**도 나타난다.
ⓜ **탈수현상**이 나타나며 갈증을 호소한다.
ⓗ 호흡과 맥박이 **빠르고 약하며 불규칙**하다.

② 출혈 시 응급처치

ⓒ 직접 압박법

• 출혈 상처 부위를 직접 압박하는 방법
• 소독거즈로 출혈 부위를 덮은 후 4~6in 압박붕대로 출혈 부위를 압박하여 감음
• 출혈 부위를 심장보다 높임

ⓒ 지혈대 사용법

• 절단과 같은 심한 출혈이 있을 때 최후의 수단으로 사용
• **5cm 이상**의 띠 사용

(2) 화상

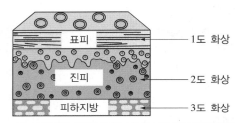

종류	특징
표피 화상 (1도 화상)	• 피부 바깥층(표피층)의 화상 • 약간의 부종과 홍반[92]이 나타남 • 통증을 느끼나 흉터 없이 치료됨
부분층 화상 (2도 화상)	• 피부의 두 번째 층까지 화상(표피층과 진피층) • 심한 통증과 발적[93], 수포 발생 • 표피가 얼룩얼룩하게 되고 진피의 모세혈관이 손상 • 물집이 터져 진물이 나고 감염의 위험
전층 화상 (3도 화상)	• 피부 전층 손상(피하 지방층까지 손상) • 피하지방과 근육층까지 손상 • 피부는 가죽처럼 매끈하고 회색이나 검은색으로 변함 • 화상 부위가 건조하며 통증이 없음

(3) 심폐소생술(CPR ; Cardiopulmonary Resuscitation)   중요도 ★★★

심폐소생술은 호흡이나 심장박동이 멈추었을 때 인공적으로 호흡을 유지하고 혈액 순환을 유지해주는 응급처치법이다. 심정지 환자의 **골든타임**은 **4분**이며, 그 안에 CPR을 시행하면 생존율이 3배 이상 높아진다.

---

92) 홍반 : 피부가 붉게 변하고 혈관의 확장으로 피가 많이 고이는 것을 의미한다.
93) 발적(Redness) : 피부나 점막에 염증이 생겼을 때 모세혈관이 확장되어 이상 부위가 빨갛게 부어오르는 현상이다.

① 심폐소생술의 기본순서[94] : **가슴압박(C) → 기도유지(A) → 인공호흡(B)**
② 심폐소생술의 시행절차

   ㉠ 반응 확인 : "괜찮으세요?"라고 질문한다.

   ㉡ 119 신고 : 특정인을 지목하여 119 신고 및 자동심장충격기(AED)를 요청한다.

   ㉢ 호흡 확인 : 환자의 얼굴과 가슴을 10초 이내로 관찰하여 호흡을 확인한다.

   ㉣ 가슴압박 30회 시행
- 가슴뼈(흉골)의 아래쪽 절반 부위에 깍지를 낀 두 손의 손바닥 아랫부분을 댄다.
- 양팔을 쭉 편 상태로 체중을 실어 환자의 몸과 **수직(90°)**이 되도록 가슴을 압박한다.
- 성인은 **분당 100~120회**의 속도, **약 5cm 깊이**로 강하고 빠르게 시행한다.

   ㉤ 인공호흡 2회 시행
- 환자의 머리를 젖히고, 턱을 들어 올려 환자의 기도를 개방시킨다.
- 환자의 코를 잡고 입에 완전히 밀착시켜 공기가 새지 않도록 1초에 한 번씩, 2회 시행한다.

   ㉥ 가슴압박과 인공호흡의 반복 : 30회의 가슴압박과 2회의 인공호흡을 119 구급대원이 도착할 때까지 반복한다.

   ㉦ 회복 자세
- 가슴압박 시행 중 환자가 소리를 내거나 움직이면, 호흡이 회복되었는지 확인한다.
- 호흡이 회복되었다면 환자를 옆으로 돌려 눕혀 기도를 확보한다.

③ 자동심장충격기(AED ; Automated External Defibrillator)의 사용방법 `중요도 ★★★`

   ㉠ 전원 켜기

   ㉡ 패드를 부착
- 패드 1 : **오른쪽 빗장뼈(쇄골) 바로 아래**
- 패드 2 : **왼쪽 가슴 아래와 겨드랑이 중간**

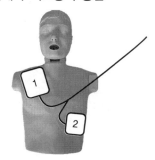

[패드의 부착 위치]

   ㉢ 심장 리듬 분석 및 충격(제세동) 시행 : "모두 물러나세요!"라고 외치며 환자와 접촉을 차단하고 **심장 충격 버튼**을 **작동**한다.

   ㉣ 심폐소생술 재시행 : 심장 충격 후 바로 **가슴압박**을 반복 시행한다.

---

94) C(가슴압박, Compression) → A(기도유지, Airway) → B(인공호흡, Breathing)

+ 괄호문제

다음 괄호 안에 알맞은 내용을 쓰시오.

① 가슴압박은 성인의 경우 분당 ( )~( )회의 속도, 약 ( )cm 깊이로 강하고 빠르게 시행한다.
② 심폐소생술의 기본순서는 가슴압박 → 기도유지 → ( )이다.

| 정답 |
① 100, 120, 5
② 인공호흡

확인! OX

심폐소생술의 시행절차에 대한 설명이다. 옳으면 "○", 틀리면 "×"로 표시하시오.

1. 가슴압박 방법은 흉골의 아래쪽 절반 부위에 깍지를 낀 두 손의 손바닥 아랫부분을 대고, 양팔을 쭉 편 상태로 체중을 실어 환자의 몸과 수평이 되도록 가슴을 압박한다. ( )

2. 가슴압박 30회와 인공호흡 2회를 119 구급대원이 도착할 때까지 반복한다. ( )

`정답` 1. X 2. O

| 해설 |
1. 환자의 몸과 수직이 되도록 가슴을 압박한다.

소방안전교육 및 훈련

2%
출제율

출제포인트
• 소방교육의 실시원칙
• 훈련의 실시원칙

기출 키워드

학습자 중심의 원칙, 동기부여의
원칙, 목적의 원칙

1. 소방교육 및 훈련의 실시원칙[95]

(1) 학습자 중심의 원칙

① 한 번에 한가지씩 습득 가능한 분량을 교육 및 훈련시킨다.

② 쉬운 것에서 어려운 것으로 교육을 실시하되 기능적 이해에 비중을 둔다.

③ 학습자에게 감동이 있는 교육이 되어야 한다.

(2) 동기부여의 원칙

① 교육의 중요성을 전달한다.

② 학습을 위해 적절한 스케줄을 배정한다.

③ 교육은 시기적절하게 이뤄져야 한다.

④ 핵심사항에 교육의 포커스를 맞춘다.

⑤ 학습에 대한 보상을 제공한다.

⑥ 교육에 재미를 부여한다.

⑦ 교육의 다양성을 활용한다.

⑧ 사회적 상호작용을 제공한다.

⑨ 전문성을 공유한다.

⑩ 초기 성공에 대해 격려한다.

(3) 목적의 원칙

① 어떠한 기술을 어느 정도까지 익혀야 하는가를 명확히 제시한다.

② 습득해야 할 기술이 활동 전체에서 어느 위치에 있는가를 인식한다.

(4) 현실의 원칙

학습자의 능력을 고려하지 않은 훈련은 비현실적이고 불완전하다.

---

95) 암기 Tip : **학습/동기/목적**은 **현실**적인 **실습/경험**과의 **관련성**

(5) 실습의 원칙

① 실습을 통해 지식을 습득한다.

② 목적을 생각하고 적절한 방법으로 정확하게 한다.

(6) 경험의 원칙

경험했던 사례를 들어 현실감 있게 한다.

(7) 관련성의 원칙

모든 교육 및 훈련 내용은 실무적인 접목과 현장성이 있어야 한다.

Add+

특별부록
실전모의고사

※ 법령의 잦은 개정으로 인하여 도서의 내용이 달라질 수 있음을 알려드
립니다. 자세한 사항은 법제처 사이트(https://www.moleg.go.kr)를
참고 바랍니다.

01

☑ 확인
Check!

○ □
△ □
✕ □

다음 중 한국소방안전원의 업무가 아닌 것은?

① 위험물에 대한 허가 및 승인
② 소방기술과 안전관리 교육 및 조사·연구
③ 소방기술과 안전관리에 관한 각종 간행물 발간
④ 화재예방·안전관리의식 고취를 위한 대국민 홍보

해설

시설의 설립, 위험물에 대한 허가 및 승인은 한국소방안전원의 업무가 아니다.
한국소방안전원의 업무
• 소방기술과 안전관리 교육 및 조사·연구
• 소방기술과 안전관리에 관한 각종 간행물 발간
• 화재예방·안전관리의식 고취를 위한 대국민 홍보
• 소방업무에 관하여 행정기관이 위탁하는 업무
• 소방안전에 관한 국제협력
• 그 밖에 회원에 대한 기술지원 등

정답 ①

02

☑ 확인
Check!

○ □
△ □
✕ □

화재로 오인할 만한 우려가 있는 불을 피우거나 연막 소독을 실시하고자 하는 자가 신고를 하지 아니하여 소방자동차를 출동하게 한 경우의 벌칙으로 옳은 것은?

① 20만원 이하의 과태료
② 50만원 이하의 과태료
③ 100만원 이하의 과태료
④ 200만원 이하의 과태료

해설

과태료 : 불을 피우거나 연막 소독으로 소방자동차가 출동한 경우 20만원 이하의 과태료가 부과된다.

정답 ①

03

☑ 확인
Check!

○ □
△ □
✕ □

소방안전관리자는 업무 수행에 관해 내용을 기록해야 하며 작성된 문서를 보관해야 한다. 이때, 보관기간으로 옳은 것은?

① 1년　　　　　② 2년
③ 5년　　　　　④ 10년

해설

소방안전관리자의 업무
• 화기취급의 감독
• 소방훈련 및 교육
• 화재 발생 시 초기대응
• 피난시설, 방화구획 및 방화시설의 관리
• 소방시설이나 그 밖의 소방 관련 시설의 관리
• 자위소방대 및 초기대응체계의 구성, 운영 및 교육
• 피난계획에 관한 사항과 대통령령으로 정하는 사항이 포함된 소방계획서의 작성 및 시행
• 소방안전관리에 관한 업무 수행에 관한 기록, 유지(기록을 작성하고 작성한 한부터 2년간 보관해야 한다)
• 그 밖에 소방안전관리에 필요한 업무

정답 ②

04 ☑확인 Check!

○ □
△ □
✕ □

화재예방법에서 화재안전조사를 실시하는 경우에 해당하지 않는 것은?

① 소방대상물의 관계인이 요청하는 경우
② 화재예방안전진단이 불성실하거나 불완전하다고 인정되는 경우
③ 화재예방강화지구 등 법령에서 화재안전조사를 하도록 규정되어 있는 경우
④ 화재가 자주 발생하였거나 발생할 우려가 뚜렷한 곳에 대한 조사가 필요한 경우

[해설]
화재안전조사를 하는 경우
• 자체점검이 불성실하거나 불완전하다고 인정되는 경우
• 화재예방강화지구 등 법령에서 화재안전조사를 하도록 규정되어 있는 경우
• 화재예방안전진단이 불성실하거나 불완전하다고 인정되는 경우
• 국가적 행사 등 주요 행사가 개최되는 장소 및 그 주변의 관계 지역에 대하여 소방안전관리 실태를 조사할 필요가 있는 경우
• 화재가 자주 발생하였거나 발생할 우려가 뚜렷한 곳에 대한 조사가 필요한 경우
• 재난예측정보, 기상예보 등을 분석한 결과 소방대상물에 화재의 발생 위험이 크다고 판단되는 경우
• 그 밖의 긴급한 상황이 발생할 경우 인명 또는 재산 피해의 우려가 현저하다고 판단되는 경우

정답 ①

05 ☑확인 Check!

○ □
△ □
✕ □

다음 중 화재안전조사 항목에 대한 설명으로 옳지 않은 것은?

① 방염
② 화재의 예방조치 등
③ 소방안전관리 업무 수행
④ 특정소방대상물에 대한 강제처분 사항

[해설]
화재안전조사의 항목
• 방염
• 화재의 예방조치 등
• 소방안전관리 업무 수행
• 소방시설 등의 자체점검
• 소방시설의 설치 및 관리
• 피난계획의 수립 및 시행
• 소방자동차 전용구역의 설치
• 건설현장 임시소방시설의 설치 및 관리
• 피난시설, 방화구획 및 방화시설의 관리
• 소방시설공사업법에 따른 시공, 감리 및 감리원의 배치
• 소화, 통보, 피난 등의 훈련 및 소방안전관리에 필요한 교육
• 다중이용업소의 안전관리에 관한 특별법, 위험물안전관리법 및 초고층 및 지하연계 복합건축물 재난관리에 관한 특별법의 안전관리
• 그 밖에 소방대상물에 화재의 발생 위험이 있는지 등을 확인하기 위해 소방관서장이 화재안전조사가 필요하다고 인정하는 사항

정답 ④

06

✓ 확인
Check!

○ □
△ □
✕ □

높이 130m, 1,400세대가 살고 있는 아파트에 대한 설명으로 옳은 것은? ✔신유형

① 소방안전관리 보조자가 3명이 필요하다.
② 1급 소방안전관리자 시험 합격자를 바로 선임할 수 있다.
③ 위험물기능장 국가기술자격증이 있는 사람을 선임할 수 있다.
④ 소방공무원으로 3년의 근무경력이 있는 사람을 선임할 수 있다.

해설
1급 소방안전관리대상물
• 1급 소방안전관리대상물[30층 이상(지하층 제외) 또는 지상 120m 이상 아파트]에 대한 설명이다. 소방안전관리 보조자는 300세대 초과마다 1명 추가되며 소수점 이하는 무시한다.
• 1,400/300=4.67이므로 보조자는 4명이다.

 정답 ②

07

✓ 확인
Check!

○ □
△ □
✕ □

어떤 특정소방대상물에 소방안전관리자를 선임하던 중 2023년 7월 1일에 해임하였다. 해임한 날부터 며칠 이내에 선임해야 하고 관할 소방서장에게 며칠 이내 신고해야 하는가?

① 선임일 : 2023년 7월 15일, 선임신고일 : 2023년 7월 25일
② 선임일 : 2023년 7월 21일, 선임신고일 : 2023년 8월 31일
③ 선임일 : 2023년 8월 1일, 선임신고일 : 2023년 8월 11일
④ 선임일 : 2023년 8월 1일, 선임신고일 : 2023년 8월 31일

해설
소방안전관리자의 선임 및 선임신고
• 선임은 30일 이내 : 2023년 7월 1일+30일 → 2023년 7월 31일 이내
• 선임신고는 선임한 다음 날부터 14일 이내

정답 ①

08

✓ 확인
Check!

○ □
△ □
✕ □

방염성능기준 이상의 실내장식물 등을 설치해야 하는 장소가 아닌 것은?

① 의료시설
② 노유자시설
③ 다중이용업소
④ 층수가 11층 이상인 아파트

해설
방염 물품을 설치해야 하는 대상으로 아파트는 제외이다.

정답 ④

09

✓ 확인
Check!

○ □
△ □
✕ □

다음 중 종합점검 실시대상으로 적절한 것은?

① 1급 소방안전관리대상물
② 2급 소방안전관리대상물
③ 3급 소방안전관리대상물
④ 스프링클러설비가 설치된 특정소방대상물

해설
소방시설 등의 자체점검

종류	작동점검	종합점검
점검 대상	1·2·3급 소방안전관리대상물(소방안전관리자를 선임한 모든 대상물)	• 스프링클러설비가 설치된 특정소방대상물 • 물분무등소화설비 설치대상 + 연면적 5,000m² 이상 • 다중이용업의 영업장이 설치된 특정소방대상물 + 연면적 2,000m² 이상 • 제연설비가 설치된 터널 • 옥내소화전설비 또는 자동화재탐지설비가 설치된 공공기관+연면적 1,000m² 이상
점검 제외 대상	• 위험물제조소등 • 특급 소방안전관리대상물(1년에 2회 종합점검만 실시)	• 위험물제조소 • 소방대가 근무하는 공공기관

 정답 ④

10 ☑ 확인 Check!

소방시설법상 소방시설을 화재안전기준에 따라 설치·관리하지 않은 자에게 부과되는 처벌은?

① 20만원 이하의 과태료

② 100만원 이하의 벌금

③ 200만원 이하의 벌금

④ 300만원 이하의 과태료

해설

300만원 이하의 과태료

• 소방시설을 화재안전기준에 따라 설치·관리하지 않은 자

• 공사 현장에 임시소방시설을 설치·관리하지 않은 자

• 피난시설, 방화구획(방화시설)의 폐쇄·훼손·변경 등의 행위를 한 자 등(1차 100만원, 2차 200만원, 3차 300만원)

• 관계인에게 점검 결과를 제출하지 않은 관리업자 등

• 점검결과를 보고하지 않거나 거짓으로 보고한 관계인(10일 미만 50만원, 1개월 미만 100만원, 1개월 이상 또는 미보고 200만원, 축소 및 삭제 등 거짓보고 300만원)

• 자체점검 이행계획을 기간 내에 완료하지 않거나 이행계획 완료 결과 미보고 또는 거짓 보고한 관계인(10일 미만 50만원, 1개월 미만 100만원, 1개월 이상 또는 미보고 200만원, 거짓으로 보고 300만원)

• 점검기록표를 미기록 또는 쉽게 볼 수 있는 장소에 게시하지 않은 관계인(1차 100만원, 2차 200만원, 3차 300만원)

정답 ④

11 ☑ 확인 Check!

다음 그림의 [조건]을 참고하여 건축물의 높이(H)를 산정한 것으로 옳은 것은?(단, 건축물의 옥상에 설치된 a는 장식탑, b는 승강기탑이다) ✔신유형

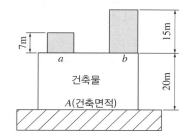

조건

• 장식탑(a)과 승강기탑(b)의 수평투영면적의 합계는 100m²이다.

• 건축면적(A)은 800m²이다.

• 장식탑의 높이는 7m, 승강기탑의 높이는 15m이다.

① H = 20m

② H = 23m

③ H = 27m

④ H = 35m

해설

건축물의 높이

건축물의 옥상에 설치되는 승강기탑·계단탑·망루·장식탑·옥탑 등으로 수평투영면적의 합계(a+b)가 해당 건축물 건축면적(A)의 1/8 이하인 경우 그 부분의 높이가 12m를 넘는 경우에는 그 넘는 부분만 해당 건축물의 높이(H)에 삽입한다.

∴ H = 20m + (15 − 12)m = 23m로 산정한다.

정답 ②

12 ☑ 확인 Check!

자동방화셔터에 대한 설명으로 옳은 것은?

① 열을 감지한 경우 일부 폐쇄되는 구조일 것

② 방화문으로부터 5m 위치에 별도로 설치할 것

③ 전동방식이나 수동방식으로 개폐할 수 있을 것

④ 불꽃이나 연기를 감지한 경우 완전 폐쇄되는 구조일 것

해설

자동방화셔터

• 열을 감지한 경우 완전 폐쇄되는 구조일 것

• 불꽃이나 연기를 감지한 경우 일부 폐쇄되는 구조일 것

• 방화문으로부터 3m 이내에 별도로 설치할 것

정답 ③

13

☑ 확인 Check!

○ □
△ □
✕ □

다음 중 건축관계법령상 규정된 방화문에 해당되지 않는 것은?

① 60분+방화문 ② 60분 방화문
③ 30분+방화문 ④ 30분 방화문

해설

방화문의 종류 : 60분+방화문, 60분 방화문, 30분 방화문

정답 ③

14

☑ 확인 Check!

○ □
△ □
✕ □

연소의 3요소 중 점화원이 될 수 없는 것은?

① 화기 ② 정전기
③ 대기압 ④ 마찰, 충격

해설

점화원 : 발화에 필요한 최소에너지로 화기, 전기불꽃, 정전기, 마찰, 충격, 화염 등이 있다.

정답 ③

15

☑ 확인 Check!

○ □
△ □
✕ □

다음 중 온도의 크기를 비교한 것으로 옳은 것은?

① 인화점 < 연소점 < 발화점
② 인화점 < 발화점 < 연소점
③ 연소점 < 인화점 < 발화점
④ 연소점 < 발화점 < 인화점

해설

온도의 크기 비교
인화점 < 연소점(≒인화점+10℃) < 발화점(≒인화점 + 수백℃)

정답 ①

16

☑ 확인 Check!

○ □
△ □
✕ □

표면연소에 해당하지 않는 것은?

① 숯
② 코크스
③ 금속(마그네슘)
④ 고체 파라핀(양초)

해설

표면연소 vs 증발연소
• 표면연소(고체) : 목탄, 코크스, 금속 등
• 증발연소(고체) : 파라핀(양초), 나프탈렌, 황 등
• 증발연소(액체) : 제4류 위험물(석유, 알코올 등)

정답 ④

17

☑ 확인 Check!

○ □
△ □
✕ □

다음 중 연기의 유동 및 확산속도를 옳게 설명한 것은?

① 수평방향 이동속도는 2~3m/s이다.
② 수직방향 이동속도는 0.5~1m/s이다.
③ 수평방향보다 수직방향으로 연기는 빠르게 이동한다.
④ 계단실 내에서 수직방향 이동속도는 0.5~1m/s로 느리게 이동한다.

해설

연기의 속도
• 수평방향 이동속도 : 0.5~1m/s
• 수직방향 이동속도 : 2~3m/s
• 계단실 내의 수직방향 이동속도 : 3~5m/s

정답 ③

18 다음 중 화재 시 산소공급원을 차단해 소화하는 것은?

☑ 확인 Check!
○ □
△ □
✕ □

① 제거소화
② 질식소화
③ 냉각소화
④ 억제소화

해설

소화의 종류
• 제거소화 : 가연물을 제거
• 질식소화 : 산소공급원 제거(산소 농도를 낮춤)
• 냉각소화 : 가연물의 온도를 낮춤(주소화약제 : 물)
• 억제소화 : 연소 연쇄반응을 차단(주소화약제 : 할로겐원소)

정답 ②

19 다음 중 위험물과 지정수량의 연결이 틀린 것은?

☑ 확인 Check!
○ □
△ □
✕ □

① 휘발유 – 200L
② 중유 – 1,000L
③ 등유 – 1,000L
④ 알코올류 – 400L

해설

위험물의 지정수량
• 황 : 100kg
• 휘발유 : 200L
• 알코올류 : 400L
• 등유 · 경유 : 1,000L
• 중유 : 2,000L
• 질산 : 300kg
※ 암기 Tip : 백황 휘2 알4 등경천 중2 질3백

정답 ②

20 다음 중 제5류 위험물 화재 시 소화방법은?

☑ 확인 Check!
○ □
△ □
✕ □

① 물에 의한 냉각소화
② 마른 모래 등에 의한 질식소화
③ 포, 분말 등 소화약제에 의한 질식소화
④ 화재 초기에만 대량의 물에 의한 냉각소화이고, 그 이후엔 자연 진화되도록 기다려야 함

해설

제5류 위험물은 자기반응성 물질로 산소를 함유한 가연성 물질이므로 자기연소한다.
소화방법
• 물에 의한 냉각소화 – 제1류/제2류 위험물
• 마른 모래 등에 의한 질식소화 – 제3류/제6류 위험물
• 포, 분말 등 소화약제에 의한 질식소화 – 제4류 위험물

정답 ④

21 다음 중 전기화재의 원인이 아닌 것은?

☑ 확인 Check!
○ □
△ □
✕ □

① 지락에 의한 발화
② 누전에 의한 발화
③ 단선에 의한 발화
④ 접촉부의 과열에 의한 발화

해설

단선이 아닌 단락(합선)에 의한 발화로 전기화재가 발생한다.

정답 ③

22 ☑ 확인 Check!

○ □
△ □
✕ □

액화석유가스(LPG) 가스누설경보기의 설치위치는 바닥으로부터 몇 cm 이내에 설치해야 하는가?

① 4cm 이내   ② 8cm 이내
③ 15cm 이내   ④ 30cm 이내

해설

가스누설경보기의 위치 : LPG는 공기보다 무거워 누출 시 낮은 곳에 체류하므로 바닥면의 상방 30cm 이내 위치에 설치한다.

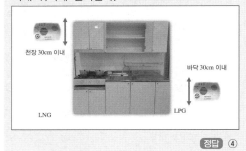

천장 30cm 이내

바닥 30cm 이내

LNG   LPG

정답 ④

---

23 ☑ 확인 Check!

○ □
△ □
✕ □

건축관계법령상 피난계단의 종류 중 옥외피난계단의 피난 시 이동 경로로 옳은 것은?

① 옥내 → 계단실 → 피난층
② 옥내 → 옥외계단 → 지상층
③ 옥내 → 부속실 → 계단실 → 피난층
④ 옥내 → 옥외계단 → 계단실 → 피난층

해설

피난계단의 피난 시 이동 경로
• 옥내피난계단 : 옥내 → 계단실 → 피난층
• 옥외피난계단 : 옥내 → 옥외계단 → 지상층
• 특별피난계단 : 옥내 → 부속실 → 계단실 → 피난층

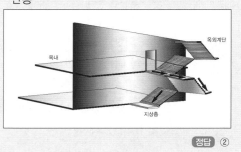

옥외계단

옥내

지상층

정답 ②

---

24 ☑ 확인 Check!

○ □
△ □
✕ □

다음 [보기] 중 소화기구의 점검항목에 대한 설명으로 옳은 것은?

┌보기┐
㉠ 설치높이 적합 여부
㉡ 배치거리(보행거리 소형 30m 이내, 대형 20m 이내) 적합 여부
㉢ 구획된 거실(바닥면적 33m² 이상)마다 소화기 설치 여부
㉣ 소화기의 변형·손상 또는 부식 등 외관의 이상 여부
㉤ 지시압력계(황색 범위)의 적정 여부
㉥ 수동식 분말소화기 내용연수(7년) 적정 여부

① ㉠, ㉡, ㉢
② ㉠, ㉢, ㉣
③ ㉢, ㉣, ㉤
④ ㉢, ㉤, ㉥

해설

소화기구의 점검항목
• 소형 20m 이내, 대형 30m 이내
• 지시압력계가 녹색 범위에 있어야 한다.
• 내용연수 : 10년

정답 ②

25

☑ 확인 Check!

○ □
△ □
X □

바닥면적 500m^2의 근린생활시설에는 ABC급 분말소화기를 몇 단위로 비치해야 하는가?(단, 이 건물은 스프링클러가 설치되어 있다)

① 3단위
② 5단위
③ 10단위
④ 20단위

해설

분말소화기

특정소방대상물	소화기구의 능력단위
위락시설	바닥면적 30m^2마다 1단위 이상
공연장·집회장·관람장·문화재(국가유산)·장례식장 및 의료시설	바닥면적 50m^2마다 1단위 이상
근린생활시설·판매시설·운수시설·숙박시설·노유자시설·전시장·공동주택·업무시설·방송통신시설·공장·창고시설·항공기 및 자동차 관련 시설 및 관광휴게시설	바닥면적 100m^2마다 1단위 이상
그 밖의 것	바닥면적 200m^2마다 1단위 이상

※ 건축물의 주요구조부가 내화구조이고, 벽 및 반자의 실내에 면하는 부분이 불연재료·준불연재료 또는 난연재료로 된 특정소방대상물의 경우 바닥면적의 2배를 해당 특정소방대상물의 기준면적으로 한다.

$\therefore \dfrac{500m^2}{100m^2} = 5$단위

정답 ②

26

☑ 확인 Check!

○ □
△ □
X □

10층 건물에 옥내소화전이 1층에 4개, 2층에 2개 설치되어 있다. 이때 옥내소화전의 저수량은?

① 5.2m^3
② 10.4m^3
③ 15.6m^3
④ 31.2m^3

해설

저수량

29층 이하이므로 $Q = 2.6N = 2.6 \times 2 = 5.2m^3$

여기서, N : 옥내소화전 설치개수가 가장 많은 층의 설치개수(2개 이상 설치된 경우에는 2개)

정답 ①

27

☑ 확인 Check!

○ □
△ □
X □

옥내소화전의 펌프기동표시등 색으로 옳은 것은?

① 녹색
② 적색
③ 황색
④ 백색

해설

펌프기동표시등의 용도는 옥내소화전을 사용할 때 펌프가 작동하는지 확인하기 위한 램프이며, 화재상황이므로 적색으로 표시된다.

정답 ②

28

☑ 확인 Check!

다음 중 옥내소화전함의 설치기준에 대한 설명으로 옳은 것은?

① 방수구는 층마다 설치할 것

② 방수구는 바닥으로부터 높이 1m 이하가 되도록 할 것

③ 호스릴 옥내소화설비가 아닌 경우 소화전 호스는 구경 25mm 이상으로 할 것

④ 특정소방대상물 각 부분으로부터 1개의 옥내소화전 방수구까지의 수평거리는 40m 이하가 되도록 할 것

해설

방수구의 설치기준
- 특정소방대상물의 층마다 설치하되, 해당 특정소방대상물의 각 부분으로부터 하나의 옥내소화전 방수구까지의 수평거리가 25m 이하가 되도록 할 것
- 바닥으로부터 1.5m 이하가 되도록 할 것
- 호스는 구경 40mm(호스릴 옥내소화전설비의 경우 25mm) 이상일 것

정답 ①

29

☑ 확인 Check!

방수압력 측정에 대한 설명으로 적절하지 않은 것은?

① 방사형 관창을 이용하여 측정한다.

② 피토게이지는 노즐 선단에 근접하여 측정한다.

③ 피토게이지는 봉상주수 상태에서 수직으로 측정해야 한다.

④ 초기 방수 시 물속에 존재하는 이물질이 완전히 배출된 후에 측정해야 한다.

해설

옥내소화전설비의 방수압력 측정: 방사형 관창이 아닌 직사형 관창을 이용하여 측정한다.

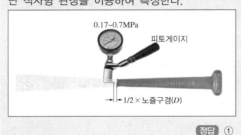

0.17~0.7MPa

피토게이지

1/2 × 노즐구경(D)

정답 ①

30

☑ 확인 Check!

옥외소화전설비의 수원 용량으로 옳은 것은?

① 옥외소화전 설치개수에 $2.6m^3$를 곱한 양 이상일 것

② 옥외소화전 설치개수에 $5.2m^3$를 곱한 양 이상일 것

③ 옥외소화전 설치개수에 $7.0m^3$를 곱한 양 이상일 것

④ 옥외소화전 설치개수에 $7.8m^3$를 곱한 양 이상일 것

해설

옥외소화전설비의 수원
$$Q = 7Nm^3$$
여기서, N : 옥외소화전의 설치개수(최대 2개)

정답 ③

31

☑ 확인 Check!

다음 중 스프링클러설비에 대한 설명으로 옳은 것은?

① 스프링클러설비의 방수량은 $80m^3/min$이다.

② 스프링클러설비의 방수압력은 0.17~0.7MPa 이하이다.

③ 헤드의 부착높이가 8m 미만인 경우 스프링클러헤드의 기준개수는 10개이다.

④ 스프링클러헤드의 방수구에서 유출되는 물을 세분화시키는 부품을 프레임이라 한다.

해설

스프링클러설비 : 방수량은 80L/min・개, 방수압력은 0.1~1.2MPa이며, 방수구에서 유출되는 물을 세분화시키는 부품을 디플렉터라고 한다.

정답 ③

32

알람밸브를 기준으로 1차와 2차 측 배관에 가압수가 차 있고, 화재 시 열에 의해 헤드가 개방되면 가압수가 즉시 살수되어 소화하는 스프링클러설비는?

① 습식 스프링클러설비
② 건식 스프링클러설비
③ 준비작동식 스프링클러설비
④ 일제살수식 스프링클러설비

(해설)

스프링클러설비

종류	헤드	감지기 유무	밸브	배관	특징
습식	폐쇄형	×	알람 밸브	• 1차 측 : 가압수 • 2차 측 : 가압수	구조 간단, 시공비 저렴
건식	폐쇄형	×	건식 밸브	• 1차 측 : 가압수 • 2차 측 : 압축공기 또는 질소	동결 우려 장소 및 옥외 사용 가능
준비 작동 식	폐쇄형	○	준비 작동 밸브 (프리 액션 밸브)	• 1차 측 : 가압수 • 2차 측 : 대기압	동결 우려 장소 가능, 시공비 고가
일제 살수 식	개방형	○	일제 개방 밸브	• 1차 측 : 가압수 • 2차 측 : 대기압	초기 화재 시 신속한 대처 가능, 화재감지 장치 별도 필요

(정답) ①

33

다음 중 이산화탄소소화설비의 장단점에 대한 설명으로 적절하지 않은 것은?

① 화재진화 후 깨끗하다.
② 피연소물의 피해가 적다.
③ 전도성이 있어 전기화재에 적합하지 않다.
④ 가연물 내부에서 연소하는 심부화재에 적합하다.

(해설)

이산화탄소소화설비의 장단점
• 장점
 - 가연물 내부에서 연소하는 심부화재에 적합하다.
 - 화재진화 후 깨끗하다.
 - 피연소물에 피해가 적다.
 - 비전도성이므로 전기화재에 좋다.
• 단점
 - 사람에게 질식의 우려가 있다.
 - 방사 시 동상의 우려가 있다.
 - 설비가 고압으로 특별한 주의와 관리가 필요하다.

(정답) ③

34

가스계 소화설비의 점검을 위해 기동용기와 SOL 밸브를 분리하였다. 감지기를 동작시킨 경우 확인되는 사항으로 옳지 않은 것은?(단, 교차회로감지기 2개를 작동한다)

① 방출표시등 점등
② 제어반 화재 표시
③ 사이렌 또는 경종 동작
④ 솔레노이드밸브 파괴침 동작

(해설)

가스계 소화설비의 점검 : 방호구역 출입구 상단에 설치된 방출표시등은 압력스위치 동작에 의해 점등된다.

(정답) ①

35

☑ 확인
Check!

○ □
△ □
✕ □

다음은 가스계 소화설비의 점검에 대한 설명이다. [보기]에 대한 설명으로 옳지 않은 것은?

✔신유형

┌ 보기 ┐

〈솔레노이드밸브를 격발시킬 수 있는 방법〉

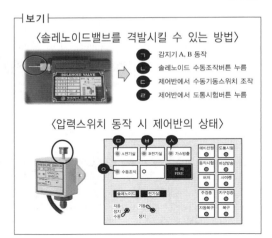

ㄱ 감지기 A, B 동작
ㄴ 솔레노이드 수동조작버튼 누름
ㄷ 제어반에서 수동기동스위치 조작
ㄹ 제어반에서 도통시험버튼 누름

〈압력스위치 동작 시 제어반의 상태〉

① ㄴ, ㅁ, ○
② ㄴ, ㅁ, ㅂ
③ ㄹ, ㅁ, ㅂ, ○
④ ㄹ, ㅁ, ㅅ, ○

(해설)

가스계 소화설비의 점검
• 제어반의 도통시험버튼은 각 회로의 단선 여부를 확인하는 방법으로 SOL밸브 격발과는 관계없다.
• 압력스위치 동작에 따라 제어반의 가스방출등(ㅅ)이 점등된다.
• 감지기 동작(ㅁ, ㅂ)은 교차회로감지기(A 전기실, B 전기실) 동작 시 점등되며, 수동조작(○)은 외부 출입구 부근 수동조작함의 버튼을 눌러야 점등된다.

(정답) ③

36

☑ 확인
Check!

○ □
△ □
✕ □

다음 경계구역에 대한 설명으로 옳은 것은?

① 하나의 경계구역이 2 이상의 용도에 미치지 않도록 한다.
② 하나의 경계구역이 2 이상의 건축물에 미치지 않도록 한다.
③ 600m² 이하의 범위 안에서는 2개의 층을 하나의 경계구역으로 할 수 있다.
④ 해당 특정소방대상물의 주된 출입구에서 그 내부 전체가 보이는 것에 있어서는 한 변의 길이가 60m의 범위 내에서 1,000m² 이하로 할 수 있다.

(해설)

경계구역
• 하나의 경계구역이 2 이상의 건축물에 미치지 않도록 할 것
• 하나의 경계구역이 2 이상의 층에 미치지 않도록 할 것(다만, 500m² 이하의 범위 안에서는 2개의 층을 하나의 경계구역으로 할 수 있다)
• 하나의 경계구역의 면적은 600m² 이하로 하고, 한 변의 길이는 50m 이하로 할 것(다만, 해당 특정소방대상물의 주된 출입구에서 그 내부 전체가 보이는 것에 있어서는 한 변의 길이가 50m의 범위 내에서 1,000m² 이하로 할 수 있다)

(정답) ②

37

☑ 확인
Check!

○ □
△ □
✕ □

다음 그림은 주요구조부가 내화구조이며 가, 나, 다와 같은 크기의 실이 있는 건축물에 차동식 스포트형 감지기 2종을 설치할 경우 필요한 감지기의 최소 수량은?(단, 감지기의 부착높이는 3.5m이다)

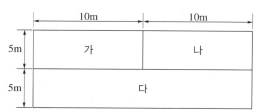

① 3개
② 4개
③ 5개
④ 6개

해설

- 내화구조, 차동식 스포트형 감지기(2종), 부착높이 3.5m의 조건에 맞는 값을 아래 표(감지기 설치 유효면적)에서 찾으면 바닥면적 70m²마다 1개 이상의 감지기를 설치해야 한다.
- (가), (나)구역 : $10 \times 5 = 50$
  $50/70 = 0.71 \rightarrow$ 1개(절상)
  (다)구역 : $20 \times 5 = 100$
  $100/70 = 1.43 \rightarrow$ 2개(절상)
- ∴ 전체 감지기 수=(가)구역+(나)구역+(다)구역
  $= 1+1+2 = 4$개

부착높이 및 소방대상물의 구분		감지기의 종류(단위 : m²)				
		차동식·보상식 스포트형		정온식 스포트형		
		1종	2종	특종	1종	2종
4m 미만	내화 구조	90	70	70	60	20
	기타 구조	50	40	40	30	15
4m 이상 8m 미만	내화 구조	45	35	35	30	–
	기타 구조	30	25	25	15	–

정답 ②

38

☑ 확인
Check!

○ □
△ □
✕ □

다음은 버튼식 P형 수신기 도통시험에 대한 내용이다. 도통시험 버튼을 누르고 각 회선별로 버튼을 눌렀을 때 결과를 판정하는 방법으로 적절한 것은? ✔신유형

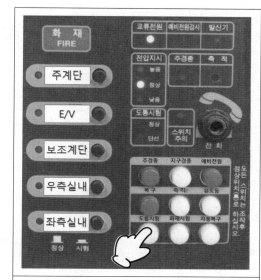

도통시험스위치 누름 → 경계구역별 버튼을 눌러 도통시험표시등(정상, 단선) 점등 확인

① 주계단 버튼을 누르면 녹색등이 소등되므로 정상이다.
② E/V 버튼을 누르면 적색등이 점등되므로 정상으로 판단한다.
③ 보조계단 버튼을 누르면 교류전원이 소등되므로 정상이다.
④ 우측실내 버튼을 누르면 도통시험 확인등이 녹색이므로 정상이다.

해설

- ① 소등 → 점등, ② 정상 → 단선, ③ 교류전원과는 관계없음
- 경계구역별로 버튼을 누르면 도통시험에서 정상(녹색등) 또는 단선(적색등)으로 표시된다.

정답 ④

39 ☑ 확인 Check! ○ □ △ □ X □

도통시험 중 4번 회로가 단선된 것으로 판명되어, 다음 날 단선구간을 찾아 정상조치하였다. 작동기능 점검 서식 중 ㉠, ㉡에 들어갈 내용으로 적절한 것은? **✔신유형**

점검번호	점검항목	점검 결과 (양호 ○, 불량 ×, 해당 없음 /)
15-1-003	수신기 도통시험 회로 정상 여부	㉠
설비명	**점검번호**	**점검 내용**
경보설비	15-1-003	㉡

① ㉠ ○, ㉡ 4번 회로 단선
② ㉠ ×, ㉡ 4번 회로 단선
③ ㉠ ×, ㉡ 4번 회로 합선
④ ㉠ / , ㉡ 4번 회로 쇼트

해설

- 점검 결과가 불량이므로 ×를 표시한다.
- 점검 내용에 4번 회로 단선이라고 표기한다.

정답 ②

40 ☑ 확인 Check! ○ □ △ □ X □

그림과 같은 자동화재탐지설비 수신기에서 회로 도통시험을 하려고 한다. 가장 먼저 눌러야 하는 스위치는?

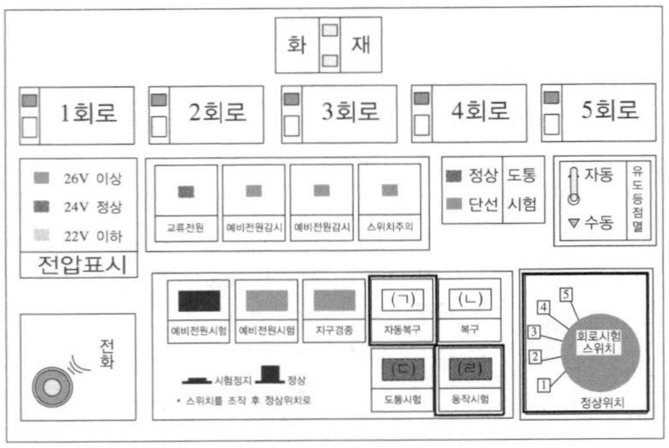

① (ㄱ) ② (ㄴ)
③ (ㄷ) ④ (ㄹ)

해설

도통시험스위치를 먼저 누르고 회선을 선택하여 확인한다.

정답 ③

41 ☑ 확인 Check! ○ □ △ □ X □

화재 시 피난을 유도하기 위한 유도등은 정상상태에서 상용전원으로 점등된다. 정전되었을 때는 비상전원으로 자동전환되어 몇 분 이상 작동할 수 있어야 하는가?

① 20분 이상 ② 40분 이상
③ 60분 이상 ④ 120분 이상

해설

유효 작동시간 : 화재 시 피난을 유도하기 위한 등 및 표지로, 평상시 상용전원이 점등되고, 정전 시 비상전원으로 자동전환되며 20분 이상 작동해야 한다. 단, 11층 이상이거나 지하상가의 경우 60분 이상 작동한다.

정답 ①

42 ☑ 확인 Check! ○ □ △ □ X □

다음 중 공연장, 집회장, 관람장에 설치할 수 있는 유도등으로 적절하지 않은 것은?

① 통로유도등
② 객석유도등
③ 중형피난구유도등
④ 대형피난구유도등

해설

유도등과 유도표지

- 공연장, 집회장, 관람장, 운동시설, 유흥주점 영업시설 : 대형피난구유도등, 통로유도등, 객석유도등
- 위락시설 : 대형피난구유도등, 통로유도등
- 오피스텔, 지하층, 무창층, 11층 이상 : 중형피난구유도등, 통로유도등
- 교정 및 군사시설, 복합건축물 : 소형피난구유도등, 통로유도등

정답 ③

소방계획의 수립 절차는 4단계로 구성된다. 다음 [보기]에서 2단계(위험환경 분석)의 내용에 해당하는 것을 모두 고른 것은?

┌ 보기 ┐
㉠ 위험환경 식별
㉡ 위험환경 분석/평가
㉢ 위험환경 목표/전략 수립
㉣ 위험환경 경감대책 수립

① ㉠, ㉣
② ㉡, ㉢, ㉣
③ ㉠, ㉡, ㉣
④ ㉠, ㉡, ㉢, ㉣

해설
소방계획의 수립 절차

구분	절차
1단계 (사전기획)	작성준비 ⬇ 요구사항 검토 ⬇ 작성계획 수립
2단계 (위험환경 분석)	위험환경 식별 ⬇ 위험환경 분석/평가 ⬇ 위험경감대책 수립
3단계 (설계 및 개발)	목표/전략수립 ⬇ 실행계획 설계 및 개발
4단계 (시행 및 유지관리)	수립/시행 ⬇ 운영/유지관리

정답 ③

자위소방대의 조직 편성기준에 따라 Type I 로 조직해야 하는 대상은?

① 10층 일반건축물
② 특급 소방안전관리대상물
③ 지하층 제외 29층 아파트
④ 연면적 10,000m² 이상인 일반건축물

해설
• 자위소방대의 조직 편성기준

구분	대상	조직	기준
Type I	• 특급 소방안전 관리대상물 • 1급(연면적 30,000m² 이상 포함- 공동주택 제외)	지휘	지휘통제팀
		현장대응 (본부대)	비상연락팀, 초기 소화팀, 피난유도 팀, 방호안전팀, 응급구조팀 *필요시 팀 가감 편성
		현장대응 (지구대)	각 구역(zone)별 현장대응팀 *구역별 규모, 인 력에 따라 편성

• 특정소방대상물의 선임대상물

구분	아파트	일반건축물
특급	50층 이상(지하층 제외)이거나 지 상으로부터 높이 200m 이상	• 30층 이상(지하층 포 함)이거나 지상으로부 터 높이 120m 이상 • 연면적 10만m² 이상
1급	30층 이상(지하층 제외)이거나 지 상으로부터 높이 120m 이상	• 층수가 11층 이상 • 연면적 15,000m² 이상 • 가연성 가스를 1,000톤 이 상 저장·취급하는 시설

정답 ②

45

☑ 확인
Check!

○ □
△ □
✕ □

장애 유형별 피난보조방법으로 적절하지 않은 것은?

① 청각장애인은 시각적인 전달을 위해 표정이나 제스처를 사용한다.

② 여러 명의 시각장애인이 동시에 대피하는 경우 서로 손을 잡고 피난한다.

③ 지적장애인의 경우 공황 상태에 빠질 수 있으므로 차분하고 느린 어조로 도움을 주러 왔음을 밝힌다.

④ 휠체어 사용자의 경우 평지보다 계단에서 주의가 필요하며 다수보다 한 명이 보조할수록 쉬운 대피가 가능하다.

> 해설
> **장애 유형별 피난보조방법** : 휠체어 사용자는 평지보다 계단에서 주의가 필요하며, 많은 사람들이 보조할수록 상대적으로 쉬운 대피가 가능하다.
> 정답 ④

46

☑ 확인
Check!

○ □
△ □
✕ □

응급처치의 중요성에 대한 설명으로 틀린 것은?

① 환자의 고통을 경감

② 긴급한 환자의 생명을 유지

③ 현장 처치의 원활화로 의료비 절감

④ 위급한 부상 부위의 응급처치로 치료 기간을 연장

> 해설
> 위급한 부상 부위의 응급처치는 치료 기간을 단축시킨다.
> 정답 ④

47

☑ 확인
Check!

○ □
△ □
✕ □

심폐소생술을 시행할 때 성인의 경우 가슴압박은 분당 몇 회의 속도로 실시해야 하는가?

① 분당 60~80회의 속도

② 분당 80~100회의 속도

③ 분당 100~120회의 속도

④ 분당 120~140회의 속도

> 해설
> **심폐소생술** : 가슴압박은 성인의 경우 분당 100~120회의 속도, 약 5cm 깊이로 강하고 빠르게 시행한다.
> 정답 ③

48

☑ 확인
Check!

○ □
△ □
✕ □

다음 [보기]에서 설명하는 지혈법은 무엇인가?

┌보기┐
출혈 상처 부위를 직접 압박하는 방법으로 소독거즈로 출혈 부위를 덮은 후 4~6in 압박붕대로 압박되게 감아준다. 압박 후 출혈이 계속되면 소독된 거즈를 추가로 덮고 압박붕대를 한 번 더 감고 출혈 부위를 심장보다 높여줌으로써 출혈량을 감소시킬 수 있다.
└─┘

① 직접 압박법

② 간접 압박법

③ 지혈대 사용법

④ 간헐적 압박법

> 해설
> **출혈 시 응급처치**
> • 직접 압박법
> – 출혈 상처 부위를 직접 압박하는 방법이다.
> – 소독거즈로 출혈 부위를 덮은 후 4~6in 압박붕대로 압박하여 감는다.
> – 출혈 부위를 심장보다 높인다.
> • 지혈대 사용법
> – 절단과 같은 심한 출혈이 있을 때 최후의 수단으로 사용한다.
> – 5cm 이상의 띠를 사용한다.
> 정답 ①

49

☑ 확인
Check!

○ □
△ □
✕ □

다음 그림 중 자동심장충격기(AED) 사용 시 패드의 부착 위치로 옳게 짝지어진 것은?

① (ㄱ), (ㄴ)

② (ㄴ), (ㄷ)

③ (ㄴ), (ㄹ)

④ (ㄷ), (ㄹ)

해설

자동심장충격기(AED) 사용 시 패드의 부착 위치
• 패드 1 : 오른쪽 빗장뼈(쇄골) 바로 아래
• 패드 2 : 왼쪽 가슴 아래와 겨드랑이 중간

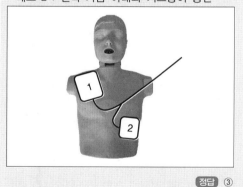

정답 ③

50

☑ 확인
Check!

○ □
△ □
✕ □

소방교육 및 훈련의 실시원칙 중 아래 [보기]의 내용으로 맞는 것은?

┤보기├

• 어떠한 기술을 어느 정도까지 익혀야 하는가를 명확히 제시한다.
• 습득해야 할 기술이 활동 전체에서 어느 위치에 있는가를 인식한다.

① 현실의 원칙

② 실습의 원칙

③ 경험의 원칙

④ 목적의 원칙

해설

소방교육 및 훈련의 실시원칙
• 목적의 원칙
  – 어떠한 기술을 어느 정도까지 익혀야 하는가를 명확히 제시한다.
  – 습득해야 할 기술이 활동 전체에서 어느 위치에 있는가를 인식한다.
• 현실의 원칙 : 학습자의 능력을 고려하지 않은 훈련은 비현실적이고 불완전하다.
• 실습의 원칙
  – 실습을 통해 지식을 습득한다.
  – 목적을 생각하고 적절한 방법으로 정확하게 한다.
• 경험의 원칙 : 경험했던 사례들 들어 현실감 있게 한다.

정답 ④

01
☑ 확인
Check!

○ □
△ □
✕ □

다음 중 소방안전관리업무의 대행이 가능한 소방안전관리대상물은?

① 연면적 20,000m² 이상인 전시장
② 지상으로부터 높이가 200m 이상인 아파트
③ 아파트를 제외하고 지하 3층, 지상 30층인 특정소방대상물
④ 아파트를 제외하고 연면적 10,000m²의 높이가 11층인 특정소방대상물

해설

소방안전관리업무의 대행 가능(작은 건물)

구분		특급	1급	2급	3급
아파트		전체	전체	전체	전체
일반			연면적 ~~15,000m² 이상~~		
			층수 11층 이상		

정답 ④

02
☑ 확인
Check!

○ □
△ □
✕ □

소방기본법에서 100만원 이하의 과태료에 해당하는 것은?

① 소방활동구역을 출입한 사람
② 소방자동차의 출동에 지장을 준 자
③ 한국소방안전원 또는 이와 유사한 명칭을 사용한 자
④ 소방자동차 전용구역에 주차하거나 전용구역의 진입을 가로막는 등의 방해행위를 한 자

해설

①~③ : 소방기본법 200만원 이하의 과태료
100만원 이하의 과태료 : 소방자동차 전용구역에 주차하거나 전용구역의 진입을 가로막는 등의 방해행위를 한 자

정답 ④

03
☑ 확인
Check!

○ □
△ □
✕ □

다음 중 소방대의 조직체가 아닌 것은?

① 소방공무원
② 의무소방원
③ 청원소방원
④ 의용소방대원

해설

소방대 : 화재를 진압하고 화재, 재난·재해, 그 밖의 위급한 상황에서 구조·구급활동 등을 위해 구성된 조직체
• 소방공무원
• 의무소방원
• 의용소방대원

정답 ③

04
☑ 확인
Check!

○ □
△ □
✕ □

화재안전조사 결과에 따른 조치명령이 아닌 것은?

① 개수명령
② 이전명령
③ 제거명령
④ 신축명령

해설

화재안전조사 조치명령
• 소방시설 등이 소방 관계 법령에 적합하게 설치·관리되고 있는지, 소방대상물에 화재의 발생 위험이 있는지 등을 확인하기 위함
• 소방대상물의 개수, 이전, 제거, 사용의 금지 또는 제한, 사용폐쇄, 공사의 정지 또는 중지

정답 ④

05

☑ 확인 Check!
○ □
△ □
✕ □

화재안전조사의 방법과 절차에 대한 설명 중 틀린 것은?

① 조사계획은 7일 이상 공개해야 한다.
② 화재안전조사는 소방관서장이 실시한다.
③ 화재안전조사의 방법에는 특별조사와 종합조사가 있다.
④ 사전 통지 없이 조사를 실시할 경우 조사사유와 조사범위를 현장에서 설명해야 한다.

해설

화재안전조사의 방법에는 부분조사와 종합조사가 있다.

화재안전조사의 조사절차

• 소방관서장은 조사계획을 7일 이상 공개
• 사전 통지 없이 화재안전조사를 실시할 경우 실시 전 관계인에게 조사사유 및 조사범위 등을 현장에서 설명해야 한다.
• 소방관서장은 화재안전조사를 위해 소속 공무원으로 하여금 관계인에게 보고 또는 자료의 제출을 요구하거나 소방대상물의 위치, 구조, 설비 또는 관리 상황에 대한 조사 및 질문을 하게 할 수 있다.

정답 ③

06

☑ 확인 Check!
○ □
△ □
✕ □

다음 [보기]에서 설명하는 소방안전관리자는?

┌ 보기 ┐

소방설비기사 또는 소방설비산업기사 자격이 있는 자로 해당 건물의 소방안전관리자로 선임되어 있다. 소방공무원으로 10년간 근무한 경력이 있는 자로 해당 안전관리자 자격증은 받은 사람이다.

└───────┘

① 특급 소방안전관리자
② 1급 소방안전관리자
③ 2급 소방안전관리자
④ 3급 소방안전관리자

해설

1급 소방안전관리자의 선임자격

• 소방설비기사 또는 소방설비산업기사
• 소방공무원 7년 이상 근무경력
• 1급 소방안전관리자 시험 합격자

정답 ②

07

☑ 확인 Check!
○ □
△ □
✕ □

소방안전관리업무를 대행할 수 있는 대상물로 적절하지 않은 것은?

① 2급 소방안전관리대상물
② 3급 소방안전관리대상물
③ 층수가 11층 이상인 특정소방대상물(아파트 제외)
④ 특급 소방안전관리대상물 중 바닥면적 15,000m² 미만

해설

소방안전관리업무의 대행 가능(작은 건물)

구분	특급	1급	2급	3급
아파트	전체	전체	전체	전체
일반		연면적 15,000m² 이상		
		층수 11층 이상		

 ④

08

☑ 확인 Check!
○ □
△ □
✕ □

방염성능기준 이상의 실내장식물 등을 설치해야 하는 장소로 알맞은 것은?

㉠ 수영장	㉡ 노유자시설
㉢ 숙박시설	㉣ 옥외 집회시설
㉤ 다중이용업소	㉥ 11층 이상 아파트

① ㉠, ㉡, ㉢
② ㉡, ㉢, ㉣
③ ㉢, ㉣, ㉥
④ ㉡, ㉢, ㉤

해설

방염 물품을 설치해야 하는 대상

• 의료시설
• 숙박시설
• 노유자시설
• 다중이용업소
• 교육연구시설 중 합숙소
• 숙박이 가능한 수련시설
• 방송통신시설 중 방송국 및 촬영소
• 근린생활시설 중 의원, 조산원, 산후조리원, 체력단련장, 공연장 및 종교집회장
• 건축물의 옥내에 있는 시설로서 문화 및 집회시설, 종교시설, 운동시설(수영장 제외)
• 위에 해당하지 않는 것으로서 층수가 11층 이상(아파트 제외)

정답 ④

09

☑ 확인
Check!

○ ☐
△ ☐
✕ ☐

종합점검 대상인 특정소방대상물의 작동점검을 실시하고자 한다. 이 경우 종합점검을 받은 달부터 몇 개월이 되는 달에 실시해야 하는가?

✔신유형

① 1개월

② 3개월

③ 6개월

④ 12개월

해설

소방시설 등의 자체점검

종류	작동점검	종합점검
점검시기 (연 1회) [예외] 특급은 반기에 1회 이상	• 종밀점검대상 : 종합점검을 받은 달부터 6개월이 되는 달에 실시 • 소방안전관리대상물(종합점검 대상 외) : 건축물의 사용승인일이 속하는 달의 말일까지 실시(사용승인일 기준)	• (최초점검) 신축 건축물은 사용승인일로부터 60일 이내(3급 대상 포함) → 신축 건축물은 최초점검 실시 후 다음 해부터 실시 • 건축물의 사용승인일이 속하는 달까지 실시 • 학교의 경우 건축물의 사용승인일이 1~6월 사이에 있는 경우 6월 30일까지 • 하나의 대지경계선 안에 점검대상이 2개 이상인 경우 사용승인일이 빠른 건축물의 사용승인일

정답 ③

10

☑ 확인
Check!

○ ☐
△ ☐
✕ ☐

다음 중 허가기관에서 건축허가 등의 취소 시 며칠 이내에 취소 통보를 해야 하는가?

① 4일 이내

② 5일 이내

③ 6일 이내

④ 7일 이내

해설

건축허가 등의 동의절차(소방시설법 규칙 제3조)

```
            건축허가              건축허가
             신청                  신청
건축주  ──────→  시·군·구청  ──────→  소방본부·소방서
          허가 및              회신
          사용승인
```

• 건축허가 및 사용승인 동의 기간 : 5일 이내(특급 소방안전관리대상물인 경우 10일) 동의 여부 회신
• 동의요구서 및 첨부서류 보완이 필요한 경우 4일 이내의 기간을 정하여 보완요구 가능
• 허가기관에서 건축허가 등의 취소 시 7일 이내 소방본부장 또는 소방서장에게 통보

정답 ④

11

☑ 확인
Check!

○ ☐
△ ☐
✕ ☐

다음 중 건축관계법령에서 정의한 용어에 대한 설명으로 틀린 것은?

① 건축물이란 토지에 정착하는 공작물 중 지붕과 기둥 또는 벽이 있는 것을 말한다.

② 건축설비란 건축물의 실내 환경과 기능을 향상시키기 위해 설치하는 시설을 말한다.

③ 지하층이란 바닥에서 지표면까지 평균 높이가 해당 층 높이의 1/3 이상인 것을 말한다.

④ 거실이란 건축물 안에서 거주(居住)·집무·집회·오락 등의 목적을 위하여 사용되는 모든 방을 말한다.

해설

지하층 : 바닥에서 지표면까지의 평균 높이가 해당 층 높이의 1/2 이상인 것을 말한다.

정답 ③

12 다음 중 가연성 물질의 구비조건으로 틀린 것은?

☑ 확인
Check!

○ □
△ □
✕ □

① 활성화에너지 값이 커야 한다.
② 열의 축적이 쉽도록 열전도도가 작아야 한다.
③ 산소와 접촉할 수 있는 표면적이 큰 물질이어야 한다.
④ 일반적으로 산화되기 쉬운 물질로서 산소와 결합할 때 발열량이 많아야 한다.

〔해설〕
가연성 물질 : 활성화에너지의 값이 작으면 반응속도가 빨라 연소가 잘 된다.

정답 ①

---

13 연소범위에서 외부의 직접적인 점화원에 의해 인화될 수 있는 최저온도를 무엇이라 하는가?

☑ 확인
Check!

○ □
△ □
✕ □

① 인화점
② 발화점
③ 연소점
④ 착화점

〔해설〕
• 연소의 용어
 - 인화점 : 외부 점화원으로 점화 시 불이 붙은 최저온도
 - 발화점 : 외부 점화원과의 직접적인 접촉 없이 주위로부터 에너지를 받아 스스로 점화되는 최저온도
 - 연소점 : 외부 점화원에 의해 발화 후 연소를 지속시킬 수 있는 최저온도
• 온도의 크기 : 인화점 < 연소점 < 발화점

정답 ①

---

14 다음 중 가연성 가스의 연소범위가 가장 넓은 것은?

☑ 확인
Check!

○ □
△ □
✕ □

① 중유
② 등유
③ 암모니아
④ 아세틸렌

〔해설〕
• 연소범위란 공기 중 연소에 필요한 가연성 가스의 농도 범위(Volume, %)를 의미한다.
• 가연성 가스의 농도가 너무 희박해도, 너무 농후해도 연소가 발생하지 않는다.
• 물질별 연소범위
 - 휘발유 : 1.2~7.6%
 - 아세틸렌 : 2.5~81%
 - 수소 : 4.1~75%
 - 중유 : 1~5%
 - 메틸알코올 : 6~36%
 - 아세톤 : 2.5~12.8%
 - 암모니아 : 15~28%
 - 등유 : 0.7~5%

정답 ④

---

15 다음 중 화재의 분류로 틀린 것은?

☑ 확인
Check!

○ □
△ □
✕ □

① 일반화재 - A급
② 유류화재 - B급
③ 전기화재 - C급
④ 금속화재 - K급

〔해설〕
화재의 분류 : 금속화재 - D급, 주방화재 - K급

정답 ④

---

16 다음 중 건물 화재의 성상단계로 옳은 것은?

☑ 확인
Check!

○ □
△ □
✕ □

① 초기 → 성장기 → 최성기 → 감쇠기
② 초기 → 성장기 → 감쇠기 → 최성기
③ 초기 → 최성기 → 성장기 → 감쇠기
④ 초기 → 감쇠기 → 성장기 → 최성기

〔해설〕
화재의 성상단계 : 초기 → 성장기(실내 전체가 화염으로 휩싸이는 플래시오버 ↑) → 최성기 → 감쇠기

정답 ①

17 다음 중 제거소화 방법으로 적절한 것은?

☑ 확인
Check!

① 소화기로 불을 끈다.
② 물을 부어 불을 끈다.
③ 물에 젖은 담요를 덮어 불을 끈다.
④ 산불 발생 시 나무를 베어 더 이상 불이 번지지 못하게 한다.

해설

소화방법
• 질식소화 : 물에 젖은 담요를 덮어 불을 끈다. 소화기로 불을 끈다.
• 냉각소화 : 물을 부어 불을 끈다.

정답 ④

18 제조소 등의 관계인은 위험물안전관리자를 해임한 날로부터 며칠 이내에 다시 안전관리자를 선임해야 하는가?

☑ 확인
Check!

① 14일
② 20일
③ 30일
④ 60일

해설

위험물안전관리자의 선임 절차
• 안전관리자를 선임한 제조소 등의 관계인은 그 안전관리자를 해임하거나 안전관리자가 퇴직한 날부터 30일 이내에 다시 안전관리자를 선임한다.
• 안전관리자를 선임 또는 해임하거나 안전관리자가 퇴직한 때에는 14일 이내에 소방서에 신고한다.

정답 ③

19 다음 중 제6류 위험물에 해당하는 것은?

☑ 확인
Check!

① 산화성 고체
② 가연성 고체
③ 산화성 액체
④ 자기반응성 물질

해설

위험물의 유별 종류
• 제1류 위험물 : 산화성 고체
• 제2류 위험물 : 가연성 고체
• 제3류 위험물 : 자연발화성 물질 및 금수성 물질
• 제4류 위험물 : 인화성 액체
• 제5류 위험물 : 자기반응성 물질
• 제6류 위험물 : 산화성 액체

정답 ③

20 다음 중 전기화재 예방방법으로 적절하지 않은 것은? ✓신유형

☑ 확인
Check!

① 전선은 풀리지 않도록 잘 묶어 놓는다.
② 누전차단기를 설치하고 월 1~2회 동작 여부를 확인한다.
③ 한 개의 콘센트에 여러 개의 전기기구를 꽂아 사용하지 않는다.
④ 가전제품 내부에 먼지나 습기는 전기합선의 원인이 되므로 주기적으로 청소한다.

해설

전기화재 예방방법 : 전선은 묶거나 꼬이지 않도록 한다.

정답 ①

21

☑ 확인 Check!

○ □
△ □
✕ □

가스누설경보기는 탐지대상 가스의 증기비중이 1보다 작을 때 가스 연소기로부터 수평거리 몇 m 이내에 설치해야 하는가?

① 4m 이내

② 8m 이내

③ 15m 이내

④ 30m 이내

해설

연료가스

구분	액화천연가스(LNG)	액화석유가스(LPG)
가스누설경보기 설치위치	천장 30cm 이내 LNG	바닥 30cm 이내 LPG
	가스 연소기로부터 수평거리 8m 이내	가스 연소기로부터 수평거리 4m 이내

정답 ②

23

☑ 확인 Check!

○ □
△ □
✕ □

대형소화기의 능력단위 기준으로 맞는 것은?

① A급 – 1단위 이상, B급 – 10단위 이상

② A급 – 5단위 이상, B급 – 10단위 이상

③ A급 – 5단위 이상, B급 – 20단위 이상

④ A급 – 10단위 이상, B급 – 20단위 이상

해설

소화기의 능력단위 기준

• 소형소화기 1단위 이상

• 대형소화기
 – A급 10단위 이상
 – B급 20단위 이상

정답 ④

22

☑ 확인 Check!

○ □
△ □
✕ □

다음 중 소방시설의 종류가 아닌 것은?

① 소화설비

② 경보설비

③ 방화설비

④ 피난구조설비

해설

소방시설의 종류(5가지) : 소화설비, 경보설비, 피난구조설비, 소화활동설비, 소화용수설비

정답 ③

24

☑ 확인 Check!

○ □
△ □
✕ □

분말소화기 중 축압식 소화기의 사용 가능한 압력 범위는?

① 0.1~0.3MPa

② 0.3~0.7MPa

③ 0.7~0.98MPa

④ 1.0~1.2MPa

해설

축압식 소화기 : 축압식 소화기의 정상(녹색) 압력범위는 0.7~0.98MPa이다.

정답 ③

25

☑ 확인
Check!

○ □
△ □
✕ □

다음 [보기]에서 설명하는 소화설비의 종류는?

┌ 보기 ─────────────────────┐
건물 내에 화재 발생 시 해당 소방대상물의 관계자
또는 자체소방대원이 이를 사용하여 발화 초기에
신속하게 진화할 수 있도록 건물 내에 설치하는 소
화설비이다.
└───────────────────────┘

① 옥내소화전설비　　② 옥외소화전설비

③ 스프링클러설비　　④ 물분무등소화설비

> **해설**
>
> **옥내소화전설비** : 건축물에 화재가 발생할 경우 신속
> 하게 진화할 수 있도록 건물 내 설치하는 고정설비로
> 수원, 가압송수장치, 배관, 방수구, 호스, 노즐 등으로
> 구성되어 있다.
>
> 정답 ①

26

☑ 확인
Check!

○ □
△ □
✕ □

옥내소화전설비 중 체절운전 시 릴리프밸브를 통
해 과압을 방출하여 수온상승을 방지하기 위해
설치하는 것은?

① 개폐밸브　　　　② 체크밸브

③ 순환배관　　　　④ 성능시험배관

> **해설**
>
> **순환배관 vs 성능시험배관**
>
> | 구분 | 구조 |
> |---|---|
> | 순환배관과
릴리프밸브 | 릴리프밸브 / 체크밸브 / 펌프 |
> | 성능시험
배관 | 개폐밸브 유량계 유량조절밸브 $8D$ $5D$ |
>
> 정답 ③

27

☑ 확인
Check!

○ □
△ □
✕ □

옥내소화전 방수압력의 측정에 필요한 장비로 옳
은 것은?

① ② ③ ④

> **해설**
>
> **방수압력의 측정** : 직사형 관창과 피토게이지
>
>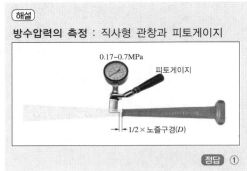
>
> 0.17~0.7MPa
> 피토게이지
> 1/2×노즐구경(D)
>
> 정답 ①

28

☑ 확인
Check!

○ □
△ □
✕ □

가스계 소화설비 중 소화약제 방출방식에 따른 분
류에 해당하지 않는 것은?

① 전역방출방식

② 부분방출방식

③ 국소방출방식

④ 호스릴방출방식

> **해설**
>
> **소화약제 방출방식에 따른 분류**
> - 전역방출방식 : 밀폐 방호구역 전체에 소화약제를
>   방출하는 방식
> - 국소방출방식 : 직접 화점에 소화약제를 방출하는
>   방식
> - 호스릴방출방식 : 사람이 직접 화점 소화수 또는
>   소화약제를 방출하는 방식
>
> 정답 ②

29

☑ 확인 Check!
○ □
△ □
✕ □

펌프 성능을 판단하는 체절운전에 대한 설명으로 옳지 않은 것은?

① 펌프 기동 시 토출량은 정격유량의 140% 미만이다.
② 순환배관에 설치된 릴리프밸브의 뚜껑을 열고 펌프를 기동한다.
③ 릴리프밸브의 나사를 반시계 방향으로 풀면 개방압력이 낮아진다.
④ 펌프 2차 측 개폐밸브와 유량조절밸브를 닫은 상태에서 펌프를 기동한다.

해설
체절운전의 순서
• 펌프 2차 측 개폐밸브와 유량조절밸브를 모두 닫는다(토출양 = 0).
• 순환배관에 설치된 릴리프밸브에 뚜껑을 열고 펌프를 기동한다.
• 릴리프밸브의 나사를 시계 방향으로 조이면 릴리프 개방압력이 올라간다.
• 릴리프밸브의 나사를 반시계 방향으로 풀면 개방압력이 낮아진다.
• 릴리프밸브를 조정하여 정격토출압력의 140% 미만에서 개방되도록 조정한다.
• 펌프를 정지한다.
• 펌프 2차 측 개폐밸브를 연다.

정답 ①

30

☑ 확인 Check!
○ □
△ □
✕ □

옥외소화전은 소방대상물의 각 부분으로부터 호스 접결구까지 수평거리가 몇 m 이하가 되도록 설치해야 하는가?

① 20m 이하
② 25m 이하
③ 40m 이하
④ 65m 이하

해설
옥외소화전의 설치기준
• 소방대상물 각 부분으로부터 호스 접결구까지의 수평거리가 40m 이하가 되도록 설치
• 호스의 구경 : 65mm
• 호스 접결구의 높이 : 지면으로부터 0.5m 이상 1m 이하에 설치

정답 ③

31

☑ 확인 Check!
○ □
△ □
✕ □

다음 [보기]를 참고하여 습식 스프링클러설비의 작동순서를 옳게 나열한 것은?

┌ 보기 ┐
㉠ 화재 발생
㉡ 폐쇄형 헤드 개방 및 방수
㉢ 2차 측 배관 압력저하
㉣ 1차 측 압력에 의해 습식 유수검지장치의 클래퍼 개방
㉤ 습식 유수검지장치의 압력스위치 작동 → 사이렌 경보, 감시제어반 화재표시등, 밸브개방표시등 점등
㉥ 배관 내 압력저하로 기동용 수압개폐장치의 압력스위치 작동 → 펌프 기동

① ㉠ → ㉡ → ㉢ → ㉣ → ㉤ → ㉥
② ㉠ → ㉢ → ㉡ → ㉣ → ㉤ → ㉥
③ ㉠ → ㉣ → ㉤ → ㉢ → ㉡ → ㉥
④ ㉠ → ㉤ → ㉡ → ㉢ → ㉣ → ㉥

해설
습식 작동순서 : 화재 발생 → 폐쇄형 헤드 개방 및 방수 → 2차 측 배관 압력저하→ 1차 측 압력에 의해 습식 유수검지장치의 클래퍼 개방 → 알람밸브의 압력스위치 작동 → 압력체임버의 압력스위치 작동으로 펌프 기동

정답 ①

32

☑ 확인 Check!
○ □
△ □
✕ □

스프링클러헤드의 구성요소가 아닌 것은?

① 감열체
② 프레임
③ 디플렉터
④ 가지배관

해설
스프링클러헤드의 구성요소

프레임
감열체
디플렉터

정답 ④

33

☑ 확인
Check!

○ □
△ □
✕ □

가스계 소화설비 점검 중 감시제어반의 모습이다. 이에 대한 설명으로 옳은 것은?(단, 점검 전 약제 방출 방지를 위한 안전조치를 완료한 상태이다)

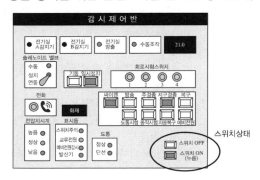

① 교차회로감지기(A 감지기 and B 감지기)는 기계실에 설치되어 있다.
② 전기실에서 소화약제가 방출되지 않았다.
③ 주경종, 지구경종, 사이렌, 비상방송은 정상적으로 작동되고 있다.
④ 전기실 출입문 위 약제 방출표시등은 점등되어 있을 것이다.

해설

가스계 소화설비의 감시제어반 점검
• 교차회로감지기는 방호구역(전기실)에 설치되어 있다.
• 수신반에 일시정지 버튼이 누름 상태이기 때문에 감지기가 동작되더라도 SOL밸브가 격발되지 않아, 소화약제는 방출되지 않는다.
• 사이렌과 지구경종스위치가 누름 상태이므로 작동하지 않게 되며, 방송과 주경종은 정상 상태(눌러져 있지 않은 상태)이므로 정상 작동한다.
• 수신반에 전기실 방출표시등이 소등되어 있으므로 약제 방출표시등은 점등되지 않은 상태이다.

정답 ②

34

☑ 확인
Check!

○ □
△ □
✕ □

다음 그림과 같이 가스계 소화설비 기동용기함의 압력스위치 작동 시험을 하였을 때 확인해야 할 사항으로 옳지 않은 것은?

① 제어반의 방출표시등 점등
② 솔레노이드밸브 작동(격발)
③ 출입문 상단에 설치된 방출표시등 점등
④ 수동조작함(수동기동장치)의 방출등 점등

해설

가스계 소화설비 기동용기함의 압력스위치 ON
• 방출표시등(출입문 상단) 점등
• 수동조작함의 방출등 점등
• 제어반의 방출표시등 점등
※ 사진의 버튼을 다시 눌러 복구한다.

정답 ②

35

☑ 확인
Check!

○ □
△ □
✕ □

다음 (   ) 안에 들어갈 내용으로 알맞은 것은?

자동화재탐지설비의 1회선(로)이 화재의 발생을 유효하고 효율적으로 감지할 수 있도록 적당한 범위를 정한 구역을 (   )이라 한다.

① 지정구역   ② 수신구역
③ 발신구역   ④ 경계구역

해설

경계구역 : 화재 신호에 대하여 유효하게 활동할 수 있는 범위 내를 말한다.
• 하나의 경계구역이 2 이상의 건축물에 미치지 않아야 한다.
• 하나의 경계구역이 2 이상의 층에 미치지 않아야 한다. 단, 2개 층의 면적이 500m² 이하인 경우는 하나의 경계구역으로 본다.
• 하나의 경계구역의 면적이 600m²(내부 전체가 보일 경우 1,000m²) 이하로 하고, 한 변의 길이는 50m 이하로 한다.

정답 ④

36

☑ 확인
Check!

○ □
△ □
✕ □

소방안전관리자로 근무하고 있는 소방고씨는 근무 중 수신기에서 아래와 같은 현상이 발생하여 4층에 올라가 점검하였고, 그 결과 학생들이 장난으로 발신기를 누른 것으로 확인되었다. 이에 따른 조치사항으로 적절한 것은? ✔신유형

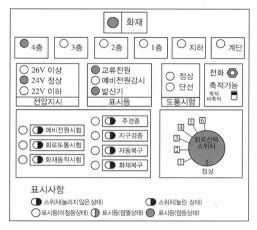

① 자동복구스위치를 누른다.
② 회선별로 회로도통시험을 하고 복구 버튼을 누른다.
③ 주경종과 지구경종의 소리를 끄고 복구 버튼을 누른다.
④ 4층에 눌린 발신기의 누름 버튼을 복구하고 수신반에서도 복구 버튼를 누른다.

정답 ④

37

☑ 확인
Check!

○ □
△ □
✕ □

다음 중 옥내소화전이 1층에 6개, 2층에 2개, 3층에 2개가 설치된 소방대상물의 최소 수원의 양은?(단, 건물은 34층이다)

① $12m^3$ ② $13m^3$
③ $16m^3$ ④ $26m^3$

해설

옥내소화전 수원의 양
$Q = 2.6 \times Nm^3$ 이상
$= (130L/min \times 방사시간 \times 10^{-3}) \times Nm^3$ 이상
• N : 가장 많은 층의 소화전 개수
  – 1~29층 : 한 층의 2개 이상은 2개
  – 30층 이상 : 5개 이상은 5개
• 방사시간 : 높이에 따라 초기 소화작업에 걸리는 시간이 다름
  – 1층~29층 : 20min
  – 30층~49층 : 40min
  – 50층 이상 : 60min
∴ $Q = 130L/min \times 40min \times 10^{-3} \times 5개 = 26m^3$

정답 ④

38

☑ 확인
Check!

○ □
△ □
✕ □

수신기의 스위치별 기능에 대한 설명으로 옳은 것은?

① 스위치주의표시등은 정상위치에 있지 않을 때 소등된다.
② 축적스위치의 LED 램프가 점등일 때 비축적이고, 소등일 때 축적 상태이다.
③ 주경종정지스위치는 지구경종의 명동을 정지할 때 사용하는 스위치다.
④ 지구표시등은 화재 신호가 발생한 각 경계구역을 나타내는 표시등이다.

해설

수신기의 스위치별 기능
• 스위치주의표시등 : 각 조작스위치가 정상위치에 있지 않을 때 점멸·점등을 반복
• 축적스위치 : LED 램프가 점등되었을 때는 축적이고, LED가 소등되었을 때는 비축적 상태
• 주경종정지스위치 : 수신기 옆 또는 내부에 있는 주경종을 정지할 때 사용(평상시 LED 램프가 소등 상태 유지)
• 지구표시등 : 화재 신호가 발생한 각 경계구역을 나타내는 표시등

정답 ④

39 ☑확인 Check!
○ □
△ □
✕ □

다음 그림은 차동식 스포트형 감지기의 구조로 일국소에서 열효과에 의해 작동한다. 구성요소 중 **리크구멍**의 역할로 옳은 것은?

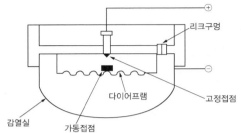

① 압력을 변위시킴
② 발신신호를 만듦
③ 감지기 오동작을 방지
④ 주위의 온도 변화에 따라 팽창

해설
차동식 스포트형 감지기의 각부 역할
• 다이어프램 : 압력을 변위시키는 역할
• 접점 : 고정접점과 가동접점으로 구성. 공기 팽창에 의해 접점이 붙고 발신신호를 만듦
• 리크구멍 : 공기실 내부압력과 외부압력에 대한 균형을 유지하기 위해 설치. 감지기 오동작을 방지
• 감열실 : 감열실 내의 공기가 감지기 주위의 온도 변화에 따라 팽창

정답 ③

40 ☑확인 Check!
○ □
△ □
✕ □

피난구 또는 피난경로로 사용되는 출입구를 표시하여 피난을 유도하는 유도등을 무엇이라고 하는가?

① 객석유도등
② 피난구유도등
③ 복도통로유도등
④ 거실통로유도등

해설
피난구유도등 : 출입구에 표시하여 피난을 유도하는 등

정답 ②

41 ☑확인 Check!
○ □
△ □
✕ □

유도등 설치 및 점검에 대한 설명으로 적절하지 않은 것은?

① 전기회로에 점멸기를 설치하지 않고 항상 점등 상태(2선식)를 유지한다.
② 특정소방대상물에 사람이 없는 경우 3선식으로 배선공사가 가능하다.
③ 2선식 유도등은 평상시에는 점등되지 않는다.
④ 통도유도등의 설치간격은 20m 이하이다.

해설
유도등 : 2선식 유도등은 항상 점등 상태를 유지한다.

정답 ③

42 ☑확인 Check!
○ □
△ □
✕ □

객석 통로의 직선부분 길이가 15m일 때, 객석유도등의 최소 설치개수는?

① 1개
② 2개
③ 3개
④ 6개

해설
객석유도등의 설치개수

$$설치개수 = \frac{객석\ 통로의\ 직선부분\ 길이(m)}{4} - 1$$

$$= (15/4) - 1 = 2.75 ≒ 3$$

(단, 소수점 이하의 수는 1로 본다)

정답 ③

43

노유자시설의 4층에 피난기구를 설치하고자 할 때 설치장소별 피난기구로 적응성이 없는 것은?

① 피난교

② 미끄럼대

③ 승강식 피난기

④ 다수인 피난장비

해설

설치장소별 피난기구의 적응성

구분	1층	2층	3층	4층 이상 10층 이하
노유자 시설	• 미끄럼대 • 구조대 • 피난교 • 다수인 피난장비 • 승강식 피난기	• 미끄럼대 • 구조대 • 피난교 • 다수인 피난장비 • 승강식 피난기	• 미끄럼대 • 구조대 • 피난교 • 다수인 피난장비 • 승강식 피난기	• 구조대 • 피난교 • 다수인 피난장비 • 승강식 피난기

정답 ②

44

소방계획의 수립 절차 4단계를 바르게 나열한 것은?

① 사전기획 → 위험환경 분석 → 설계 및 개발 → 시행 및 유지관리

② 사전기획 → 위험환경 분석 → 시행 및 유지관리 → 설계 및 개발

③ 사전기획 → 설계 및 개발 → 위험환경 분석 → 시행 및 유지관리

④ 사전기획 → 시행 및 유지관리 → 위험환경 분석 → 설계 및 개발

해설

소방계획의 수립 절차 : 1단계(사전기획) → 2단계(위험환경 분석) → 3단계(설계 및 개발) → 4단계(시행 및 유지관리)

정답 ①

45

다음 [보기]는 자위소방대의 조직 편성기준에 대한 설명이다. 기준에 적합한 자위소방대의 유형은?

✔신유형

┤보기├

가. 2급 소방안전관리대상물이다.

나. 자동화재탐지설비가 설치되어 있다.

다. 8명의 현장대응팀으로 구성되어 있다.

① Type Ⅰ

② Type Ⅱ

③ Type Ⅲ

④ Type Ⅳ

해설

• **자위소방대의 조직 편성기준**

구분	대상	조직	기준
Type Ⅲ	2·3급 *상시근무인원 50명 이상의 경우 Type Ⅱ 참고 및 적용	지휘	지휘통제팀
		현장 대응	(10인 미만) 현장 대응팀 - 개별 팀 구분 없음 (10인 이상) 비상 연락팀, 초기소화팀, 피난유도팀 *필요시 팀 가감 편성

• **특정소방대상물의 선임대상물**

구분	아파트	일반건축물
2급	스프링클러설비 설치대상물	
3급	자동화재탐지설비 설치대상물	

정답 ③

46

☑ 확인
Check!

○ □
△ □
✕ □

소방계획의 수립 절차는 1단계(사전기획), 2단계 (위험환경 분석), 3단계(설계 및 개발), 4단계(시행 및 유지관리)로 구성되어 있다. [보기]에서 2단계인 위험환경 분석에 대한 내용에 해당하는 것을 모두 고른 것은?

┌보기├─────────────
　㉠ 위험환경 식별
　㉡ 위험환경 분석/평가
　㉢ 위험경감대책 수립
　㉣ 위험환경 목표/전략 수립
└──────────────────

① ㉠, ㉡

② ㉠, ㉡, ㉢

③ ㉠, ㉡, ㉣

④ ㉠, ㉢, ㉣

해설

소방계획의 수립 절차

구분	절차
1단계	작성준비 ⇩ 요구사항 검토 ⇩ 작성계획 수립
2단계	위험환경 식별 ⇩ 위험환경 분석/평가 ⇩ 위험경감대책 수립
3단계	목표/전략수립 ⇩ 실행계획 설계 및 개발
4단계	수립/시행 ⇩ 운영/유지관리

정답 ②

47

☑ 확인
Check!

○ □
△ □
✕ □

응급처치의 요령에 대한 설명으로 틀린 것은?

① 눈에 보이는 이물질은 손을 넣어 제거한다.

② 환자가 기침할 수 없을 때 하임리히법을 실시한다.

③ 환자의 입 안에 이물질이 있는 경우 기침을 유도한다.

④ 이물질이 제거된 후 머리를 뒤로 젖히고, 턱을 위로 들어 올려 기도가 개방되도록 한다.

해설

응급처치

• 하임리히법은 음식이나 이물질로 기도가 폐쇄, 질식할 위험이 있을 때 흉부에 강한 압력을 주어 토해내게 하는 방법이다.

• 눈에 보이는 이물질이라 하여 함부로 제거하려 해서는 안 된다.

정답 ①

48

☑ 확인
Check!

○ □
△ □
✕ □

다음 중 출혈의 증상으로 볼 수 없는 것은?

① 반사작용이 둔해진다.

② 혈압이 저하되고, 피부가 창백해진다.

③ 체온이 떨어지고 호흡곤란도 나타난다.

④ 호흡과 맥박이 느리고 약하며 불규칙하다.

해설

출혈 시 호흡과 맥박이 빠르고 약하며 불규칙하다.

정답 ④

49

☑ 확인
Check!

○ □
△ □
✕ □

다음 중 인명구조기구의 종류에 해당하지 않는 것은?

① 방열복 ② 방화복
③ 구급차 ④ 공기호흡기

해설

인명구조기구의 종류

구분	예시
방열복	
인공소생기	
공기호흡기	
방화복	

정답 ③

50

☑ 확인
Check!

○ □
△ □
✕ □

소방교육 및 훈련의 실시원칙에 해당하지 않는 것은?

① 경험의 원칙
② 현실의 원칙
③ 관련성의 원칙
④ 교육자 중심의 원칙

해설

소방교육 및 훈련의 실시원칙 : 학습자 중심의 원칙, 동기부여의 원칙, 목적의 원칙, 현실의 원칙, 실습의 원칙, 경험의 원칙, 관련성의 원칙

정답 ④

01

☑ 확인
Check!

○ □
△ □
✕ □

다음 중 화재예방법상 가장 높은 벌금에 해당하는 위반 사항은?

① 소방안전관리자 자격증을 빌려주거나 알선한 자

② 화재예방조치에 따른 명령을 정당한 사유 없이 따르지 않거나 방해한 자

③ 소방안전관리자, 총괄소방안전관리자, 소방안 전관리보조자를 선임하지 않은 자

④ 정당한 사유 없이 소방용수시설 또는 비상소화 장치를 사용하거나 효용을 해치거나 사용을 방 해한 사람

해설

벌금
④ 5년 이하의 징역 또는 5천만원 이하의 벌금
① 1년 이하의 징역 또는 1천만원 이하의 벌금
②, ③ 300만원 이하의 벌금

정답 ④

02

☑ 확인
Check!

○ □
△ □
✕ □

소방기본법상 100만원 이하의 벌금에 해당하지 않는 것은?

① 정당한 사유 없이 피난명령을 위반한 자

② 정당한 사유 없이 소방대의 생활안전활동을 방 해한 자

③ 불이 번질 우려가 있는 소방대상물 및 토지의 강제처분을 방해한 자

④ 정당한 사유 없이 소방대가 현장에 도착할 때까 지 인명구출 및 화재진압 등 조치를 하지 않은 소방대상물 관계인

해설

3년 이하의 징역 또는 3천만원 이하의 벌금 : 불이 번질 우려가 있는 소방대상물 및 토지의 강제처분을 방해한 자

정답 ③

03

☑ 확인
Check!

○ □
△ □
✕ □

소방기본법의 소방대상물이 아닌 것은?

① 차량

② 산림

③ 건축물

④ 항해 중인 선박

해설

소방대상물 : 건축물, 차량, 선박(항구에 매어둔 선박 만 해당), 선박 건조 구조물, 산림, 그 밖의 인공 구조 물 또는 물건

정답 ④

04

☑ 확인
Check!

○ □
△ □
✕ □

다음 중 1급 소방안전관리대상물에 해당하지 않 는 것은?

① 층수가 15층인 업무시설

② 연면적 30,000m² 빌딩

③ 높이 130m 상가건물

④ 높이 110m, 층수가 30층인 아파트

해설

높이 120m 이상인 특정소방대상물은 특급 소방안전 관리대상물이다.
1급 소방안전관리대상물(특급 대상물 제외)
• 30층 이상(지하층 제외) 또는 지상 120m 이상인 아파트
• 지상층의 층수가 11층 이상인 특정소방대상물(아 파트 제외)
• 연면적 15,000m² 이상인 특정소방대상물(아파트 및 연립주택 제외)
• 가연성 가스를 1,000톤 이상 저장 · 취급하는 시설

정답 ③

05 ☑ 확인 Check! ○□ △□ ×□

2급 소방안전관리대상물의 소방안전관리자로 선임될 수 있는 자격기준으로 옳지 않은 것은?(단, 해당 소방안전관리자 자격증을 받은 경우에 해당한다)

① 위험물기능장 자격을 가진 사람
② 위험물산업기사 자격을 가진 사람
③ 소방공무원 1년의 근무경력이 있으며 2급 소방안전관리자 시험에 합격한 사람
④ 소방공무원 3년의 근무경력이 있으며 2급 소방안전관리자 시험에 합격한 사람

해설
특정소방대상물의 선임자격
• 2급 소방안전관리대상물
　– 위험물기능장, 위험물산업기사, 위험물기능사
　– 소방공무원 3년 이상 근무경력
　– 2급 소방안전관리자 시험 합격자
• 3급 소방안전관리대상물
　– 소방공무원 1년 이상 근무경력
　– 3급 소방안전관리자 시험 합격자

정답 ③

---

06 ☑ 확인 Check! ○□ △□ ×□

다음 특정소방대상물 중 소방안전관리보조자를 선임하지 않아도 되는 경우는?

① 300세대 이상인 아파트
② 연면적 15,000m² 이상인 공동주택
③ 바닥면적의 합계가 15,000m²인 의료시설
④ 바닥면적이 10,000m²이고 관계인이 24시간 상시 근무하고 있는 숙박시설

해설
소방안전관리보조자가 필요한 특정소방대상물
• 300세대 이상인 아파트(단, 300세대 초과마다 1명 추가)
• 아파트 및 연립주택을 제외한 연면적 15,000m² 이상인 특정소방대상물(단, 15,000m² 초과마다 1명 추가)
• 공동주택(기숙사), 의료시설, 노유자시설, 수련시설, 숙박시설(바닥면적이 15,000m² 미만이고 관계인이 24시간 상시 근무하고 있는 숙박시설은 제외)

정답 ④

---

07 ☑ 확인 Check! ○□ △□ ×□

무창층에 대한 설명으로 옳은 것은?

① 바닥면으로부터 개구부 밑부분까지의 높이가 1.5m 이상일 것
② 도로 또는 차량이 진입할 수 없도록 막혀 있을 것
③ 크기는 지름 50cm 미만의 원이 통과할 수 있는 크기일 것
④ 화재 시 건축물로부터 쉽게 피난할 수 있도록 창살이나 그 밖의 장애물이 설치되지 않을 것

해설
무창층
• 크기는 지름 50cm 이상일 것
• 높이가 1.2m 이내일 것
• 도로 또는 차량이 진입할 수 있는 빈터를 향할 것

정답 ④

---

08 ☑ 확인 Check! ○□ △□ ×□

제조 또는 가공공정에서 방염처리를 한 물품으로 적절하지 않은 것은?

① 두께가 2mm 미만인 종이벽지류
② 창문에 설치하는 커튼류(블라인드 포함)
③ 암막, 무대막(영화상영관, 골프연습장의 스크린 포함)
④ 섬유류 또는 합성수지류 등이 원료인 소파, 의자(단란주점영업, 유흥주점영업, 노래연습장업만 해당)

해설
제조 또는 가공공정에서 방염처리를 한 물품
• 창문에 설치하는 커튼류(블라인드 포함)
• 카펫/두께가 2mm 미만인 벽지류(종이벽지 제외)
• 전시용 합판·목재 또는 섬유판
• 무대용 합판·목재 또는 섬유판
• 암막, 무대막(영화상영관, 골프연습장의 스크린 포함)
• 섬유류 또는 합성수지류 등이 원료인 소파, 의자(단란주점영업, 유흥주점영업, 노래연습장업만 해당)

정답 ①

09 ☑ 확인 Check!

건축물 사용승인일이 2023년 5월 1일이라면 종합점검 시기와 작동점검 시기는?

① 종합점검 시기 : 5월 15일, 작동점검 시기 : 11월 1일

② 종합점검 시기 : 5월 15일, 작동점검 시기 : 12월 1일

③ 종합점검 시기 : 6월 30일, 작동점검 시기 : 11월 1일

④ 종합점검 시기 : 6월 30일, 작동점검 시기 : 12월 1일

해설

소방시설 등의 자체점검
• 종합점검 시기는 건축물의 사용승인일이 속하는 달까지 실시해야 하므로 5월이다.
• 작동점검 시기는 종합점검일로부터 6개월 이내이다.

정답 ①

10 ☑ 확인 Check!

다음 중 소방기본법상 100만원 이하의 벌금에 해당하는 것은?

① 정당한 사유 없이 소방용수시설을 사용한 사람

② 화재 또는 구조·구급에 필요한 상황을 거짓으로 알린 사람

③ 소방용수시설, 소화기구 및 설비 등의 설치명령을 위반한 사람

④ 정당한 사유 없이 소방대가 현장에 도착할 때까지 사람을 구출하는 조치를 하지 않은 사람

해설

100만원 이하의 벌금(소방기본법) : 정당한 사유 없이
• 소방대의 생활안전활동을 방해
• 소방대가 현장에 도착 전까지 인명구출 및 화재진압 등 조치를 하지 않은 사람
• 피난명령을 위반한 사람
• 긴급조치를 방해한 사람
• 물의 사용이나 수도의 개폐장치를 사용 또는 조작하는 것을 방해한 사람

정답 ④

11 ☑ 확인 Check!

다음 중 건축법상 주요구조부에 해당되지 않는 것은?

① 보   ② 바닥

③ 기둥   ④ 옥외계단

해설

사이 기둥, 최하층 바닥, 작은 보, 차양, 옥외계단 등은 주요구조부가 아니다.
주요구조부 : 내력벽, 기둥, 지붕틀, 바닥, 보, 주계단

정답 ④

12 ☑ 확인 Check!

가연물이 산소공급원과 만나 빛과 열을 내는 산화반응을 무엇이라 하는가?

① 연소   ② 착화

③ 인화   ④ 연쇄반응

해설

• 연소 : 가연물이 산소공급원과 만나 빛과 열을 내는 산화반응
• 연쇄반응 : 활성화에너지가 낮아지고 연소반응이 가속되는 현상

정답 ①

13 ☑ 확인 Check!

액체 가연물질의 인화점이 낮은 것부터 높은 순서로 옳게 나열한 것은?

① 휘발유 < 등유 < 벤젠

② 아세톤 < 중유 < 벤젠

③ 중유 < 아세톤 < 에틸알코올

④ 휘발유 < 아세톤 < 에틸알코올

해설

액체 가연물질의 인화점
• 가솔린(휘발유) : −43℃
• 아세톤 : −18.5℃
• 벤젠 : −11℃
• 메틸알코올 : 11℃
• 에틸알코올 : 13℃
• 등유 : 39℃ 이상
• 중유 : 70℃ 이상

정답 ④

14 다음 중 수소의 연소범위로 알맞은 것은?

☑ 확인
Check!

○ □
△ □
✕ □

① 6~36%

② 2.5~81%

③ 4.1~75%

④ 1.2~7.6%

해설
물질별 연소범위
• 휘발유 : 1.2~7.6%
• 아세틸렌 : 2.5~81%
• 수소 : 4.1~75%
• 중유 : 1~5%
• 메틸알코올 : 6~36%
• 아세톤 : 2.5~12.8%
• 암모니아 : 15~28%
• 등유 : 0.7~5%

정답 ③

---

15 화재의 분류에 대한 설명으로 옳지 않은 것은?

☑ 확인
Check!

○ □
△ □
✕ □

① B급화재는 석유류 화재를 말한다.

② C급화재는 전기기구에서 발생하는 화재로 질식소화가 효과적이다.

③ K급화재는 주방에서 발생하는 식용류 화재로 비누화작용과 냉각작용으로 소화한다.

④ A급화재는 목재, 섬유와 같은 가연물에 발생하는 화재로 연소 후 재가 남지 않는다.

해설
A급화재는 연소 후 재가 남는다.

정답 ④

---

16 실내 온도가 급격히 상승하고 천장 부근에 축적된 가연성 가스가 착화되어 실내 전체가 화염에 휩싸이는 플래시오버 현상이 발생하는 화재의 성상단계는?

☑ 확인
Check!

○ □
△ □
✕ □

① 초기

② 성장기

③ 최성기

④ 감쇠기

해설
화재의 성상단계 : 초기 → 성장기(실내 전체가 화염으로 휩싸이는 플래시오버↑) → 최성기 → 감쇠기

정답 ②

---

17 다음 중 수계 소화약제의 종류로 옳지 않은 것은?

☑ 확인
Check!

○ □
△ □
✕ □

① 물

② 포말

③ 강화액

④ 이산화탄소

해설
소화약제의 종류
• 수계 소화약제 : 물, 산알칼리, 강화액, 포말
• 가스계 소화약제 : 이산화탄소, 할로겐화합물
• 분말 소화약제 : ABC분말, BC분말

정답 ④

---

18 다음 중 각 위험물의 유별 특성으로 옳지 않은 것은?

☑ 확인
Check!

○ □
△ □
✕ □

① 제1류 위험물 - 산화성 고체

② 제2류 위험물 - 가연성 고체

③ 제4류 위험물 - 산화성 액체

④ 제3류 위험물 - 자연발화성 물질

해설
• 제3류 위험물 : 자연발화성 물질 및 금수성 물질
• 제4류 위험물 : 인화성 액체
• 제6류 위험물 : 산화성 액체

정답 ③

19 ☑ 확인 Check!
○ □
△ □
✕ □

다음 중 제4류 위험물인 유류의 공통적인 성질이 아닌 것은?

① 인화하기 쉽다.
② 유증기는 대부분 공기보다 무겁다.
③ 유증기는 공기와 혼합되어 연소・폭발한다.
④ 대부분 물보다 무겁고 물에 녹지 않는다.

해설
유류의 성질 : 유류는 대부분 물보다 가볍다.

정답 ④

20 ☑ 확인 Check!
○ □
△ □
✕ □

액화석유가스(LPG)에 대한 설명으로 적절하지 않은 것은?

① 주성분은 프로페인, 뷰테인이다.
② 누출 시 천장 쪽에 체류한다.
③ 증기비중은 1.5~2로 공기보다 무겁다.
④ 용도는 가정용, 공업용, 자동차 연료용이다.

해설
LPG는 공기보다 무거워 누출 시 낮은 곳에 체류한다.

연료가스의 종류와 특징

구분	액화천연가스(LNG)	액화석유가스(LPG)
구성 성분	메테인(CH_4)	프로페인(C_3H_8), 뷰테인(C_4H_{10})
생성 과정	천연가스의 주성분인 메테인을 액화시킨 것	원유 정제과정에서 생성되는 탄화수소에 압력을 가해 냉각 액화시킨 것
증기 비중	0.6 (공기보다 가벼움)	1.5~2 (공기보다 무거움)
연소 범위	5~15%	2.1~9.5%
용도	도시가스	가정용, 공업용, 자동차 연료용

정답 ②

21 ☑ 확인 Check!
○ □
△ □
✕ □

방화구획 단위는 11층 이상인 경우 바닥면적 몇 m^2 이내마다 구획해야 하는가?(단, 벽 및 반자의 실내 마감재를 불연재료로 한다)

① 200m^2 이내
② 400m^2 이내
③ 500m^2 이내
④ 1,000m^2 이내

해설
방화구획의 설치기준

구획의 종류	구획의 기준
면적별 구획	• 10층 이하의 층은 바닥면적 1,000m^2 이내마다 구획 • 11층 이상의 층은 바닥면적 200m^2 이내마다 구획(단, 벽 및 반자의 실내 마감재를 불연재료로 한 경우 500m^2 이내마다 구획) ※ 스프링클러와 같은 자동식 소화설비를 설치한 경우 상기 면적의 3배 이내마다 구획

정답 ③

22 ☑ 확인 Check!
○ □
△ □
✕ □

소화기구의 설치기준으로 적절하지 않은 것은?

① 바닥면적 33m^2마다 소화기를 설치한다.
② 소형소화기의 보행거리는 20m 이내이다.
③ 대형소화기의 보행거리는 50m 이내이다.
④ 소화기구는 바닥으로부터 높이 1.5m 이하의 곳에 설치한다.

해설
대형소화기의 배치거리는 30m 이내이다.
소화기구의 설치기준

종류		능력단위 기준	보행거리
소형소화기		1단위 이상	20m 이내
대형 소화기	A급	10단위 이상	30m 이내
	B급	20단위 이상	

• 구획된 거실(바닥면적 33m^2 이상)마다 소화기를 설치
• 소화기구(자동확산소화기 제외)는 바닥으로부터 높이 1.5m 이하의 곳에 비치

정답 ③

23

☑ 확인
Check!

○ □
△ □
× □

다음 [보기]는 전압계가 설치된 수신기의 도통시험 결과와 각 층의 동작시험에 따른 음향장치의 크기를 측정한 결과이다. 점검 결과에 대한 설명으로 옳지 않은 것은? ✔신유형

┌ 보기 ┐

경계구역	도통시험	지구경종 음향 크기
지하 1층	0V	90dB
1층	6V	100dB
2층	8V	80dB

① 1층의 도통시험 결과는 정상이다.

② 1층 음향의 크기는 정상이다.

③ 2층 음향의 크기는 정상이다.

④ 지하 1층의 도통시험 결과는 불량이다.

해설

2층 음향의 크기가 80dB이므로 불량이다.

음향장치의 설치기준
• 층마다 설치하되, 수평거리 25m 이하가 되도록 설치한다.
• 음향의 크기는 1m 떨어진 곳에서 90dB 이상일 것

회로도통시험 순서 및 적부 판정
• 도통시험스위치를 누른 후 회로시험스위치를 각 경계 구역별로 차례로 회전
• 전압계가 있는 경우 4~8V가 정상, 0V는 단선
• 확인등이 있는 경우 녹색이 점등된 경우 정상, 적색이 점등된 경우 단선

정답 ③

24

☑ 확인
Check!

○ □
△ □
× □

분말소화기의 내용연수로 옳은 것은?

① 3년
② 5년
③ 7년
④ 10년

해설

• 내용연수 : 10년
• 내용연수가 지난 제품의 경우 교체 또는 성능검사에 합격한 소화기는 내용연수 등이 경과한 날의 다음 달부터 다음의 기간 동안 사용할 수 있다.
 – 내용연수 경과 후 10년 미만 : 3년
 – 내용연수 경과 후 10년 이상 : 1년

정답 ④

25

☑ 확인
Check!

○ □
△ □
× □

옥내소화전설비의 방수량은 얼마 이상인가?

① 80L/min 이상

② 130L/min 이상

③ 350L/min 이상

④ 500L/min 이상

해설

소화전설비의 방수량
• 옥내소화전설비 : 130L/min
• 옥외소화전설비 : 350L/min
• 스프링클러설비 : 80L/min · 개

정답 ②

26

☑ 확인
Check!

○ □
△ □
× □

옥내소화전설비 중 펌프의 성능을 시험하기 위하여 설치하는 배관으로 개폐밸브, 유량계, 유량조절밸브로 이루어진 것은?

① 가지배관
② 교차배관
③ 순환배관
④ 성능시험배관

해설

성능시험배관

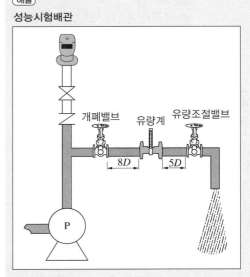

정답 ④

27 ☑ 확인 Check!

다음 [보기]는 옥외소화전의 설치기준 내용이다. ( ) 안에 알맞은 내용으로 옳은 것은?

┌ 보기 ┐
소방대상물의 각 부분으로부터 호스 접결구까지의 수평거리가 (㉠) 이하가 되도록 설치해야 하며, 호스는 구경 (㉡)의 것으로 해야 한다.

① ㉠ 25m, ㉡ 40mm
② ㉠ 40m, ㉡ 40mm
③ ㉠ 25m, ㉡ 65mm
④ ㉠ 40m, ㉡ 65mm

해설
옥외소화전설비
• 소방대상물의 각 부분으로부터 호스 접결구까지의 수평거리 : 40m 이하가 되도록 설치
• 호스의 구경 : 65mm
• 호스 접결구의 높이 : 지면으로부터 0.5m 이상 1m 이하에 설치

정답 ④

---

28 ☑ 확인 Check!

옥외소화전 호스의 구경은 몇 mm 이상으로 해야 하는가?

① 40mm 이상
② 65mm 이상
③ 80mm 이상
④ 100mm 이상

해설
옥외소화전 호스의 구경 : 65mm(＝65A) 이상

정답 ②

---

29 ☑ 확인 Check!

스프링클러설비의 규정 방수량과 방수압력은?

① 80L/min·개, 0.1~0.7MPa
② 80L/min·개, 0.1~1.2MPa
③ 130L/min·개, 0.17~0.7MPa
④ 350L/min·개, 0.25~0.7MPa

해설
스프링클러설비
• 방수량 : 80L/min·개 이상
• 방수압력 : 0.1MPa 이상 1.2MPa 이하

정답 ②

---

30 ☑ 확인 Check!

1차 측은 가압수, 2차 측 배관은 대기압 상태로 감지기 작동 시 담당구역의 모든 헤드에서 살수되는 스프링클러설비는?

① 습식 스프링클러설비
② 건식 스프링클러설비
③ 준비작동식 스프링클러설비
④ 일제살수식 스프링클러설비

해설
일제살수식의 동작순서는 준비작동식과 같고 차이점은 개방형 헤드라는 점이다. 특정 구역만 소화하는 폐쇄형 헤드와 비교하여 개방형 헤드는 방호구역 전체에 물이 쏟아지므로 무대부 등 층고가 높은 장소 등을 신속하게 화재진압을 할 수 있다.

스프링클러설비의 4가지 종류

종류	헤드	감지기 유무	밸브	배관	특징
습식	폐쇄형	×	알람 밸브	•1차 측 : 가압수 •2차 측 : 가압수	구조 간단, 시공비 저렴
건식		×	건식 밸브	•1차 측 : 가압수 •2차 측 : 압축공기 또는 질소	동결 우려 장소 및 옥외 사용 가능
준비 작동식		○	준비 작동 밸브 (프리 액션 밸브)	•1차 측 : 가압수 •2차 측 : 대기압	동결 우려 장소 가능, 시공비 고가
일제 살수식	개방형	○	일제 개방 밸브	•1차 측 : 가압수 •2차 측 : 대기압	초기 화재 시 신속한 대처 가능, 화재감지 장치 별도 필요

정답 ④

31

☑ 확인
Check!

○ □
△ □
✕ □

준비작동식 유수검지장치를 작동시키는 방법으로 적절하지 않은 것은?

① 해당 방호구역의 감지기 1개 회로를 작동
② 수동조작함(SVP)의 수동조작스위치 작동
③ SOL밸브 자체에 부착된 수동기동밸브 개방
④ 수신기의 준비작동식 유수검지장치 수동기동스위치 작동

해설
준비작동식 유수검지장치 작동방법
• 해당 방호구역의 감지기 2개 회로 작동
• 수동조작함(SVP)의 수동조작스위치 작동
• 밸브 자체에 부착된 수동기동밸브 개방
• 감시제어반(수신기) 측의 준비작동식 유수검지장치 수동기동스위치 작동
• 감시제어반(수신기)에서 동작시험스위치 및 회로선택스위치로 작동(2회로 작동)

정답 ①

32

☑ 확인
Check!

○ □
△ □
✕ □

가스계 소화설비의 기동용기 솔레노이드밸브 점검 전 상태를 참고하여 안전조치의 순서로 옳은 것은?

〈Sol밸브
점검 전〉

㉠

㉡

㉢

① ㉡ → ㉢ → ㉠
② ㉢ → ㉡ → ㉠
③ ㉢ → ㉠ → ㉡
④ ㉡ → ㉠ → ㉢

해설
기동용 가스용기에 부착된 솔레노이드밸브의 분리순서
㉢ 기동용 가스용기에서 솔레노이드밸브 분리 중에 격발을 방지하기 위하여 솔레노이드밸브에 안전핀 체결
㉡ 기동용 가스용기에서 솔레노이드밸브 분리
㉠ 솔레노이드밸브에서 안전핀 제거 후 격발시험 준비

정답 ②

33

☑ 확인
Check!

○ □
△ □
✕ □

가스계 소화설비 점검 중 수동조작함이 수동조작으로 동작된 경우, 감시제어반에서 점등되는 표시등과 관련 없는 것은? ✔신유형

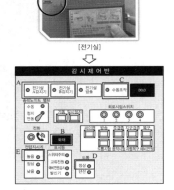

[전기실]
⬇

감시제어반

① A, B, D
② B, D, E
③ B, C, D
④ A, D, E

해설

가스계 소화설비 : 수동조작함의 수동조작버튼을 누른 경우 30초(피난시간 부여) 후에 전기실의 솔레노이드밸브가 격발되며, 감시제어반의 화재등(B)과 수동조작등(C)이 점등된다. 하지만, 전기실의 교차회로감지기 작동(A), 도통시험 정상확인등(D), 전압지시계 높음표시등(E)은 관련이 없다.

정답 ④

34

☑ 확인
Check!

○ □
△ □
✕ □

다음 (   ) 안에 들어갈 내용으로 적절한 것은?

(   )는 화재 초기에 발생되는 열, 연기 또는 불꽃 등을 감지기에 의해 감지하여 경보를 발함으로써 화재를 조기에 발견하여 조기통보, 초기소화, 조기피난을 가능하게 하기 위한 설비이다.

① 수신기
② 중계기
③ 발신기
④ 자동화재탐지설비

해설

• 수신기 : 감지기나 발신기에서 발하는 화재 신호를 수신하여 화재의 발생을 표시 및 경보하여 주는 장치
• 중계기 : 감지기, 발신기 또는 전기적인 접점 등의 작동에 따른 신호를 받아 이를 수신기에 전송하는 장치
• 발신기 : 수동 누름버튼 등의 작동으로 화재 신호를 수신기에 발신하는 장치

정답 ④

35

☑ 확인
Check!

○ □
△ □
✕ □

지하 3층, 지상 15층인 특정소방대상물에 자동화재탐지설비를 설치하였다. 지하 1층에서 화재가 발생한 경우 우선적으로 경보를 해야 하는 층은?

① 모든 지하층
② 지상 1, 2, 3, 4층
③ 전층 일제경보
④ 지상 1층 및 모든 지하층

해설

11층 이상, 지하층 발화인 경우 발화층, 직상층, 기타의 지하층을 경보한다.
일제경보방식과 우선경보방식

발화층	경보층	
	11층(공동주택 16층) 미만	11층(공동주택 16층) 이상
2층 이상 발화	전층 일제경보	• 발화층 • 직상 4개 층
1층 발화		• 발화층 • 직상 4개 층 • 지하층
지하층 발화		• 발화층 • 직상층 • 기타의 지하층

정답 ④

36

☑ 확인
Check!

○ □
△ □
✕ □

화재 발생 시 안전하고 원활한 피난활동을 할 수 있도록 설치하는 비상조명등의 조도는 바닥에서 몇 lx 이상이어야 하는가?

① 1lx 이상
② 3lx 이상
③ 5lx 이상
④ 10lx 이상

해설

각 부분의 바닥에서 1lx 이상이며, 거실로부터 지상에 이른 복도, 계단 및 그 밖에 통로에 설치한다.

정답 ①

37 ☑ 확인 Check! ○ △ X

비화재보의 원인에 따른 대책으로 적절하지 않은 것은? ✔신유형

① 주방에 비적응성 감지기가 설치된 경우 – 적응성 감지기로 교체
② 담배연기로 인한 연기감지기 오동작 – 흡연구역의 감지기 제거
③ 천장형 온풍기에 밀접하게 설치된 경우 – 기류흐름 방향 외 이격 설치
④ 장마철 공기 중 습도 증가에 의한 감지기 오동작 – 복구스위치 누름 혹은 동작된 감지기 복구

해설
비화재보(화재가 아닌 경우의 경보) : 담배연기로 인해 연기감지기가 작동된 경우 흡연구역에 환풍기를 설치하여 비화재보를 예방한다.

정답 ②

38 ☑ 확인 Check! ○ △ X

피난구유도등은 피난구 바닥으로부터 몇 m 이상 출입구에 인접하도록 설치해야 하는가?

① 1.0m 이상
② 1.2m 이상
③ 1.5m 이상
④ 2.0m 이상

해설
피난구유도등 : 출입구를 표시하여 피난을 유도하는 피난구유도등은 바닥으로부터 1.5m 이상 출입구에 인접하여 설치한다.

정답 ③

39 ☑ 확인 Check! ○ △ X

의료시설의 3층에 피난기구를 설치하고자 할 때 적응성이 없는 것은?

① 구조대
② 피난교
③ 피난용 트랩
④ 간이완강기

해설
설치장소별 피난기구의 적응성

구분	1층	2층	3층	4층 이상 10층 이하
의료시설·근린생활시설 중 입원실이 있는 의원·접골원·조산원			• 미끄럼대 • 구조대 • 피난교 • 피난용 트랩 • 다수인 피난장비 • 승강식 피난기	• 구조대 • 피난교 • 피난용 트랩 • 다수인 피난장비 • 승강식 피난기

정답 ④

40 ☑ 확인 Check! ○ △ X

유도등의 3선식 배선 시 자동으로 점등되는 경우가 아닌 것은?

① 비상전원이 방전되는 때
② 자동소화설비가 작동되는 때
③ 비상경보설비의 발신기가 작동되는 때
④ 자동화재탐지설비의 감지기 또는 발신기가 작동되는 때

해설
유도등의 3선식 배선이 자동으로 점등되는 경우
• 자동화재탐지설비의 감지기 또는 발신기가 작동되는 때
• 비상경보설비의 발신기가 작동되는 때
• 상용전원이 정전되거나 전원선이 단선되는 때
• 방재업무를 통제하는 곳 또는 전기실의 배전반에서 수동으로 점등하는 때
• 자동소화설비가 작동되는 때

정답 ①

41 비상콘센트설비에 대한 설명으로 옳은 것은?

☑ 확인
Check!

○ □
△ □
✕ □

① 전압은 220V 3상 직류이다.
② 공급용량은 1.5kVA 이상이다.
③ 설치위치는 1.0m 이상 1.8m 이하이다.
④ 바닥면적 1,000㎡ 이상의 경우 계단 출입구로부터 3m 이내에 설치한다.

해설

비상콘센트설비
• 바닥으로부터 0.8m 이상 1.5m 이하의 위치에 설치
• 바닥면적이 1,000㎡ 미만의 층 : 계단 출입구로부터 5m 이내에 설치
• 바닥면적이 1,000㎡ 이상의 층 : 각 계단의 출입구 또는 계단부속실의 출입구로부터 5m 이내에 설치
• 비상콘센트설비의 규격 기준

구분	전압	용량	극수
단상교류	220V	1.5kVA 이상	2극

정답 ②

---

42 소방안전관리대상물에 대한 소방계획의 주요 내용으로 틀린 것은?

☑ 확인
Check!

○ □
△ □
✕ □

① 소방훈련·교육에 관한 계획
② 소화에 관한 사항과 연소 방지에 관한 사항
③ 소방안전관리를 위하여 관계인이 요청하는 사항
④ 소방시설·피난시설 및 방화시설의 점검·정비 계획

해설

소방계획의 주요 내용
• 소방훈련·교육에 관한 계획
• 화재 예방을 위한 자체점검계획 및 대응대책
• 소화에 관한 사항과 연소 방지에 관한 사항
• 소방시설·피난시설 및 방화시설의 점검·정비계획
• 화기 취급 작업에 대한 사전안전조치 및 감독 등 공사 중 소방안전관리에 관한 사항
• 그 밖에 소방본부장 또는 소방서장이 소방안전관리대상물의 위치·구조·설비 또는 관리 상황 등을 고려하여 소방안전관리에 필요하여 요청하는 사항

정답 ③

---

43 화재 등 재난 발생 시 비상연락, 초기소화, 피난유도 및 인명·재산피해의 최소화를 위해 편성된 자율안전관리조직을 무엇이라고 하는가?

☑ 확인
Check!

○ □
△ □
✕ □

① 소방공무원
② 자위소방대
③ 의무소방원
④ 의용소방대원

해설

자위소방대에 대한 설명이다.
소방대(消防隊) : 화재를 진압하고 화재, 재난·재해, 그 밖의 위급한 상황에서 구조·구급활동 등을 위해 구성된 조직체
• 소방공무원
• 의무소방원
• 의용소방대원

정답 ②

---

44 다음 중 자위소방활동과 업무특성에 대해 잘못 짝지은 것은?

☑ 확인
Check!

○ □
△ □
✕ □

① 초기소화 : 화재확산방지, 위험물 시설에 대한 제어 및 비상반출
② 방호안전 : 화재확산방지, 위험물 시설에 대한 제어 및 비상반출
③ 응급구조 : 응급상황 발생 시 응급처치 및 응급의료소 설치·지원
④ 피난유도 : 재실자, 방문자의 피난유도 및 피난약자에 대한 피난보조활동

해설

자위소방활동과 업무특성
• 비상연락 : 화재 시 상황 전파, 화재신고(119) 및 통보연락 업무
• 초기소화 : 초기소화설비를 이용한 초기 화재진압
• 응급구조 : 응급상황 발생 시 응급처치 및 응급의료소 설치·지원
• 방호안전 : 화재확산방지, 위험물 시설에 대한 제어 및 비상반출
• 피난유도 : 재실자, 방문자의 피난유도 및 피난약자에 대한 피난보조활동

정답 ①

---

45 응급처치의 일반원칙에 대한 설명으로 틀린 것은?

☑ 확인
Check!

○ □
△ □
✕ □

① 긴박한 상황에서 구조자는 환자의 안전을 최우선으로 한다.
② 환자 상태를 관찰하고 모든 손상을 발견하여 처치하되 불확실한 처치는 하지 않는다.
③ 119 구급차 이용 시 전국 어느 곳에서나 이송거리나 환자 수 등과 관계 없이 무료이다.
④ 응급처치 시 사전에 보호자 또는 당사자의 이해와 동의를 얻어 실시하는 것을 원칙으로 한다.

해설
응급처치의 일반원칙 : 긴박한 상황에서도 구조자는 자신의 안전을 최우선으로 한다.

정답 ①

---

46 출혈 시 응급처치 중 지혈대 사용법에 대한 설명으로 틀린 것은?

☑ 확인
Check!

○ □
△ □
✕ □

① 지혈대 착용시간을 기록한다.
② 지혈대가 풀리지 않도록 정리한다.
③ 출혈 부위에서 5~7cm 하단 부위를 묶는다.
④ 출혈이 멈추는 지점에서 조임을 멈춘다.

해설
지혈대 사용법 : 출혈 부위에서 5~7cm 상단 부위를 묶는다.

정답 ③

---

47 다음 중 지혈대 사용법으로 옳은 것은?

☑ 확인
Check!

○ □
△ □
✕ □

① 5cm 이상의 띠를 사용한다.
② 출혈 부위를 심장보다 높인다.
③ 출혈 상처 부위를 직접 압박하는 방법이다.
④ 소독거즈로 출혈 부위를 덮은 후 4~6in 압박붕대로 출혈 부위를 압박하여 감는다.

해설
출혈 시 응급처치
• 직접 압박법
 – 출혈 상처 부위를 직접 압박하는 방법
 – 소독거즈로 출혈 부위를 덮은 후 4~6in 압박붕대로 출혈 부위를 압박하여 감음
 – 출혈 부위를 심장보다 높임
• 지혈대 사용법
 – 절단과 같은 심한 출혈이 있을 때 최후의 수단으로 사용
 – 5cm 이상의 띠 사용

정답 ①

---

48 화상환자의 이동 전 조치사항으로 옳은 것은?

☑ 확인
Check!

○ □
△ □
✕ □

① 3도 화상은 화상 부위를 흐르는 물로 식혀준다.
② 부분층 화상으로 수포가 생길 경우 터트리지 말아야 한다.
③ 환자의 옷가지가 피부 조직에 붙어 있을 때에는 옷을 잘라낸다.
④ 1, 2도 화상은 물에 적신 천을 대어 열기가 심부로 전달되는 것을 막는다.

해설
화상환자의 응급처치
• 1, 2도 화상은 화상 부위를 흐르는 물에 식혀주고, 3도 화상은 물에 적신 천을 대어 열기가 심부로 전달되는 것을 막는다.
• 화상환자가 부분층 화상일 경우 수포(물집) 상태의 감염 우려가 있으므로 터트리지 말아야 한다.
• 화상환자의 옷가지가 피부 조직에 붙어 있을 때에는 옷을 잘라내지 말고 수건 등으로 닦거나 접촉되는 일이 없도록 한다.

정답 ②

49 ☑ 확인 Check!
○ □
△ □
✕ □

다음 중 학습자 중심의 원칙에 해당하지 않는 것은?

① 학습에 대한 보상을 제공한다.
② 학습자에게 감동이 있는 교육이 되어야 한다.
③ 한 번에 한 가지씩 습득 가능한 분량을 교육 및 훈련시킨다.
④ 쉬운 것에서 어려운 것으로 교육을 실시하되 기능적 이해에 비중을 둔다.

해설
학습에 대한 보상을 제공하는 것은 동기부여의 원칙이다.
학습자 중심의 원칙
• 한 번에 한 가지씩 습득 가능한 분량을 교육 및 훈련시킨다.
• 쉬운 것에서 어려운 것으로 교육을 실시하되 기능적 이해에 비중을 둔다.
• 학습자에게 감동이 있는 교육이 되어야 한다.

정답 ①

50 ☑ 확인 Check!
○ □
△ □
✕ □

자위소방대 초기대응체계의 인원편성에 대한 설명으로 적절하지 않은 것은? ✓신유형

① 초기대응체계 편성 시 2명 이상은 수신반 또는 종합방재실에 근무해야 한다.
② 소방안전관리보조자, 경비 또는 관리인 등 상시 근무자를 중심으로 구성한다.
③ 소방안전관리대상물의 근무자의 근무위치, 근무인원 등을 고려하여 편성한다.
④ 휴일에 무인경비시스템을 통해 감시하는 경우에는 무인경비회사와 비상연락체계를 구축할 수 있다.

해설
자위소방대 초기대응체계의 인원편성
• 소방안전관리보조자, 경비 또는 관리인 등 상시 근무자를 중심으로 구성한다.
• 소방안전관리대상물의 근무자의 근무위치, 근무인원 등을 고려하여 편성한다.
• 초기대응체계 편성 시 1명 이상은 수신반 또는 종합방재실에 근무해야 하며 화재상황에 대한 모니터링 또는 지휘통제가 가능해야 한다.
• 휴일 또는 야간에 무인경비시스템을 통해 감시하는 경우에는 무인경비회사와 비상연락체계를 구축할 수 있다.

정답 ①

01
☑확인
Check!

○ □
△ □
✕ □

소방활동구역을 출입할 수 있는 사람이 아닌 것은?

① 관계인
② 변호사
③ 보도업무 종사자
④ 구조·구급업무 종사자

〔해설〕
소방활동구역을 출입할 수 있는 사람(소방기본법 영 제8조)
• 소방활동구역 안에 있는 소방대상물의 관계인(소유자, 관리자, 점유자)
• 전기, 가스, 수도, 통신, 교통의 업무에 종사하는 자로 소방활동에 필요한 사람
• 의사, 간호사, 그 밖의 구조·구급업무에 종사하는 사람
• 취재인력 등 보도업무에 종사하는 사람
• 수사업무에 종사하는 사람
• 그 밖에 소방대장이 소방활동을 위하여 출입을 허가한 사람

 정답 ②

02
☑확인
Check!

○ □
△ □
✕ □

소방기본법상 20만원 이하의 과태료가 부과되는 지역 또는 장소에 해당하지 않는 것은?

① 근린생활지역
② 목조건물이 밀집한 지역
③ 공장·창고가 밀집한 지역
④ 위험물의 저장 및 처리시설이 밀집한 지역

〔해설〕
20만원 이하의 과태료가 부과되는 지역 또는 장소
• 시장지역
• 목조건물이 밀집한 지역
• 공장·창고가 밀집한 지역
• 위험물의 저장 및 처리시설이 밀집한 지역
• 석유화학제품을 생산하는 공장이 있는 지역
• 그 밖에 시·도의 조례로 정하는 지역 또는 장소

 정답 ①

03 ☑확인 Check!

소방시설 등의 자체점검 중 종합점검을 수행해야
하는 대상이 아닌 것은? ✔신유형

① 3급 소방안전관리대상물
② 스프링클러설비가 설치된 특정소방대상물
③ 물분무등소화설비가 설치된 연면적 5,000m² 이
상인 특정소방대상물
④ 다중이용업의 영업장이 설치된 특정소방대상물
로 연면적 2,000m² 이상인 특정소방대상물

해설

소방시설 등의 자체점검
• 작동점검
 – 정의 : 소방시설 등을 인위적으로 조작하여 정상
 적으로 작동하는지를 점검
 – 점검대상 : 1·2·3급 소방안전관리대상물(소방
 안전관리자를 선임한 모든 대상물)
• 종합점검
 – 정의 : 작동점검을 포함하여 소방시설 등의 설비
 별 주요 구성 부품의 구조기준이 화재안전기준
 과 건축법 등 관련 법령에서 정하는 기준에 적합
 한지를 점검
 – 점검대상
 ⓐ 스프링클러설비가 설치된 특정소방대상물
 ⓑ 물분무등소화설비의 설치대상+연면적 5,000m²
 이상
 ⓒ 다중이용업의 영업장이 설치된 특정소방대
 상물+연면적 2,000m² 이상
 ⓓ 제연설비가 설치된 터널
 ⓔ 옥내소화전설비 또는 자동화재탐지설비가
 설치된 공공기관+연면적 1,000m² 이상

정답 ①

04 ☑확인 Check!

화재예방법상 1년 이하의 징역 또는 1천만원 이하
의 벌금에 해당하는 것은?

① 소방안전관리자 자격증을 빌려주거나 알선한 자
② 화재예방조치에 따른 명령을 정당한 사유 없이
따르지 않거나 방해한 자
③ 소방안전관리자, 총괄소방안전관리자, 소방안
전관리보조자를 선임하지 않은 자
④ 소방시설·피난시설·방화시설 및 방화구획 등
이 법령에 위반된 것을 발견하였음에도 필요한
조치를 할 것을 요구하지 않은 소방안전관리자

해설

②, ③, ④ : 300만원 이하 벌금
1년 이하의 징역 또는 1천만원 이하의 벌금
• 소방안전관리자 자격증을 빌려주거나 알선한 자
• 화재예방안전진단을 받지 않은 자

정답 ①

05 ☑확인 Check!

다음 중 소방기본법의 목적으로 옳지 않은 것은?

① 화재를 예방·경계 및 진압
② 국민의 생명·신체 및 재산을 보호
③ 사회의 질서유지와 기업의 복리증진에 이바지
④ 화재, 재난·재해, 그 밖의 위급한 상황에서 구
조·구급활동

해설

소방기본법의 목적
• 화재를 예방·경계 및 진압
• 국민의 생명·신체 및 재산을 보호
• 공공의 안녕 및 질서유지와 복리증진에 이바지
• 화재, 재난·재해, 그 밖의 위급한 상황에서 구조·
구급활동

정답 ③

06

☑ 확인 Check!
○ □
△ □
✕ □

1,500세대의 대단지 아파트에 소방안전관리보조자는 최소 몇 명을 선임해야 하는가?

① 1명   ② 2명
③ 4명   ④ 5명

해설

소방안전관리보조자가 필요한 특정소방대상물
• 300세대 이상인 아파트(단, 300세대 초과마다 1명 추가)
• 아파트 및 연립주택을 제외한 연면적 15,000㎡ 이상인 특정소방대상물(단, 15,000㎡ 초과마다 1명 추가)
• 공동주택(기숙사), 의료시설, 노유자시설, 수련시설, 숙박시설(바닥면적 15,000㎡ 미만이고 관계인이 24시간 상시 근무하고 있는 숙박시설은 제외)
∴ 1,500/300(300세대 초과마다 1명 추가) = 5명

정답 ④

07

☑ 확인 Check!
○ □
△ □
✕ □

소방안전관리대상물을 제외한 특정소방대상물의 관계인 업무가 아닌 것은?

① 화기취급의 감독
② 화재 발생 시 초기대응
③ 피난시설, 방화구획 및 방화시설의 관리
④ 피난계획에 관한 소방계획서의 작성 및 시행

해설

특정소방대상물의 관계인 업무
① 화기취급의 감독
② 화재 발생 시 초기대응
③ 피난시설, 방화구획 및 방화시설의 관리
④ 소방시설이나 그 밖의 소방 관련 시설의 관리
⑤ 그 밖에 소방안전관리에 필요한 업무
소방안전관리대상물의 소방안전관리자 업무
①~⑤는 공통업무
⑥ 소방훈련 및 교육
⑦ 자위소방대 및 초기대응체계의 구성, 운영 및 교육
⑧ 피난계획에 관한 사항과 대통령령으로 정하는 사항이 포함된 소방계획서의 작성 및 시행
⑨ 소방안전관리에 관한 업무 수행에 관한 기록·유지(①, ③, ④)

 정답 ④

08

☑ 확인 Check!
○ □
△ □
✕ □

소화기구의 점검사항으로 옳지 않은 것은?

① 설치 표지판이 있는지 확인한다.
② 적정 거리마다 있는지 확인한다.
③ 약제가 응고되어 있는지 뒤집어 본다.
④ 압력스위치의 압력 값이 정상으로 설정되어 있는지 확인한다.

해설

압력스위치 점검은 옥내소화전설비에 대한 내용이다.

정답 ④

09

☑ 확인 Check!
○ □
△ □
✕ □

소방기본법상 5년 이하의 징역 또는 5천만원 이하의 벌금으로 옳지 않은 것은?

① 소방자동차의 출동을 방해한 사람
② 화재가 발생하거나 불이 번질 우려가 있는 소방대상물의 강제처분을 방해한 자
③ 위력(威力)을 사용하여 출동한 소방대의 화재진압·인명구조(구급활동)을 방해하는 행위
④ 소방대원에게 폭행(협박)을 행사하여 화재진압·인명구조(구급활동)을 방해하는 행위

해설

② 3년 이하의 징역 또는 3천만원 이하 벌금
5년 이하의 징역 또는 5천만원 이하의 벌금
• 위력(威力)을 사용하여 출동한 소방대의 화재진압·인명구조(구급활동)를 방해
• 소방대의 현장 출동, 현장 출입을 고의로 방해
• 소방대원에게 폭행(협박)을 행사하여 화재진압·인명구조(구급활동)를 방해
• 소방대의 소방장비 파손
• 소방자동차의 출동을 방해
• 다른 사람을 구출하는 일 또는 불을 끄거나 불이 번지지 않도록 하는 일을 방해한 사람
• 정당한 사유 없이 소방용수시설 또는 비상소화장치를 사용하거나 효용을 해치거나 사용을 방해한 사람

 정답 ②

10 ☑확인 Check!
○ □
△ □
✕ □

다음 중 소방시설 등의 자체점검에 대한 설명으로 옳은 것은?

① 작동점검은 반드시 소방기술사가 참여해야 한다.

② 특급 소방안전관리대상물은 연 1회 종합점검을 실시한다.

③ 작동점검 시 소방시설별 점검장비를 이용하여 점검하지 않아도 된다.

④ 자체점검이 끝난 날부터 15일 이내 소방서장에게 보고서를 제출해야 한다.

(해설)

소방시설 등의 자체점검

종류	작동점검	종합점검
점검인력	관계인, 소방안전관리자로 선임된 소방시설관리사 및 소방기술사, 특급점검자, 관리업에 등록된 소방시설관리사	• 관리업에 등록된 소방시설관리사 • 소방안전관리자로 선임된 소방시설관리사 및 소방기술사
점검시기 (연 1회) [예외] 특급은 반기에 1회 이상	• 종합점검대상 : 종합점검을 받은 달부터 6개월이 되는 달에 실시 • 소방안전관리대상물(종합점검 대상 외) : 건축물의 사용승인일이 속하는 달의 말일까지 실시(사용승인일 기준)	• (최초점검) 신축 건축물은 사용승인일로부터 60일 이내 (3급 대상 포함) → 신축 건축물은 최초점검 실시 후 다음 해부터 실시 • 건축물의 사용승인일이 속하는 달까지 실시 • 학교의 경우 건축물의 사용승인일이 1~6월 사이에 있는 경우 6월 30일까지 • 하나의 대지경계선 안에 점검대상이 2개 이상인 경우 사용승인일이 빠른 건축물의 사용승인일을 기준으로 점검
보고서 제출	자체점검이 끝난 날부터 **15일 이내** 소방서장에게 제출	

(정답) ④

11 ☑확인 Check!
○ □
△ □
✕ □

다음 중 방염대상물품 중 건축물 내부 천장이나 벽에 부착하거나 설치하는 것에 해당되지 않는 것은?

① 가구류

② 합판이나 목재

③ 두께 2mm 이상 종이류

④ 공간구획을 위한 간이 칸막이

(해설)

건축물 내부 천장이나 벽에 부착하거나 설치하는 것

• 종이류(두께 2mm 이상), 합성수지류 또는 섬유류를 주원료로 한 물품
• 합판이나 목재
• 공간을 구획하기 위하여 설치하는 간이 칸막이(접이식 등 이동 가능한 벽체)
• 흡음이나 방음을 위하여 설치하는 흡음재 또는 방음재(커튼을 포함)
[예외] 가구류(옷장, 천장, 식탁, 식탁용 의자, 사무용 책상, 사무용 의자, 계산대 등)와 너비 10cm 이하인 반자돌림대 등과 건축법의 내부 마감재료는 제외

(정답) ①

12 ☑확인 Check!
○ □
△ □
✕ □

다음 중 건축관계법령에서 대수선의 범위에 해당하지 않는 것은?

① 보를 증설 또는 해체하거나 3개 이상 수선 또는 변경

② 기둥을 증설 또는 해체하거나 2개 이상 수선 또는 변경

③ 지붕틀을 증설 또는 해체하거나 3개 이상 수선 또는 변경

④ 내력벽을 증설 또는 해체하거나 벽면적을 30m² 이상 수선 또는 변경

(해설)

대수선 : 벽면적 30m² 이상, 개수 3개 이상 수선 또는 변경

(정답) ②

13

☑ 확인 Check!

○ □
△ □
✕ □

소방시설법에서 건축허가 및 사용승인 동의 기간으로 옳은 것은?(단, 특급 소방안전관리대상물이 아닌 경우이다)

① 4일 이내
② 5일 이내
③ 7일 이내
④ 14일 이내

해설

건축허가 등의 동의절차(소방시설법 규칙 제3조)

건축주 → (건축허가 신청 / 허가 및 사용승인) → 시·군·구청 → (건축허가 신청 / 회신) → 소방본부·소방서

- 건축허가 및 사용승인 동의 기간 : 5일 이내(특급 소방안전관리대상물인 경우 10일) 동의 여부 회신
- 동의요구서 및 첨부서류의 보완이 필요한 경우 4일 이내의 기간을 정하여 보완요구 가능
- 허가기관에서 건축허가 등의 취소 시 7일 이내 소방본부장 또는 소방서장에게 통보

정답 ②

14

☑ 확인 Check!

○ □
△ □
✕ □

다음 중 연소의 3요소가 아닌 것은?

① 가연물
② 점화원
③ 연쇄반응
④ 산소공급원

해설

연소의 3요소 : 가연물(연료), 산소공급원(조연성 물질), 점화원(열원, 에너지원)

정답 ③

15

☑ 확인 Check!

○ □
△ □
✕ □

다음 액체 가연물질 중 인화점이 가장 낮은 것은?

① 가솔린
② 아세톤
③ 메틸알코올
④ 에틸알코올

해설

액체 가연물질의 인화점
- 가솔린(휘발유) : -43℃
- 아세톤 : -18.5℃
- 메틸알코올 : 11℃
- 에틸알코올 : 13℃

정답 ①

16

☑ 확인 Check!

○ □
△ □
✕ □

다음 중 가연성 증기의 연소범위에 대한 설명으로 옳은 것은?

① 연소범위가 넓을수록 위험하다.
② 연소하한계가 높을수록 위험하다.
③ 연소상한계가 낮을수록 위험하다.
④ 온도나 압력이 낮을수록 위험하다.

해설

- 연소하한계가 낮을수록, 연소상한계가 높을수록 위험하다.
- 온도나 압력이 높을수록 위험하다.

정답 ①

17

☑ 확인 Check!

○ □
△ □
✕ □

다음 화재 중 다량의 물 또는 수용액으로 소화할 수 있는 화재는?

① 일반화재
② 유류화재
③ 전기화재
④ 금속화재

해설

일반화재는 A급화재로 냉각소화가 가장 효과적이므로 다량의 물을 이용하여 소화한다.

정답 ①

18

☑ 확인 Check!

○ □
△ □
✕ □

다음 중 내화건축물과 비교한 목조건축물 화재에 대한 설명으로 옳은 것은?

① 화재 성상이 저온장기형이다.
② 최성기 온도는 900~1,100℃이다.
③ 내화건축물보다 플래시오버 현상이 빨리 나타난다.
④ 화재 시간은 2~3시간으로 내화건축물보다 오래 걸린다.

해설

목조건축물과 내화건축물의 화재

구분	목조건축물	내화건축물
화재 성상	고온단기형	저온장기형
화재 시간	30~40분	2~3시간
최성기 온도	1,100~1,300℃	900~1,100℃
플래시오버 현상	빠름	느림
그래프		

정답 ③

19

☑ 확인 Check!

○ □
△ □
✕ □

다음 중 연소의 4요소와 제거방법으로 옳은 것은?

① 가연물 : 냉각소화
② 산소공급원 : 질식소화
③ 점화원 : 억제소화
④ 연쇄반응 : 제거소화

해설

• 가연물 : 제거소화
• 점화원 : 냉각소화
• 연쇄반응 : 억제소화

정답 ②

20

☑ 확인 Check!

○ □
△ □
✕ □

다음 중 제1류 위험물에 대한 설명으로 옳지 않은 것은?

① 비중은 1보다 작고 물에 녹는 것도 있다.
② 강산화제로 다량의 산소를 함유하고 있다.
③ 충격, 가열 등에 의해 분해하여 산소를 방출한다.
④ 알칼리금속의 과산화물은 물과 반응하여 발열하므로 건조사를 이용한 질식소화를 한다.

해설

제1류 위험물 : 산화성 고체로 비중이 1보다 크다.

정답 ①

21

☑ 확인 Check!

○ □
△ □
✕ □

다음 중 유류 취급 시 주의사항으로 적절하지 않은 것은?

① 이동식 석유난로는 이용 시 고정하여 사용한다.
② 불이 붙은 상태에서 석유난로를 이동하지 않는다.
③ 기름을 주입할 때는 반드시 난롯불을 끈 후 연료를 주입한다.
④ 유류가 들어있던 빈 드럼통을 확인하기 위해 라이터를 사용한다.

해설

유류 취급 시 주의사항 : 유류가 들어있던 빈 드럼통을 확인하기 위해 라이터나 성냥을 사용하지 말고 반드시 손전등을 사용한다.

정답 ④

22

☑ 확인 Check!

○ □
△ □
✕ □

액화천연가스(LNG)에 대한 설명으로 옳은 것은?

① 주성분은 메테인이다.
④ 누출 시 낮은 곳에 체류한다.
② 증기비중은 1.5~2로 공기보다 무겁다.
③ 용도는 가정용, 공업용, 자동차 연료용이다.

해설

LNG(액화천연가스)
• 주성분은 메테인(CH_4)이다.
• 증기비중은 0.6로 공기보다 가벼워서 누출 시 높은 곳에 체류한다.
• 용도는 도시가스로 사용된다.

정답 ①

23

☑ 확인 Check!

○ □
△ □
✕ □

건축물 방화구획의 설치기준에 대한 설명으로 옳지 않은 것은? ✔신유형

① 11층 이상의 층은 바닥면적 200m² 이내마다 구획한다.

② 10층 이하의 층은 바닥면적 1,000m² 이내마다 구획한다.

③ 11층 이상이고 벽 및 반자의 실내 마감재를 불연재료로 한 경우 600m² 이내마다 구획한다.

④ 11층 이상이고 스프링클러와 같은 자동식 소화설비를 설치한 경우에는 600m² 이내마다 구획한다.

해설

방화구획의 설치기준

구획의 종류	구획의 기준
면적별 구획	• 10층 이하의 층은 바닥면적 1,000m² 이내마다 구획 • 11층 이상의 층은 바닥면적 200m² 이내마다 구획(단, 벽 및 반자의 실내 마감재를 불연재료로 한 경우 500m² 이내마다 구획) ※ 스프링클러와 같은 자동식 소화설비를 설치한 경우 상기 면적의 3배 이내마다 구획
층별 구획	매층마다 구획(단, 지하 1층에서 지상으로 직접 연결하는 경사로 부위는 제외)

정답 ③

24

☑ 확인 Check!

○ □
△ □
✕ □

다음 중 [보기]의 ( ) 안에 들어갈 내용으로 옳은 것은?

┌ 보기 ┐

소화기구의 설치기준에 의해 소화기를 설치할 때 각 층마다 설치하되, 특정소방대상물의 각 부분으로부터 1개의 소화기까지 보행거리가 소형소화기의 경우 ( )m 이내, 대형소화기의 경우 ( )m 이내가 되도록 배치한다.

① 10, 20
② 20, 30
③ 30, 40
④ 40, 50

해설

소화기구의 설치기준

종류		능력단위 기준	보행거리
소형소화기		1단위 이상	20m 이내
대형 소화기	A급	10단위 이상	30m 이내
	B급	20단위 이상	

정답 ②

25

☑ 확인 Check!

○ □
△ □
✕ □

아래 표와 사진을 참고하여 분석한 소화기 상태에 대한 설명으로 옳은 것은?

종별 및 형식	수동식 소화기 이산화탄소 2.3kg(철제)	
제조연월	2011.01.	
방사시간	14초	
소화 능력 단위	B, C	
총중량	8.5kg	

① 일반화재에 적합하다.

② 혼(Hone)이 파손되었지만 교체할 필요 없다.

③ 내용연수가 10년이므로 교체해야 한다.

④ 전기 및 유류화재에 적합한 소화기이다.

해설

이산화탄소소화기

• 이산화탄소소화기는 내용연수가 없으며 B급(유류)과 C급(전기)화재에 적응성이 있다.

• 혼(Hone)이 파손된 경우 교체해야 한다.

정답 ④

26

☑ 확인
Check!

소화기의 지시압력계에 대한 설명으로 적절하지 않은 것은?

① 지시압력계는 녹색 범위에 있어야 정상이다.
② 지시압력계의 노란색 부분은 소화기 내의 압력이 부족한 것이다.
③ 지시압력계가 노란색 부분일 때 소화약제를 정상적으로 방출할 수 있다.
④ 지시압력계가 빨간색 부분에 있으면 과압을 나타낸다.

해설

소화기의 지시압력계 : 지시압력계가 노란색 부분일 때 소화약제를 정상적으로 방출할 수 없어 소화기 교체가 필요하다.

정답 ③

27

☑ 확인
Check!

가압송수장치 중 수조 대신 압력탱크를 설치하여 물을 공급하고 압축공기를 충전하여 가압송수하는 방식으로 탱크의 설치위치에 구애받지 않는 장점이 있는 방식은?

① 펌프방식
② 고가수조방식
③ 압력수조방식
④ 가압수조방식

해설

압력수조방식 : 수조 대신 압력탱크를 설치하여 2/3는 물을 공급하고 1/3은 압축공기를 채워 그 압력을 이용하여 가압송수하는 방식

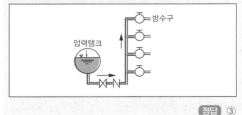

정답 ③

28

☑ 확인
Check!

다음 중 [보기]에서 설명하는 장치로 옳은 것은?

┌ 보기 ┐

가. 압력체임버 내 수압의 변화를 감지하여 설정된 펌프의 기동·정지점이 될 때 펌프를 자동으로 기동·정지시킨다.
나. 펌프의 기동 시 체임버 상부의 공기가 완충작용을 하여 공기의 압축 및 팽창으로 인하여 급격한 압력 변화를 방지하게 된다.

① 압력스위치
② 엑셀레이터
③ 릴리프밸브
④ 기동용 수압개폐장치

해설

기동용 수압개폐장치(압력체임버)의 역할
• 배관 내 설정압력 유지 : 압력스위치로 수압의 변화를 감지하여 설정된 펌프의 기동·정지점이 될 때 펌프를 자동으로 기동·정지시켜 준다.
• 완충작용 : 체임버(Chamber) 상부의 공기가 완충작용을 하여 급격한 압력 변화를 방지한다.
  – 용적 : 100L 이상
  – 안전밸브 : 과압방출
  – 압력스위치 : 압력의 증감을 전기적 신호로 변환

정답 ④

29

☑ 확인
Check!

다음 중 소화설비에 관한 설명으로 옳은 것은?

① 폐쇄형 스프링클러설비는 감열체가 없다.
② 할론1301 소화기에는 지시압력계가 없다.
③ 옥외소화전설비의 방수량은 130L/min이다.
④ 옥내소화전설비의 적정 방수압력이 0.12MPa 이상 0.7MPa 이하이며, 측정 시 피토게이지를 사용한다.

해설

소화설비
• 폐쇄형 스프링클러설비 : 감열체가 있다.
• 옥외소화전설비의 방수량·방수압 : 350L/min 이상, 0.25MPa 이상 0.7MPa 이하(측정 시 피토게이지를 사용)
• 옥내소화전설비의 방수량·방수압 : 130L/min 이상, 0.17MPa 이상 0.7MPa 이하

정답 ②

30 ☑ 확인 Check!

○ □
△ □
✕ □

스프링클러설비헤드의 기준개수가 30개 적용되는 장소를 모두 고른 것은? ✔신유형

┌───┐
│ ㉠ 특수가연물을 저장·취급하는 공장 또는 창고 │
│ ㉡ 판매시설 또는 복합건축물 │
│ ㉢ 지하주차장 │
│ ㉣ 아파트 │
│ ㉤ 헤드의 부착높이가 8m 이상인 특정소방대상물 │
│ ㉥ 헤드의 부착높이가 8m 미만인 특정소방대상물 │
└───┘

① ㉠, ㉡, ㉢

② ㉠, ㉢, ㉣

③ ㉠, ㉣, ㉤

④ ㉡, ㉤, ㉥

해설

스프링클러헤드의 기준개수

스프링클러설비의 설치장소			기준개수(개)
지하층을 제외한 층수가 10층 이하인 특정소방대상물	공장	특수가연물을 저장·취급하는 것	30
		기타	20
	근린생활시설, 판매시설, 운수시설 또는 복합건축물	판매시설 또는 복합건축물 (판매시설이 설치되는 복합건축물)	30
		기타	20
	기타	헤드의 부착높이가 8m 이상인 것	20
		헤드의 부착높이가 8m 미만인 것	10
층수가 11층 이상인 특정소방대상물, 지하가 또는 지하역사			30

[비고] 하나의 소방대상물이 2 이상의 "스프링클러헤드의 기준개수"란에 해당하는 때에는 기준개수가 많은 것을 기준으로 한다. 다만, 각 기준개수에 해당하는 수원을 별도로 설치하는 경우에는 그렇지 않다.

정답 ①

31 ☑ 확인 Check!

○ □
△ □
✕ □

스프링클러설비 내의 유수현상을 자동적으로 검지하여 신호 또는 경보를 내는 장치인 유수검지장치의 방식이 아닌 것은?

① 습식

② 건식

③ 개방식

④ 준비작동식

해설

스프링클러설비의 4가지 종류 : 유수검지장치 방식에 따라 습식, 건식, 준비작동식, 일제살수식으로 구분된다.

정답 ③

32 ☑ 확인 Check!

○ □
△ □
✕ □

개방형 헤드를 사용하는 일제살수식 스프링클러설비의 장단점으로 적절하지 않은 것은?

① 화재진압이 빠르다.

② 동파의 우려가 있는 장소에는 부적당하다.

③ 감지기 오동작으로 인한 물의 피해가 크다.

④ 감지기를 설치해야 하므로 경비가 많이 소요된다.

해설

스프링클러설비의 장단점

구분	장점	단점	경제성
습식	• 구조가 간단하다. • 화재 시 방수 속도가 빠르다.	동파의 우려가 있는 장소에는 부적당하다.	시공비가 저렴하다.
건식	동파의 우려가 있는 장소에도 설치가 가능하다.	컴프레서 설치 등에 의해 설치면적이 크며, 배관의 기밀성이 요구된다.	감지기를 설치할 필요가 없으므로 준비작동식에 비해 경제적이다.
준비작동식		• 감지기를 설치해야 하므로 경비가 많이 소요된다. • 오동작의 우려가 크다.	감지기를 설치해야 하고 밸브의 가격이 비싸 비용이 많이 든다.
일제살수식	• 동파의 우려가 있는 장소에도 설치가 가능하다. • 화재진압이 가장 빠르다.	• 감지기를 설치해야 하므로 경비가 많이 소요된다. • 감지기 오동작으로 인한 물의 피해가 크다.	

정답 ②

33

☑ 확인
Check!

○ □
△ □
X □

다음 중 가스계 소화설비의 점검 전 안전조치를 순서대로 나열한 것으로 옳은 것은?

㉠	㉡
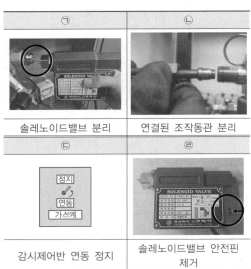 솔레노이드밸브 분리	연결된 조작동관 분리
㉢	㉣
감시제어반 연동 정지	솔레노이드밸브 안전핀 제거

① ㉡ → ㉢ → ㉣ → ㉠
② ㉡ → ㉢ → ㉠ → ㉣
③ ㉡ → ㉠ → ㉢ → ㉣
④ ㉢ → ㉡ → ㉣ → ㉠

해설

가스계 소화설비의 점검 전 안전조치
- 1단계 : 선택밸브에 연결된 조작동관을 분리(약제 저장용기 보호)
- 2단계 : 감시제어반의 SOL밸브 선택스위치를 자동 (연동)에서 정지로 전환
- 3단계 : SOL밸브에 안전핀을 체결하여 기동용 가 스용기에서 분리
- 4단계 : SOL밸브에서 안전핀을 제거하여 격발시험 준비

정답 ②

34

☑ 확인
Check!

○ □
△ □
X □

가스계 소화설비 점검 직후 각 구성요소의 상태를 나타낸 것이다. 다음 그림의 상태를 정상 복구하 는 순서로 옳은 것은? ✔신유형

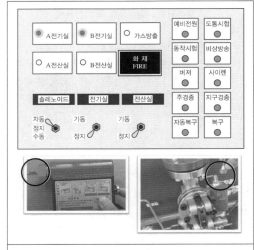

㉠ 제어반 복구 → 제어반의 솔레노이드밸브 연동 정지의 복구스위치
㉡ 솔레노이드밸브 복구
㉢ 솔레노이드밸브에 안전핀을 체결한 후 기동용기 에 결합
㉣ 제어반의 스위치가 연동 상태인지 확인 후 솔레 노이드밸브에서 안전핀 분리
㉤ 점검 전 분리했던 조작동관을 결합

① ㉠ → ㉣ → ㉢ → ㉡ → ㉤
② ㉣ → ㉡ → ㉢ → ㉠ → ㉤
③ ㉠ → ㉢ → ㉡ → ㉤ → ㉣
④ ㉠ → ㉡ → ㉢ → ㉣ → ㉤

해설

점검 후 복구방법
- 감시제어반의 복구스위치를 누르고 감시제어반의 솔 레노이드밸브 선택스위치를 정지 위치로 전환한다.
- 격발된 SOL밸브의 파괴침에 안전핀을 꽂은 다음 벽이나 바닥에 밀어 넣으며 파괴침을 복구한다.
- SOL밸브 후미에 안전핀을 체결한 후 기동용 가스 용기와 결합한다.
- 감시제어반의 SOL밸브 선택스위치를 자동(연동)으 로 전환하고 SOL밸브 후미의 안전핀을 분리한다.
- 점검 전 안전조치로 분리했던 선택밸브의 조작동 관을 다시 결합한다.

정답 ④

35

☑ 확인
Check!

○ □
△ □
✕ □

다음 중 자동화재탐지설비의 주요 구성요소가 아닌 것은?

① 감지기
② 수신기
③ 발신기
④ 피난계단

해설

자동화재탐지설비의 구성요소

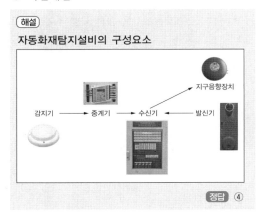

정답 ④

36

☑ 확인
Check!

○ □
△ □
✕ □

자동화재탐지설비인 음향장치의 설치기준으로 적절하지 않은 것은?

① 층마다 설치한다.
② 수평거리 25m 이하가 되도록 설치한다.
③ 지구음향장치는 수신기 내부에 설치한다.
④ 음향의 크기는 1m 떨어진 곳에서 90dB 이상이어야 한다.

해설

주음향장치는 수신기 내부 또는 직근에 설치하고, 지구음향장치는 각 경계구역에 설치한다.

정답 ③

37

☑ 확인
Check!

○ □
△ □
✕ □

휴대용 비상조명등의 설치기준에 대한 설명으로 적절하지 않은 것은?

① 건전지를 사용할 경우 방전방지조치를 해야 한다.
② 충전식 배터리의 경우 상시 충전되는 구조이어야 한다.
③ 어둠 속에서 위치를 확인할 수 있고, 사용 시 자동으로 점등되는 구조이어야 한다.
④ 숙박시설, 다중이용업소의 경우 1개 이상 설치해야 하며, 용량은 60분 이상 유효하게 작동되어야 한다.

해설

휴대용 비상조명등의 유효 작동시간 : 20분 이상

정답 ④

38

☑ 확인
Check!

○ □
△ □
✕ □

공연장 객석 통로의 길이가 50m인 경우 객석유도등을 몇 개 설치해야 하는가?

① 11개
② 12개
③ 20개
④ 25개

해설

객석유도등의 설치개수

$$설치개수 = \frac{객석\ 통로의\ 직선부분\ 길이}{4} - 1$$

$$= \frac{50}{4} - 1 = 11.5 ≒ 12$$

(단, 소수점 이하의 수는 1로 계산한다)

정답 ②

39

☑ 확인
Check!

○ □
△ □
✕ □

유도등은 2선식 배선이 원칙이지만 상시 충전되는 구조의 3선식 배선이 가능한 경우가 있다. 이에 해당하지 않는 것은?

① 특정소방대상물 또는 그 부분에 사람이 있는 경우

③ 공연장, 암실 등으로 어두워야 할 필요가 있는 장소

④ 특정소방대상물의 관계인 또는 종사원이 주로 사용하는 장소

② 외부의 빛에 의해 피난구 또는 피난 방향을 쉽게 식별할 수 있는 구조

> 해설
> **유도등** : 특정소방대상물 또는 그 부분에 사람이 없는 경우 3선식 배선이 가능하다.
>
> 정답 ①

40

☑ 확인
Check!

○ □
△ □
✕ □

소화활동설비 중 고층 건물에 설치하여 소방대가 건물 내 소화 작업 시 외부의 송수구에서 물을 공급하여 사용하는 설비는?

① 제연설비

② 연결살수설비

③ 연결송수관설비

④ 비상콘센트설비

> 해설
> • **연결송수관설비** : 고층 건물에 설치하여 소방대가 건물 내 소화 작업 시 외부의 송수구에서 물을 공급하여 사용하는 설비이다.
> • **연결살수설비** : 지하층에서 화재가 발생한 경우 소방차로부터 송수구를 통해 압력수를 보내고 살수헤드로 소화하는 설비이다.
>
> 정답 ③

41

☑ 확인
Check!

○ □
△ □
✕ □

소방계획의 주요 내용으로 볼 수 없는 것은?

① 화재특별조사에 관한 사항

② 소방훈련・교육에 관한 계획

③ 위험물의 저장・취급에 관한 사항

④ 화재 예방을 위한 자체점검계획 및 대응대책

> 해설
> 화재특별조사에 관한 사항은 소방계획과 관련이 없다.
>
> 정답 ①

42

☑ 확인
Check!

○ □
△ □
✕ □

초기대응체계의 인원편성에 관한 내용으로 틀린 것은?

① 소방안전관리보조자를 운영책임자로 지정한다.

② 소방안전관리대상물의 근무자 위치, 근무인원 등을 고려하여 편성한다.

③ 초기대응체계 인원편성 시 3명 이상은 수신반(또는 종합방재실)에 근무해야 한다.

④ 휴일 및 야간에 무인경비시스템을 통해 감시하는 경우 무인경비회사와 비상연락체계를 구축 가능해야 한다.

> 해설
> 초기대응체계 인원편성 시 1명 이상은 수신반 또는 종합방재실에 근무해야 하며, 화재상황에 대한 모니터링 또는 지휘통제가 가능해야 한다.
>
> 정답 ③

43

☑ 확인 Check!
○ □
△ □
✕ □

다음 중 자위소방활동과 업무특성으로 잘못 짝지은 것은?

① 초기소화 : 화재확산방지, 위험물 시설에 대한 제어 및 비상반출
② 응급구조 : 응급상황 발생 시 응급처치 및 응급의료소 설치·지원
③ 피난유도 : 재실자, 방문자의 피난유도 및 피난약자에 대한 피난보조활동
④ 비상연락 : 화재 시 상황전파, 화재신고(119) 및 통보연락 업무

해설

자위소방활동과 업무특성
• 비상연락 : 화재 시 상황전파, 화재신고(119) 및 통보연락 업무
• 초기소화 : 초기소화설비를 이용한 초기 화재진압
• 응급구조 : 응급상황 발생 시 응급처치 및 응급의료소 설치·지원
• 방호안전 : 화재확산방지, 위험물 시설에 대한 제어 및 비상반출
• 피난유도 : 재실자, 방문자의 피난유도 및 피난약자에 대한 피난보조활동

정답 ①

44

☑ 확인 Check!
○ □
△ □
✕ □

화재 시 일반적인 피난행동으로 옳지 않은 것은?

① 유도등, 유도표지를 따라 대피한다.
② 아래층으로 대피할 수 없는 때에는 옥상으로 대피한다.
③ 엘리베이터를 이용하여 신속히 옥외로 대피한다.
④ 연기 발생 시 낮은 자세로 이동하고, 코와 입을 마른 수건 등으로 막아 연기를 마시지 않도록 한다.

해설

화재 시 일반적인 피난행동 : 엘리베이터는 절대 이용하지 않도록 하며 계단을 이용해 옥외로 대피한다.

정답 ③

45

☑ 확인 Check!
○ □
△ □
✕ □

응급처치의 일반원칙에 대한 설명으로 틀린 것은?

① 긴박한 상황에서도 구조자는 자신의 안전을 최우선으로 한다.
② 응급처치 시 사전에 보호자 또는 당사자의 이해와 동의를 얻지 않아도 된다.
③ 환자의 상태를 관찰하고 모든 손상을 발견하여 처치하되 불확실한 처치는 하지 않는다.
④ 119 구급차의 경우 전국 어느 곳에서 무료이나, 사설 병원의 구급차는 일정 요금을 징수한다.

해설

응급처치의 일반원칙 : 응급처치 시 사전에 보호자 또는 당사자의 이해와 동의를 얻어 실시하는 것을 원칙으로 한다.

정답 ②

46

☑ 확인 Check!
○ □
△ □
✕ □

다음 응급처치의 체계도에서 (ㄱ), (ㄴ)에 들어갈 알맞은 말로 짝지어진 것은?

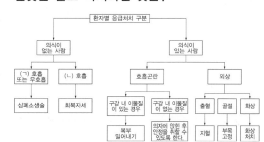

① (ㄱ) 비정상, (ㄴ) 정상
② (ㄱ) 정상, (ㄴ) 비정상
③ (ㄱ) 비정상, (ㄴ) 비정상
④ (ㄱ) 정상, (ㄴ) 뇌

해설

• 쓰러진 환자를 발견했을 때 의식이 없고 호흡이 없다면 심폐소생술을 바로 실시하며, 의식은 없으나 정상 호흡을 유지하는 경우(또는 심폐소생술 처치 중 환자의 의식이 돌아온 경우) 회복자세를 취해 준다. 회복자세는 토사물, 침, 가래로 인해 기도 흡인을 막아줄 수 있다.
• 회복자세를 취하는 방법
  – 환자의 옆으로 다가가 환자의 팔을 쭉 편다.
  – 환자의 반대쪽 손등을 환자의 뺨에 닿도록 한다.
  – 다른 손으로 환자의 무릎을 세우고 발바닥은 땅에 닿도록 한 후 처치자 쪽으로 무릎을 당겨 돌린다.
  – 환자의 팔꿈치와 무릎을 잡고 처치자 쪽으로 당긴다.

정답 ①

47 ☑ 확인 Check!

화상의 분류 중 부분층 화상(2도 화상)에 대한 설명으로 옳은 것은?

① 피부 전층이 손상된다.

② 피하지방과 근육층까지 손상된다.

③ 심한 통증과 발적, 수포가 발생한다.

④ 피부는 가죽처럼 매끈하고 회색이나 검은색으로 변한다.

해설

①, ②, ④ 전층 화상(3도 화상)

부분층 화상(2도 화상)
• 피부의 두 번째 층까지 화상(표피와 진피층)
• 심한 통증과 발적, 수포 발생
• 표피가 얼룩얼룩하게 되고 진피의 모세혈관이 손상
• 물집이 터져 진물이 나고 감염의 위험

정답 ③

48 ☑ 확인 Check!

심폐소생술 시행 시 가슴압박과 인공호흡의 비율은?

① 20회 : 1회　　② 1회 : 20회

③ 30회 : 2회　　④ 2회 : 30회

해설

심폐소생술 시행절차
• 가슴압박 30회 시행
  – 가슴뼈(흉골)의 아래쪽 절반 부위에 깍지를 낀 두 손의 손바닥 아랫부분을 댄다.
  – 양팔을 쭉 편 상태로 체중을 실어 환자의 몸과 수직(90°)이 되도록 가슴을 압박한다.
  – 성인은 분당 100~120회의 속도, 약 5cm 깊이로 강하고 빠르게 시행한다.
• 인공호흡 2회 시행
  – 환자의 머리를 젖히고, 턱을 들어 올려 환자의 기도를 개방시킨다.
  – 환자의 코를 잡고 입에 완전히 밀착시켜 공기가 새지 않도록 1초에 1번씩, 2회 시행한다.

정답 ③

49 ☑ 확인 Check!

다음 중 위험 요인의 관리는 반드시 실현 가능한 계획으로 구성되어야 한다고 강조하는 소방계획의 작성원칙은?

① 실행 우선

② 관계인의 참여

③ 실현 가능한 계획

④ 계획 수립의 구조화

해설

소방계획의 작성원칙
• 실행 우선 : 교육훈련 및 평가 등 이행의 과정이 있어야 완성된다.
• 관계인의 참여 : 관계인, 재실자, 방문자 등 전원이 참여하도록 수립해야 한다.
• 실현 가능한 계획 : 위험 요인의 관리는 반드시 실현 가능한 계획으로 구성되어야 한다.
• 계획 수립의 구조화 : 작성-검토-승인의 3단계의 구조화된 절차를 거쳐야 한다.

정답 ③

50 ☑ 확인 Check!

2급 소방안전관리대상물의 소방계획서 작성항목에서 관리계획에 대한 주요 내용이 아닌 것은?

✔신유형

① 자체점검

② 업무대행

③ 피난유도

④ 화기취급 감독

해설

피난유도는 대응계획에 대한 내용이다.

2급 소방안전관리대상물의 소방계획서 작성항목

관리계획	예방 및 완화	• 일반현황 등의 작성 • 자체점검 • 업무대행 • 일상적 안전관리 • 화재예방 및 홍보 • 화기취급 감독
	대비	• 공동 소방안전관리협의회 • 자위소방대 및 초기대응체계 구성·운영 • 교육훈련 및 자체평가

정답 ③

01

☑ 확인 Check!

○ □
△ □
✗ □

연면적 50,000m²인 특정소방대상물의 소방안전 관리자와 보조자의 최소 선임기준은 몇 명인가?

① 소방안전관리자 : 1명, 소방안전관리보조자 : 3명
② 소방안전관리자 : 1명, 소방안전관리보조자 : 4명
③ 소방안전관리자 : 2명, 소방안전관리보조자 : 3명
④ 소방안전관리자 : 2명, 소방안전관리보조자 : 4명

해설

소방안전관리자는 대상물 등급에 관계없이 선임인 원이 1명 이상이므로, 최소 선임기준은 1명이 된다.
소방안전관리보조자가 필요한 특정소방대상물 기준
• 300세대 이상 아파트(단, 300세대 초과마다 1명 추가)
• 아파트 및 연립주택을 제외한 연면적 15,000m² 이상 인 특정소방대상물(단, 15,000m² 초과마다 1명 추가)
• 공동주택(기숙사), 의료시설, 노유자시설, 수련시 설, 숙박시설(바닥면적 15,000m² 미만이고 관계인 이 24시간 상시 근무하고 있는 숙박시설은 제외)
∴ 50,000/15,000(15,000마다 1명 추가) = 3.33(소 수점 이하 생략) ≒ 3명

정답 ①

02

☑ 확인 Check!

○ □
△ □
✗ □

소방안전관리자의 업무에 대한 설명으로 옳지 않 은 것은?

① 화기취급의 감독
② 소방훈련 및 교육
③ 화재 발생 시 초기대응
④ 자체소방대의 구성 및 운영

해설

자체소방대가 아닌 자위소방대이다.

정답 ④

03

☑ 확인 Check!

○ □
△ □
✗ □

다음 중 화재안전조사에 대한 설명으로 옳은 것은?

① 조사의 주체는 시·도지사이다.
② 화재안전조사에 방염에 관한 사항이 포함된다.
③ 소방관서장은 조사계획을 3일 이상 공개해야 한다.
④ 화재안전조사 방법으로 정밀조사 방법을 선택한다.

해설

화재안전조사
• 조사의 주체는 소방관서장(소방청장, 소방본부장, 소 방서장)이다.
• 소방관서장은 조사계획을 7일 이상 공개해야 한다.
• 화재안전조사 방법으로 종합조사와 부분조사가 있다.

 정답 ②

04

☑ 확인 Check!

○ □
△ □
✗ □

소방기본법상 한국소방안전원 또는 이와 유사한 명칭을 사용한 사람에 대한 벌칙은?

① 200만원 이하의 벌금
② 200만원 이하의 과태료
③ 1년 이하의 징역 또는 1천만원 이하의 벌금
④ 3년 이하의 징역 또는 3천만원 이하의 벌금

해설

200만원 이하 과태료
• 소방활동구역을 출입한 사람
• 소방자동차의 출동에 지장을 준 자
• 한국소방안전원 또는 이와 유사한 명칭을 사용한 자

 정답 ②

05

☑ 확인
Check!

○ □
△ □
× □

다음 중 특급 소방안전관리대상물에 해당하는 것은?

① 층수가 20층인 특정소방대상물
② 지하층을 제외한 30층 이상 아파트
③ 연면적 10만m² 이상인 특정소방대상물
④ 가연성 가스를 1,000톤 이상 저장·취급하는 시설

(해설)
특정소방대상물의 선임대상물
• 특급 소방안전관리대상물
 – 50층 이상(지하층 제외) 또는 지상 200m 이상인 아파트
 – 30층 이상(지하층 포함) 또는 지상 120m 이상인 특정소방대상물(아파트 제외)
 – 연면적 10만m² 이상 특정소방대상물(아파트 제외)
• 1급 소방안전관리대상물
 – 30층 이상(지하층 제외) 또는 지상 120m 이상인 아파트
 – 지상층의 층수가 11층 이상인 특정소방대상물(아파트 제외)
 – 연면적 15,000m² 이상 특정소방대상물(아파트 및 연립주택 제외)
 – 가연성 가스를 1,000톤 이상 저장·취급하는 시설

정답 ③

06

☑ 확인
Check!

○ □
△ □
× □

다음 중 소방안전관리대상물 소방안전관리자의 업무가 아닌 것은?

① 소방훈련 및 교육
② 화기취급의 감독
③ 소방시설이나 그 밖의 소방 관련 시설의 관리
④ 피난계획에 관한 사항을 제외한 소방계획서의 작성 및 시행

(해설)
소방안전관리자의 업무
• 화기취급의 감독
• 소방훈련 및 교육
• 화재 발생 시 초기대응
• 피난시설, 방화구획 및 방화시설의 관리
• 소방시설이나 그 밖의 소방 관련 시설의 관리
• 자위소방대 및 초기대응체계의 구성, 운영 및 교육
• 피난계획에 관한 사항과 대통령령으로 정하는 사항이 포함된 소방계획서의 작성 및 시행
• 소방안전관리에 관한 업무 수행에 관한 기록·유지(기록을 작성하고 작성한 날부터 2년간 보관해야 한다)

 정답 ④

07

☑ 확인
Check!

○ □
△ □
× □

피난층에 대한 설명으로 옳은 것은?

① 건축물의 지상 1층만을 피난층으로 지정할 수 있다.
② 곧바로 지상으로 갈 수 있는 출입구가 있는 층이다.
③ 옥상의 아래층으로 옥상으로 피난할 수 있는 층이다.
④ 직접 지상으로 통하는 계단과 연결된 층으로 지하 1층을 말한다.

(해설)
피난층(곧지출) : 곧바로 **지상**으로 갈 수 있는 **출입구**가 있는 층이다.

정답 ②

08

☑ 확인
Check!

○ □
△ □
× □

소방관계법령상 200만원 이하의 과태료 처분에 해당하지 않는 것은?

① 소방활동구역을 출입한 사람
② 소방자동차의 출동에 지장을 준 자
③ 기간 내에 소방안전관리자 선임을 하지 않은 자
④ 한국소방안전원 또는 이와 유사한 명칭을 사용한 자

(해설)
선임(×) → 선임신고(○)
200만원 이하의 과태료
• 소방기본법
 – 소방활동구역을 출입한 사람
 – 소방자동차의 출동에 지장을 준 자
 – 한국소방안전원 또는 이와 유사한 명칭을 사용한 자
• 화재예방법
 – 선임신고를 하지 않음
  ⓐ 1개월 미만 : 50만원
  ⓑ 1개월 이상 3개월 미만 : 100만원
  ⓒ 3개월 이상 또는 미신고 : 200만원
 – 소방안전관리자의 성명 등을 게시하지 않음

 정답 ③

09

☑ 확인
Check!

○ □
△ □
✗ □

다음 중 화재안전조사 결과에 따른 조치명령으로 소방청장, 소방본부장 또는 소방서장이 관계인에게 할 수 있는 조치명령이 아닌 것은?

① 개수　　　　② 이전
③ 재축　　　　④ 제거

해설

화재안전조사 조치명령
화재안전조사 결과 소방대상물의 위치·구조·설비 또는 관리의 상황이 화재예방을 위하여 보완될 필요가 있거나 화재가 발생하면 인명 또는 재산의 피해가 클 것으로 예상되는 때에는 관계인에게 그 소방대상물의 개수·이전·제거, 사용의 금지 또는 제한, 사용폐쇄, 공사의 정지 또는 중지, 그 밖의 필요한 조치를 명할 수 있다.

 ③

10

☑ 확인
Check!

○ □
△ □
✗ □

다음 중 소방기본법의 목적에 해당하는 것은?

① 소방시설업의 건전한 발전
② 위험물로 인한 위해를 방지
③ 소방시설 등에 설치·유지 및 소방대상물의 안전관리
④ 화재, 재난·재해, 그 밖의 위급한 상황에서의 구조·구급활동

해설

소방기본법의 목적
• 화재를 예방·경계 및 진압
• 국민의 생명·신체 및 재산을 보호
• 공공의 안녕 및 질서유지와 복리증진에 이바지
• 화재, 재난·재해, 그 밖의 위급한 상황에서 구조·구급활동

 ④

11

☑ 확인
Check!

○ □
△ □
✗ □

방염 물품을 설치해야 하는 대상으로 옳은 것은?

① 수영장
② 숙박시설
③ 전화통신용 시설
④ 11층 이상 아파트

해설

방염 물품을 설치해야 하는 대상
• 의료시설
• 숙박시설
• 노유자시설
• 다중이용업소
• 교육연구시설 중 합숙소
• 숙박이 가능한 수련시설
• 방송통신시설 중 방송국 및 촬영소
• 근린생활시설 중 의원, 조산원, 산후조리원, 체력단련장, 공연장 및 종교집회장
• 건축물의 옥내에 있는 시설로서 문화 및 집회시설, 종교시설, 운동시설(수영장 제외)
• 이외의 해당하지 않는 것으로서 층수가 11층 이상인 건물 내 매장 및 공용부분 전체(아파트 제외)

 ②

12

☑ 확인
Check!

○ □
△ □
✗ □

소방시설법에서 특급 소방안전관리대상물일 경우 건축허가 및 사용승인 동의 기간은?

① 4일 이내　　　② 5일 이내
③ 7일 이내　　　④ 10일 이내

해설

건축허가 등의 동의절차(소방시설법 규칙 제3조)

| 건축주 | 건축허가 신청
← 허가 및 사용승인 | 시·군·구청 | 건축허가 신청
← 회신 | 소방본부·소방서 |

• 건축허가 및 사용승인 동의 기간 : 5일 이내(특급 소방안전관리대상물인 경우 10일) 동의 여부 회신
• 동의요구서 및 첨부서류 보완이 필요한 경우 4일 이내의 기간을 정하여 보완요구 가능
• 허가기관에서 건축허가 등의 취소 시 7일 이내 소방본부장 또는 소방서장에게 통보

 ④

13

☑ 확인
Check!

○ □
△ □
✕ □

다음 중 건축관계법령에서 면적 산정에 대한 용어의 설명으로 옳지 않은 것은? ✓신유형

① 용적률이란 대지면적에 대한 바닥면적의 비율을 의미한다.
② 건폐율이란 대지면적에 대한 건축면적의 비율을 의미한다.
③ 연면적이란 하나의 건축물에서 각 층의 바닥면적 합계를 의미한다.
④ 건축면적이란 건축물 외벽의 중심선으로 둘러싸인 수평투영면적을 의미한다.

해설
용적률은 대지면적에 대한 연면적의 비율이다.

정답 ①

15

☑ 확인
Check!

○ □
△ □
✕ □

다음 중 발화점에 대한 설명으로 틀린 것은?

① 발화점은 보통 인화점보다 수백 ℃가 높은 온도이다.
② 일반적으로 산소와의 친화력이 큰 물질일수록 발화점이 높다.
③ 고체 가연물의 발화점은 가열속도, 가연물의 크기나 모양에 따라 달라진다.
④ 화재진압 후 계속 물을 뿌리는 이유는 발화점 이상으로 가열된 건축물이 열로 인하여 다시 연소되는 것을 방지하기 위한 것이다.

해설
일반적으로 산소와의 친화력이 큰 물질일수록 발화점이 낮고 발화하기 쉬운 경향이 있다.

정답 ②

14

☑ 확인
Check!

○ □
△ □
✕ □

연소의 3요소 중 산소공급원으로 볼 수 없는 것은?

① 공기
② 헬륨
③ 자기반응성 물질(제5류 위험물)
④ 산화제(제1류 위험물과 제6류 위험물)

해설
헬륨은 불활성기체로 산소공급원이 될 수 없다.

정답 ②

16

☑ 확인
Check!

○ □
△ □
✕ □

다음 중 증기비중에 대한 설명으로 옳은 것은?

① 증기비중이 1보다 작을 때 공기보다 무겁다.
② 증기비중이 1보다 클 때 공기보다 가볍다.
③ 증기비중이 1보다 클 때 공기와 무게가 같다.
④ 증기비중은 공기의 밀도를 1로 해서 비교한 값이다.

해설
• 증기비중은 공기의 밀도를 1로 해서 비교한 값이다.
• 증기비중이 1보다 작을 때는 공기보다 가볍고, 1보다 클 때는 공기보다 무겁다.

정답 ④

17 ☑ 확인 Check!

○ □
△ □
✕ □

화재 시 계단실 내의 수직방향 이동속도는?

① 2~3m/s ② 3~5m/s
③ 5~10m/s ④ 0.5~1m/s

해설
연기의 속도
• 수평방향 이동속도 : 0.5~1m/s
• 수직방향 이동속도 : 2~3m/s
• 계단실 내의 수직방향 이동속도 : 3~5m/s

정답 ②

---

18 ☑ 확인 Check!

○ □
△ □
✕ □

다음 중 소화의 원리에 대한 설명으로 옳지 않은 것은?

① 연소의 반대 개념이다.
② 연쇄반응 인자의 전달을 차단한다.
③ 연소의 4요소 전부를 제거해야 한다.
④ 연소의 3요소 중 어느 하나를 제거하면 된다.

해설
소화의 원리 : 연소의 3요소 중 어느 하나 또는 전부를 제거하면 된다.

정답 ③

---

19 ☑ 확인 Check!

○ □
△ □
✕ □

위험물안전관리법에서 규제하는 위험물은 누가 정하는가?

① 대통령
② 소방서장
③ 소방청장
④ 소방본부장

해설
위험물의 정의 : 인화성 또는 발화성 등의 성질을 가지는 것으로 대통령령이 정하는 물품

정답 ①

---

20 ☑ 확인 Check!

○ □
△ □
✕ □

다음 중 제4류 위험물에 대한 설명에 해당하지 않은 것은?

① 인화성 액체이다.
② 발생된 증기는 비중이 1보다 작다.
③ 비중은 물보다 작으며 물에 녹지 않는다.
④ 냉암소에 보관하고 가열과 화기를 피한다.

해설
제4류 위험물 : 증기비중은 공기보다 무거워 낮은 곳에 체류한다(증기비중 > 1).

정답 ②

---

21 ☑ 확인 Check!

○ □
△ □
✕ □

물과 반응하거나 자연발화에 의해 발열 또는 가연성 가스가 발생하는 위험물은 몇 류 위험물인가?

① 제1류 위험물 ② 제3류 위험물
③ 제5류 위험물 ④ 제6류 위험물

해설
제3류 위험물 : 자연발화성 물질 및 금수성 물질

정답 ②

22

☑ 확인
Check!

○ □
△ □
✕ □

가스화재의 원인 중 공급자 측의 원인으로 볼 수 없는 것은? ✔신유형

① 용기 밸브의 오작동
② 고압가스 운반기준 미이행
③ 가스충전 작업 중 누설폭발
④ 가스 사용 중 장거리 자리 이탈

해설
가스 사용 중 장거리(또는 장시간) 자리 이탈은 사용자 측 가스화재의 원인이다.

정답 ④

23

☑ 확인
Check!

○ □
△ □
✕ □

건축법상 피난시설에 해당하지 않는 것은?

① 출입구
② 직통계단
③ 피난안전구역
④ 자동방화셔터

해설
자동방화셔터는 방화시설이다.
피난시설 : 계단(직통계단, 피난계단 등), 복도, 출입구, 그 밖에 피난시설로 옥상광장, 피난안전구역, 피난용 승강기 및 승강장 등

정답 ④

24

☑ 확인
Check!

○ □
△ □
✕ □

다음 중 소화기구의 종류가 아닌 것은?

① 소화기
② 간이소화용구
③ 자동확산소화기
④ 스프링클러설비

해설
소화기구의 종류 : 소화기, 간이소화용구, 자동확산소화기

정답 ④

25

☑ 확인
Check!

○ □
△ □
✕ □

다음 중 분말소화기에 대한 설명으로 틀린 것은?

① 질식효과와 억제효과가 있다.
② 가압식 소화기와 축압식 소화기가 있다.
③ ABC급 소화기 소화약제의 색상은 담홍색이다.
④ 내용연수는 10년이며 내용연수가 지나면 무조건 교체해야 한다.

해설
성능검사에 합격한 소화기
• 내용연수 경과 후 10년 미만 : 3년 사용 가능
• 내용연수 경과 후 10년 이상 : 1년 사용 가능

정답 ④

26

☑ 확인
Check!

○ □
△ □
✕ □

내화구조로 바닥면적 2,000m²인 업무시설에 3단위 분말소화기를 비치하고자 한다. 소화기의 개수는 최소 몇 개가 필요한가?

① 3개
② 4개
③ 10개
④ 20개

해설

소화기구의 능력단위 기준

특정소방대상물	소화기구의 능력단위	내화구조
위락시설	바닥면적 30m²마다	×2배
공연장, 집회장, 관람장, 문화재(국가유산), 장례식장 및 의료시설	바닥면적 50m²마다	
근린생활시설, 판매시설, 운수시설, 숙박시설, 노유자시설, 전시장, 공동주택, 업무시설, 방송통신시설, 공장, 창고시설, 항공기 및 자동차 관련 시설, 관광휴게시설	바닥면적 100m²마다	
그 밖의 것	바닥면적 200m²마다	

$$\therefore \frac{2,000m^2}{100m^2 \times 2배 \times 3단위} = 3.33 ≒ 4개$$

정답 ②

27 ☑ 확인 Check!

다음 중 주거용 주방자동소화장치의 점검사항이 아닌 것은?

① 감지부 시험
② 조리기구 점검
③ 제어반(수신부) 점검
④ 소화약제 저장용기 점검

[해설]
주거용 주방자동소화장치의 점검항목 : 가스누설탐지부 점검, 가스누설차단밸브 시험, 예비전원시험, 감지부 시험, 제어반(수신부) 점검, 소화약제 저장용기 점검

정답 ②

---

28 ☑ 확인 Check!

다음 중 전원이 필요 없는 가압송수장치는?

① 펌프방식
② 가압수조방식
③ 압력수조방식
④ 고가수조방식

[해설]
가압수조방식
• 별도의 압력탱크에 질소와 같은 고압의 가스를 채워 그 압력으로 가압송수하는 방식
• 전원이 필요 없다.

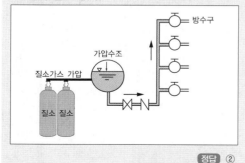

정답 ②

---

29 ☑ 확인 Check!

방수구의 설치기준에 대한 설명으로 틀린 것은?

① 특정소방대상물의 층마다 설치한다.
② 방수구는 바닥으로부터 1.5m 이하의 위치에 설치한다.
③ 호스릴 옥내소화전설비가 아닌 경우 호스의 구경은 25m 이상으로 한다.
④ 해당 특정소방대상물의 각 부분으로부터 하나의 옥내소화전 방수구까지의 수평거리가 25m 이하가 되도록 한다.

[해설]
방수구의 설치기준 : 호스는 구경 40mm(호스릴 옥내소화전설비의 경우 25mm) 이상일 것

정답 ③

---

30 ☑ 확인 Check!

옥외소화전설비의 방수량(L/min) 기준은 얼마인가?

① 80L/min 이상
② 130L/min 이상
③ 350L/min 이상
④ 500L/min 이상

[해설]
소화전설비의 방수량
• 옥내소화전설비 : 130L/min 이상
• 옥외소화전설비 : 350L/min 이상
• 스프링클러설비 : 80L/min·개 이상

정답 ③

31

추운 곳에 설치하기 곤란한 스프링클러설비는?

① 습식
② 건식
③ 준비작동식
④ 일제살수식

해설

스프링클러설비의 종류별 장단점

구분	장점	단점	경제성
습식	• 구조가 간단하다. • 화재 시 방수 속도가 빠르다.	동파의 우려가 있는 장소에는 부적당하다.	시공비가 저렴하다.
건식	동파의 우려가 있는 장소에도 설치가 가능하다.	컴프레서 설치 등에 의해 설치면적이 크며, 배관의 기밀성이 요구된다.	감지기를 설치할 필요가 없으므로 준비작동식에 비해 경제적이다.
준비작동식		• 감지기를 설치해야 하므로 경비가 많이 소요된다. • 오동작의 우려가 크다.	감지기를 설치해야 하고 밸브의 가격이 비싸 비용이 많이 든다.
일제살수식	• 동파의 우려가 있는 장소에도 설치가 가능하다. • 화재진압이 가장 빠르다.	• 감지기를 설치해야 하므로 경비가 많이 소요된다. • 감지기 오동작으로 인한 물의 피해가 크다.	

정답 ①

32

다음 스프링클러설비 중 개방형 헤드를 사용하는 방식은?

① 습식 스프링클러설비
② 건식 스프링클러설비
③ 준비작동식 스프링클러설비
④ 일제살수식 스프링클러설비

해설

감열체의 유무에 따른 분류
• 폐쇄형 헤드(감열체 ○) : 습식, 건식, 준비작동식
• 개방형 헤드(감열체 ✕) : 일제살수식

정답 ④

33

다음 중 습식 스프링클러설비의 장단점으로 볼 수 없는 것은?

① 구조가 간단하다.
② 시공비가 저렴하다.
③ 화재 시 방수 속도가 빠르다.
④ 동파의 우려가 있는 장소에도 설치가 가능하다.

해설

습식 스프링클러설비의 경우 동파의 우려가 있는 장소에는 설치가 부적당하다.

정답 ④

34

다음 그림은 가스계 소화설비 중 기동용기함의 각 구성요소를 나타낸 것이다. 가스계 소화설비 작동점검 전 가장 우선해야 하는 안전조치로 옳은 것은? ✔신유형

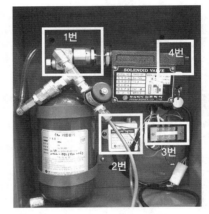

① 4번 안전핀을 체결한다.
② 1번의 연결 부분을 분리한다.
③ 2번의 압력스위치를 당긴다.
④ 3번의 단자에 배선을 연결한다.

해설

가스계 소화설비의 작동점검은 약제를 방출하는 것이 아니라, SOL밸브의 격발시험으로 파괴침이 정상적으로 작동하는지 확인하는 것이다. 따라서, 기동용 가스용기에서 SOL밸브를 분리시키는 중 파괴침이 격발되지 않도록 4번 위치의 안전핀을 우선 체결한다. 기동용 가스용기와 SOL밸브를 분리한 후 안전핀을 분리하고 격발시험을 하면 된다.

정답 ①

35 ☑확인 Check!

가스계 소화설비의 점검을 위하여 솔레노이드밸브를 분리한 후 수동조작함을 조작하였다. 다음 결과 중 옳지 않은 것은?

① 방출표시등 점등

② 경보(사이렌) 작동

③ 솔레노이드밸브 격발

④ 감시제어반에서 화재등 점등, 수동조작등 점등

해설

방출표시등은 소화약제 방출압력에 의한 압력스위치의 작동으로 점등되며, 방호구역 안으로 거주자의 진입을 막는다.

수동조작함(SVP)
• 화재 시 수동조작에 의해 소화약제를 방출하는 기능
• 구성 : 기동스위치, 방출지연스위치(오작동에 의한 약제방출 지연), 보호장치, 전원표시등

정답 ①

36 ☑확인 Check!

다음 [보기]의 내용을 보고 이를 조치하는 방법으로 옳은 것은?

┌보기┐

소방안전관리자가 지하 1층 수위실에서 근무 중 수신기에 화재표시등과 회로 지구표시등(2층 사무실이라고 기록)이 동작하였다. 이에 2층 사무실로 올라가 확인한 결과 차동식 열감지기가 천장형 온풍기에 밀접하게 설치되어 그 열로 감지기가 작동되었음을 확인하였다.

① 정온식 감지기로 교체한다.

② 감지기 내부 청소 후 재설치한다.

③ 감지기 주변에 환풍기를 설치한다.

④ 감지기의 위치를 기류 흐름 방향 외에 이격하여 설치한다.

해설

열감지기가 난방기의 따뜻한 바람으로 인한 오작동 되었으므로, 감지기와 난방기를 이격시켜 설치한다.

정답 ④

37 ☑확인 Check!

어떤 건축물의 바닥면적이 각각 1층 700m², 2층 600m², 3층 300m², 4층 200m²이다. 이 건축물의 최소 경계구역의 수는?

① 3개

② 4개

③ 5개

④ 6개

해설

1층(350m² + 350m² = 2개), 2층(600m² = 1개), 3층 + 4층(300m² + 200m² = 500m² = 1개)
∴ 총 4개의 경계구역

정답 ②

38 ☑확인 Check!

다음 그림을 보고 정온식 스포트형 감지기 특종의 최소 설치개수로 옳은 것은?(단, 내화구조이며 감지기 부착높이는 3.5m이다)

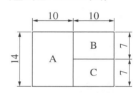

① 2개

② 3개

③ 4개

④ 8개

해설

감지기 설치 시 유효면적

부착높이 및 소방대상물의 구분		감지기의 종류(단위 : m²)				
		차동식·보상식 스포트형		정온식 스포트형		
		1종	2종	특종	1종	2종
4m 미만	내화 구조	90	70	70	60	20
	기타 구조	50	40	40	30	15
4m 이상 8m 미만	내화 구조	45	35	35	30	–
	기타 구조	30	25	25	15	–

A : (14 × 10)/70 = 2, B : (10 × 7)/70 = 1, C = (10 × 7)/70 = 1
∴ A + B + C = 2 + 1 + 1 = 4개

정답 ③

39

☑ 확인
Check!

○ □
△ □
✕ □

화재 시 일반적인 피난행동으로 옳지 않은 것은?

① 유도등, 유도 표지를 따라 대피한다.
② 연기 발생 시 높은 자세로 빠르게 이동한다.
③ 엘리베이터는 이용하지 않고 계단을 통해 옥외로 대피한다.
④ 아파트의 경우 세대 밖으로 나가기 어려운 경우세대 사이 경량 칸막이를 통해 옆 세대로 대피한다.

> **해설**
> **화재 시 일반적인 피난행동** : 연기 발생 시 낮은 자세로 이동하고, 코와 입을 젖은 수건 등으로 막아 연기를 마시지 않도록 한다.
>
> 정답 ②

41

다음 [보기]의 ( ) 안에 들어갈 내용으로 옳게 짝지어진 것은? ✔신유형

☑ 확인
Check!

○ □
△ □
✕ □

┌ 보기 ┐
복도 통로유도등은 구부러진 모퉁이 및 보행거리 (㉠)m마다 설치하고, 바닥으로부터 (㉡)m 이하의 위치에 설치한다.

① ㉠ 5, ㉡ 1   ② ㉠ 5, ㉡ 1.5
③ ㉠ 20, ㉡ 1   ④ ㉠ 20, ㉡ 1.5

> **해설**
> **복도 통로유도등의 설치기준** : 보행거리 20m마다 설치, 바닥으로부터 1m 이하의 위치에 설치
>
>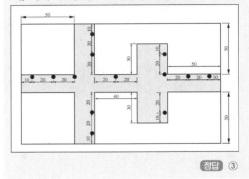
>
> 정답 ③

40

☑ 확인
Check!

○ □
△ □
✕ □

비상조명등을 60분 이상 유효하게 작동시킬 수 있는 용량의 비상전원을 확보해야 하는 장소가 아닌 것은?

① 지하층으로 용도가 운동시설인 경우
② 지하층을 제외한 층수가 11층 이상의 층
③ 지하층으로 용도가 도매시장 · 소매시장인 경우
④ 무창층으로 용도가 지하역사 또는 지하상가인 경우

> **해설**
> **비상조명등의 유효 작동시간**
>
> | 구분 | | 내용 |
> |---|---|---|
> | 용량 | 20분 이상 | 일반적인 경우 |
> | | 60분 이상 | 지하층을 제외한 층수가 11층 이상 |
> | | | 지하층, 무창층으로서 용도가 도매시장 · 소매시장 · 여객자동차터미널 · 지하역사 또는 지하상가 |
>
> 정답 ①

42

☑ 확인
Check!

○ □
△ □
✕ □

유도등의 전원에 대한 설명으로 옳은 것은?

① 비상전원은 상용전원으로 한다.
② 20분 이상 유효하게 작동시킬 수 있는 용량으로 한다.
③ 용도가 지하상가인 경우 20분 이상 유효하게 작동시킬 수 있는 용량으로 한다.
④ 전원은 축전지, 교류전압의 옥내간선으로 하고 전원까지의 배선은 공용으로 한다.

> **해설**
> • 유도등의 비상전원은 축전지로 한다.
> • 지하층 또는 무창층으로 용도가 도매시장 · 소매시장 · 여객자동차터미널 · 지하역사 또는 지하상가인 경우 유도등을 60분 이상 유효하게 작동시킬 수 있는 용량으로 한다.
> • 전원까지의 배선은 전용으로 한다.
>
> 정답 ②

43

☑ 확인
Check!

○ ☐
△ ☐
✕ ☐

소방계획의 주요 원리에서 모든 형태의 위험을 포괄하고, 재난의 전주기적 단계의 위험성을 평가하는 것은?

① 종합적 안전관리
② 통합적 안전관리
③ 지속적 발전모델
④ 총괄적 안전관리

(해설)
소방계획의 주요 원리
• 종합적 안전관리
  – 모든 형태의 위험을 포괄
  – 재난의 전주기적(예방·대비 → 대응 → 복구) 단계의 위험성 평가
• 통합적 안전관리
  – 외부 : 거버너(정부–대상처–전문기관) 및 안전관리 네트워크 구축
  – 내부 : 협력 및 파트너십 구축, 전원 참여
• 지속적 발전모델(PDCA Cycle)
  – Plan : 계획
  – Do : 이행/운영
  – Check : 모니터링
  – Act : 개선

(정답) ①

44

☑ 확인
Check!

○ ☐
△ ☐
✕ ☐

자위소방대의 소방교육 및 훈련을 실시한 기록결과는 몇 년간 보관해야 하는가?

① 1년   ② 2년
③ 3년   ④ 10년

(해설)
자위소방대의 소방교육 및 훈련을 실시한 기록결과는 2년간 보관해야 한다.

(정답) ②

45

☑ 확인
Check!

○ ☐
△ ☐
✕ ☐

다음 수신기의 상태를 보고 (　)에 들어갈 내용으로 옳게 짝지어진 것은? ✔신유형

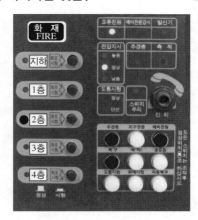

화재장소	㉠ (　)층
화재 신호 통보기기	㉡ 감지기
화재진압 후 복구방법	㉢ (　)스위치 누름

① ㉠ 1, ㉢ 복구   ② ㉠ 2, ㉢ 복구
③ ㉠ 3, ㉢ 축적   ④ ㉠ 4, ㉢ 축적

(해설)
2층 경계구역은 점등 상태이고 발신기는 소등 상태이므로, 2층 감지기에서 화재 신호를 보냈음을 알 수 있다. 2층 해당 실의 감지기를 점검한 후 조치를 취하고 수신기의 복구 버튼을 눌러 복구한다.

(정답) ②

46

☑ 확인
Check!

○ ☐
△ ☐
✕ ☐

장애 유형별 피난 보조 시 손전등 및 전등을 활용하거나 메모를 이용한 대화가 효과적인 장애 유형은?

① 노약자
② 청각장애인
③ 시각장애인
④ 지적장애인

(해설)
장애 유형별 피난보조방법 : 청각장애인은 시각적인 전달을 위해 표정이나 제스처를 사용하고 손전등과 같은 조명을 적극 활용한다.

(정답) ②

47

☑ 확인 Check!

○ □
△ □
✕ □

심폐소생술의 기본순서로 옳은 것은?

① 가슴압박 → 인공호흡 → 기도유지
② 가슴압박 → 기도유지 → 인공호흡
③ 기도유지 → 가슴압박 → 인공호흡
④ 기도유지 → 인공호흡 → 가슴압박

해설

심폐소생술 : 가슴압박(C) → 기도유지(A) → 인공호흡(B)

정답 ②

49

☑ 확인 Check!

○ □
△ □
✕ □

심폐소생술(CPR) 시행 시 가슴압박의 위치는?

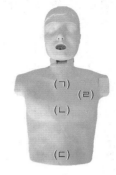

① (ㄱ)   ② (ㄴ)
③ (ㄷ)   ④ (ㄹ)

정답 ②

48

☑ 확인 Check!

○ □
△ □
✕ □

다음 응급처치의 체계도에서 (ㄷ), (ㄹ), (ㅁ)에 들어갈 내용으로 옳게 짝지어진 것은?

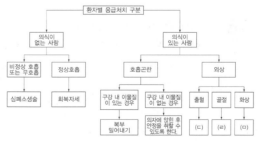

① (ㄷ)-지혈, (ㄹ)-부목 고정, (ㅁ)-화상 처치
② (ㄷ)-지혈, (ㄹ)-화상 처치, (ㅁ)-부목 고정
③ (ㄷ)-화상 처치, (ㄹ)-지혈, (ㅁ)-부목 고정
④ (ㄷ)-화상 처치, (ㄹ)-부목 고정, (ㅁ)-지혈

정답 ①

50

☑ 확인 Check!

○ □
△ □
✕ □

다음 중 소방안전관리자 현황표에 기입하지 않아도 되는 사항으로 옳은 것은?

① 관계인의 인적사항
② 소방안전관리자의 이름
③ 소방안전관리자 선임일자
④ 소방안전관리자 근무 위치와 화재수신기 위치

해설

소방안전관리자 현황표(대상명 : 인천소방고등학교)

이 건축물의 소방안전관리자는 다음과 같습니다.

□ 소방안전관리자 : 김미현(선임일자 : 2023년 3월 1일)
□ 소방안전관리대상물 등급 : 2급
□ 소방안전관리자 근무 위치(화재수신기 위치) : 행정실(당직실)

「화재의 예방 및 안전관리에 관한 법률」 제26조 제1항에 따라 이 표지를 붙입니다.

소방안전관리자 연락처 : 010-1234-5678

정답 ①

01

무창층에 대한 설명으로 옳지 않은 것은?

① 내부 또는 외부에서 쉽게 부수거나 열 수 있어야 한다.

② 개구부의 크기는 지름 40cm 이상의 원이 통과할 수 있어야 한다.

③ 개구부의 밑부분이 해당 층의 바닥으로부터 1.2m 이내의 높이에 위치해야 한다.

④ 화재 시 건축물로부터 쉽게 피난할 수 있도록 창살 및 장애물이 설치되지 않아야 한다.

해설
무창층
• 크기는 지름 50cm 이상의 원이 통과할 수 있을 것
• 바닥면으로부터 개구부 밑부분까지의 높이가 1.2m 이내일 것
• 도로 또는 차량이 진입할 수 있는 빈터를 향할 것
• 화재 시 건축물로부터 쉽게 피난할 수 있도록 창살이나 그 밖의 장애물이 설치되지 않을 것
• 내부 또는 외부에서 쉽게 부수거나 열 수 있을 것

정답 ②

02

아파트를 제외한 특정소방대상물의 경우 연면적이 45,000m²라면 소방안전관리보조자를 최소 몇 명 선임해야 하는가?

① 3명
② 4명
③ 5명
④ 15명

해설
소방안전관리보조자가 필요한 특정소방대상물
• 300세대 이상 아파트(단, 300세대 초과마다 1명 추가)
• 아파트 및 연립주택을 제외한 연면적 15,000m² 이상인 특정소방대상물(단, 15,000m² 초과마다 1명 추가)
• 공동주택(기숙사), 의료시설, 노유자시설, 수련시설, 숙박시설(바닥면적 15,000m² 미만이고 관계인이 24시간 상시 근무하고 있는 숙박시설은 제외)
∴ 45,000m² ÷ 15,000m² = 3명

정답 ①

03

☑ 확인
Check!

○ □
△ □
✕ □

다음 중 업무대행이 가능한 소방안전관리대상물은?

✔신유형

① 지상으로부터 250m인 아파트
② 연면적 12만m²인 특정소방대상물
③ 아파트를 제외하고 지하 4층, 지상 28층이 특정소방대상물
④ 아파트를 제외하고 연면적 12,000m²인 12층 특정소방대상물

해설

①~③ : 특급 소방안전관리대상물로 업무대행이 불가하다.

소방안전관리의 업무대행

• 대통령령으로 정하는 소방안전관리대상물의 관계인은 관리업자로 하여금 소방안전관리업무 중 대통령령으로 정하는 일부 업무를 대행하게끔 할 수 있다.
• 대통령령으로 지정한 소방안전관리대상(아파트 제외)에는 지상층의 층수가 11층 이상, 연면적 15,000m² 미만인 1급 소방안전관리대상물, 2·3급 소방안전관리대상물이 있다.
• 특급 소방안전관리대상물, 연면적 15,000m² 이상인 1급 소방안전관리대상물(아파트 및 연립주택 제외)은 업무대행이 불가하다.
• 선임된 소방안전관리자는 관리업자의 대행업무 수행을 감독하고, 대행업무 외의 소방안전관리업무는 직접 수행해야 한다.

정답 ④

04

☑ 확인
Check!

○ □
△ □
✕ □

소방안전관리자 선임에 대한 설명 중 (   )에 알맞은 내용으로 적절히 짝지은 것은?

소방안전관리자 및 소방안전관리보조자를 (ㄱ) 이내에 선임하고, 선임일부터 (ㄴ) 이내 소방서에 신고해야 합니다.

① (ㄱ) – 14일, (ㄴ) – 14일
② (ㄱ) – 14일, (ㄴ) – 30일
③ (ㄱ) – 30일, (ㄴ) – 14일
④ (ㄱ) – 30일, (ㄴ) – 30일

해설

• 소방안전관리자 및 소방안전관리보조자의 선임기준

선임	선임신고	신고대상
30일 이내	14일 이내	소방본부장 또는 소방서장

• 소방안전관리(보조)자로 선임된 경우 선임된 날로부터 6개월 내에 실무교육을 이수해야 한다(최초 실시 후 2년 주기로 실무교육을 이수한다).
• 소방안전관리자의 선임연기 신청 : 2급, 3급 및 소방안전관리보조자를 선임해야 하는 소방안전관리대상물의 관계인은 선임연기 신청서를 소방본부장 또는 소방서장에게 제출한다(특급과 1급은 연기 불가).

정답 ③

05

제연설비가 설치된 M터널은 완공일이 2018년 2월 5일이며, 사용승인일은 2019년 3월 1일이다. 작동점검과 종합점검 시기에 대한 설명으로 옳은 것은?

① 2024년 3월에 종합점검만 실시하면 된다.
② 2024년 9월에 작동점검만 실시하면 된다.
③ 2024년 3월에 작동점검을, 9월에 종합점검을 한다.
④ 2024년 3월에 종합점검을, 9월에 작동점검을 한다.

해설
사용승인일이 포함된 달의 말일까지 종합점검을 주기적으로 시행해야 하므로 3월에 종합점검을, 6개월 뒤인 9월에 작동점검을 한다.
• 제연설비가 설치된 터널은 종합점검 대상이다.
• 작동점검만 실시하면 되는 대상물의 경우 사용승인일이 속하는 달의 말일까지 실시한다.
• 종합점검까지 해야 하는 대상물의 경우 종합점검을 먼저 실시하고, 종합점검을 받은 달부터 6개월이 되는 달에 작동점검을 실시한다.

정답 ④

06

특별피난계단의 피난 시 이동 경로에 대한 순서이다. ( )에 들어갈 내용으로 적절한 것은?

옥내 → 부속실(또는 노대) → ( ) → 피난층

① 계단실　　　　② 옥내실
③ 옥외실　　　　④ 피난실

해설
종류별 피난 시 이동 경로

피난계단의 종류	피난 시 이동 경로
옥내피난계단	옥내 → 계단실 → 피난층
옥외피난계단	옥내 → 옥외계단 → 지상층
특별피난계단	옥내 → 부속실 → 계단실 → 피난층

정답 ①

07

피난·방화시설 관련 금지행위에 해당하는 내용으로 적절하지 않은 것은? ✔신유형

① 변경행위　　　　② 훼손행위
③ 피난행위　　　　④ 폐쇄행위

해설
피난·방화시설 관련 금지행위

종류	내용
폐쇄행위	• 계단, 복도 등에 방범철책(창) 설치로 피난할 수 없게 하는 행위 • 비상구에 잠금장치 설치로 쉽게 열 수 없게 하는 행위 • 쇠창살·용접·석고보드 등으로 비상구 개방이 불가하게 하는 행위 • 피난/방화시설을 쓸 수 없게 폐쇄하는 행위
훼손행위	• 방화문 제거 또는 철거 • 방화문에 고임장치(도어스톱) 설치 또는 자동폐쇄장치 제거로 그 기능을 저해하는 행위 • 배연설비 작동에 지장을 주는 행위 • 구조적인 시설에 물리력을 가해 훼손한 경우
설치행위	• 계단·복도·출입구에 물건 적재 및 장애물 방치 • 계단에 방범철책(창) 설치(단, 고정식 잠금장치 설치는 폐쇄행위) • 방화셔터 주위에 물건·장애물 방치로 기능에 지장을 주는 행위
변경행위	• 방화구획 및 내부마감재 임의 변경 • 방화문을 목재나 유리문으로 변경 • 임의구획으로 무창층이 발생하는 경우 • 방화구획에 개구부 설치
용도장애 또는 소방활동 지장 초래 행위	화재 시 소방호스 전개 시 걸림 또는 꼬임현상으로 소방활동에 지장을 초래한다고 판단되는 행위

정답 ③

08

☑ 확인 Check!

○ □
△ □
✕ □

피난·방화시설 관련 금지행위 중 폐쇄행위에 해당하지 않는 것은?

① 방화문을 목재로 변경하는 행위
② 비상구 잠금장치 설치로 쉽게 열 수 없게 하는 행위
③ 쇠창살·용접 등으로 비상구 개방이 불가하게 하는 행위
④ 계단, 복도에서 방범철책(창) 설치로 피난할 수 없게 하는 행위

해설
①은 변경행위, ②~④은 폐쇄행위에 대한 설명이다.

정답 ①

09

☑ 확인 Check!

○ □
△ □
✕ □

화재예방법상 건설현장 소방안전관리 업무 이행하지 않을 시 부과되는 과태료로 옳은 것은?

① 1차 − 50만원, 2차 − 200만원, 3차 − 250만원
② 1차 − 50만원, 2차 − 200만원, 3차 − 300만원
③ 1차 − 100만원, 2차 − 200만원, 3차 − 300만원
④ 1차 − 100만원, 2차 − 500만원, 3차 − 1,000만원

해설
건설현장 소방안전관리를 위반하여 건설현장 소방안전관리대상물의 소방안전관리자의 업무를 하지 않은 경우 300만원 이하의 과태료가 부과된다.
• 1차 위반 : 100만원
• 2차 위반 : 200만원
• 3차 이상 위반 : 300만원

정답 ③

10

☑ 확인 Check!

○ □
△ □
✕ □

소방기본법상 [보기]의 내용 중 공통으로 해당하는 벌금으로 적절한 것은?

─ 보기 ─
• 정당한 사유 없이 피난명령을 위반한 자
• 정당한 사유 없이 긴급조치를 방해한 자
• 정당한 사유 없이 소방대의 생활안전활동을 방해한 자

① 100만원 이하의 벌금
② 200만원 이하의 벌금
③ 300만원 이하의 벌금
④ 1,000만원 이하의 벌금

해설
100만원 이하의 벌금(소방기본법) : 정당한 사유 없이
• 소방대의 생활안전활동을 방해
• 소방대가 현장에 도착할 때까지 인명구출 및 화재진압 등 조치를 하지 않은 소방대상물 관계인
• 피난명령을 위반한 자
• 긴급조치를 방해한 자
• 물의 사용이나 수도의 개폐장치를 사용 또는 조작하는 것을 방해한 자

정답 ①

11 ☑ 확인 Check!

○ □
△ □
✕ □

화재예방조치를 위한 화재예방강화지구로 지정된 지역이 아닌 것은?

① 시장지역
② 소방출동로가 있는 지역
③ 공장·창고가 밀집한 지역
④ 석유화학제품을 생산하는 공장이 있는 지역

해설

화재예방강화지구의 지정
화재 발생 우려가 크거나 화재가 발생할 경우 피해가 클 것으로 예상되는 지역에 대하여 화재의 예방 및 안전관리를 강화하기 위해 지정·관리하는 지역을 말한다.
• 시장지역
• 위험물의 저장 및 처리시설이 밀집한 지역
• 공장·창고가 밀집한 지역
• 노후·불량건축물이 밀집한 지역
• 목조건물이 밀집한 지역
• 석유화학제품을 생산하는 공장이 있는 지역
• 산업입지 및 개발에 관한 법률에 따른 산업단지
• 소방시설·소방용수시설 또는 소방출동로가 없는 지역
• 물류시설의 개발 및 운영에 관한 법률에 따른 물류단지
• 소방관서장이 화재예방강화지구로 지정할 필요가 있다고 인정하는 지역

 정답 ②

12 ☑ 확인 Check!

○ □
△ □
✕ □

소방교육 및 훈련의 실시원칙에 대한 설명으로 틀린 것은?

① 어려운 것에서 쉬운 것으로 교육을 실시한다.
② 초기 성공에 대한 격려와 보상을 제공한다.
③ 목적을 생각하고 정확한 방법으로 실시한다.
④ 모든 교육 및 실무내용은 실무적인 접목과 현장성이 있어야 한다.

해설

소방교육 및 훈련의 실시원칙
• 학습자 중심의 원칙 : 한 번에 한 가지씩, 쉬운 것에서 어려운 것으로 진행
• 동기부여의 원칙 : 초기 성공에 대한 격려와 보상을 제공
• 목적의 원칙 : 어떠한 기술을 어느 정도까지 익혀야 하는가를 명확하게 제시
• 현실의 원칙 : 비현실적인 훈련은 하지 않음
• 실습의 원칙 : 목적을 생각하고 정확한 방법으로 실시
• 경험의 원칙 : 현실감 있는 훈련 및 교육을 실시
• 관련성의 원칙 : 실무적인 접목과 현장성이 필요

 정답 ①

13 재축에 대한 설명으로 적절한 것은?

① 기존 건축물이 있는 대지 안에서 층수를 늘리는 것
② 건축물이 없는 대지에 새로이 건축물을 축조하는 것
③ 건축물이 천재지변으로 멸실된 경우 종전과 같은 규모로 다시 축조하는 것
④ 기존 건축물의 전부를 철거하고 그 대지에 종전과 같은 규모의 건축물을 다시 축조하는 것

(해설)
개축은 자의에 의한 반면, 재축은 본인에 의사와 관계없이 재해로 인해 다시 축조된다는 점이 다르다.
건축 용어
• 신축 : 건축물이 없는 대지에 새로이 건축물을 축조하는 것
• 증축 : 기존 건축물이 있는 대지에서 건축물의 건축면적, 연면적, 층수 또는 높이를 늘리는 것
• 개축 : 기존 건축물의 전부 또는 일부를 해체하고 그 대지에 종전과 같은 규모의 범위에서 건축물을 다시 축조하는 것
• 재축 : 건축물이 천재지변이나 그 밖의 재해로 멸실된 경우 그 대지에 종전과 같은 규모의 범위에서 다시 축조하는 것
• 이전 : 기존 건축물의 주요구조부를 해체하지 않고 같은 대지 내에서 다른 위치로 옮기는 것

정답 ③

14 건축관계법령상 대수선의 범위에 속하지 않는 것은?

① 내력벽을 증설하는 것
② 기둥을 3개 이상 변경하는 것
③ 지붕틀을 3개 이상 수선하는 것
④ 보를 1개 이상 수선 또는 변경하는 것

(해설)
보를 3개 이상 수선 또는 변경하는 경우를 대수선이라 한다.
대수선
• 내력벽을 증설 또는 해체하거나 벽면적을 30m² 이상 수선 또는 변경
• 기둥을 증설 또는 해체하거나 3개 이상 수선 또는 변경
• 지붕틀을 증설 또는 해체하거나 3개 이상 수선 또는 변경
• 보를 증설 또는 해체하거나 3개 이상 수선 또는 변경

정답 ④

15 다음 [보기]는 방화구획의 설치기준에 대한 설명이다. ( )에 들어갈 내용으로 적절한 것은?

┤보기├
방화구획의 설치기준에서 층별구획은 매층마다 구획한다. 다만, 지하 1층에서 지상으로 직접 연결하는 ( ) 부위는 제외한다.

① 계단
② 거실
③ 경사로
④ 피난로

(해설)
방화구획의 설치기준

단위구획의 종류		구획의 기준	
면적별 구획	10층 이하	바닥면적 1,000m²(3,000m²) 이내마다 구획	
	11층 이상	실내 마감재가 불연재료가 아닌 경우	바닥면적 200m²(600m²) 이내마다 구획
		실내 마감재가 불연재료인 경우	바닥면적 500m²(1,500m²) 이내마다 구획
층별 구획	매층마다 구획(단, 지하 1층에서 지상으로 직접 연결하는 경사로 부위는 제외)		

※ 스프링클러와 같은 자동식 소화설비를 설치한 경우 상기 면적의 3배(괄호 안의 값)

정답 ③

16 분리형 방화셔터의 경우 방화문과의 거리는 몇 m 이내로 설치해야 하는가?

① 3m 이내
② 4m 이내
③ 5m 이내
④ 7m 이내

(해설)
분리형 방화셔터의 경우 셔터 주변 3m 이내에 별도의 방화문을 설치해야 한다.

정답 ①

17

가연물의 구비조건으로 옳은 것은?

① 열전도도가 커야 한다.

② 활성화에너지 값이 커야 한다.

③ 조연성 가스와 친화력이 작아야 한다.

④ 발열반응을 해야 하며, 발열량이 많아야 한다.

해설

가연물의 구비조건

• 활성화에너지 값이 작아야 한다.

• 열전도도가 작아야 한다.

• 발열반응을 해야 하며, 발열량이 많아야 한다.

• 조연성 가스와 친화력이 커야 한다.

• 산소와 접촉할 수 있는 표면적이 커야 한다.

• 인화점, 발화점, 용융점이 낮아야 한다.

정답 ④

18

인화성 또는 발화성 등의 성질을 가지는 것으로 대통령령이 정하는 물품을 무엇이라 하는가?

① 위험물　　　② 연소물

③ 지정수량　　④ 증기비중

해설

정의

• 위험물 : 인화성 또는 발화성 등의 성질을 가지는 것으로서 대통령령이 정하는 물품

• 지정수량 : 위험성을 고려하여 대통령령이 정하는 수량으로 제조소 등의 설치허가 등에 있어서 최저 기준이 되는 수량이다.

정답 ①

19

발화점에 대한 설명으로 틀린 것은?

① 발화점은 인화점보다 높다.

② 발화점은 연소점보다 높다.

③ 발화점은 높을수록 위험하다.

④ 점화원이 없이 주위로부터 충분한 에너지를 받아 스스로 점화되는 최저온도이다.

해설

발화점은 낮을수록 위험하다.

정답 ③

20

차량에 불이 났을 때 천으로 덮어 소화하는 경우, 무슨 소화에 해당하는가?

① 제거소화　　② 질식소화

③ 냉각소화　　④ 억제소화

해설

소화방법

• 제거소화 : 가연물을 제거하여 소화한다.

• 질식소화 : 산소를 차단해 농도를 15% 이하로 낮춰 소화한다.

• 냉각소화 : 열 균형을 깨뜨려 온도를 낮추어 소화한다.

• 억제소화 : 연쇄반응을 단절해 소화한다.

정답 ②

21

다음 [보기]에서 설명하는 열전달 방식은?

┌─보기─────────────────
│ 차가운 물이 담긴 컵을 손으로 잡으면 물의 온도가 컵으로 전달되어 컵을 잡은 손까지 차갑게 느껴지는데 이는 열이 이동하였기 때문이다.
└──────────────────────

① 전도　　　　② 대류

③ 복사　　　　④ 냉각

해설

전도란 물체 간의 직접적인 접촉을 통해 열이 전달되는 방식이다.

정답 ①

22

☑ 확인
Check!

○ □
△ □
✕ □

화재의 성상단계 중 천장 부근에 축적된 가연성가스가 착화되면서 실내 전체가 화염에 휩싸이는 플래시오버 현상이 발생하는 단계는?

① 초기
② 성장기
③ 최성기
④ 감쇠기

해설

화재의 성상단계
초기 → 성장기(실내 전체가 화염으로 휩싸이는 플래시오버↑) → 최성기 → 감쇠기

정답 ②

23

☑ 확인
Check!

○ □
△ □
✕ □

고온단기형의 화재성상을 가진 목조건축물에 대한 그래프로 적절한 것은?

해설

목조건축물과 내화건축물의 화재

구분	목조건축물	내화건축물
화재성상	고온단기형	저온장기형
화재시간	30~40분	2~3시간
최성기 온도	1,100~1,300℃	900~1,100℃
플래시오버 현상	빠름	느림
그래프	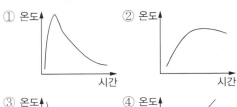	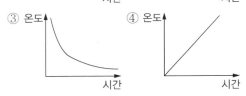

정답 ①

24

☑ 확인
Check!

○ □
△ □
✕ □

다음 [보기]에 대한 현상으로 옳은 것은?

┌ 보기 ┐

소방활동이나 피난을 위해 화재실의 문을 개방할 때 신선한 공기가 유입되어 실내에 축적된 가연성 가스가 순식간에 폭발적으로 연소하고 화염이 폭풍을 동반하며 실외로 분출되는 현상

① 롤오버
② 파이어볼
③ 백드래프트
④ 플래시오버

해설

백드래프트(Back Draft)
• 산소가 부족한 실내에 미연소가스가 축적되어 있다가 개구부의 개방으로 급격한 산소 공급이 이루어져 폭발 현상을 일으키는 것이다.
• 화염이 폭풍을 동반하며 충격파에 의해 구조물이 파괴될 수 있다.

정답 ③

25

☑ 확인
Check!

○ □
△ □
✕ □

화재 시 건물 내에서 연기의 수평방향 이동속도는?

① 0.5~1m/s
② 2~3m/s
③ 3~5m/s
④ 10~15m/s

해설

연기의 속도
• 수평방향 이동속도 : 0.5~1m/s
• 수직방향 이동속도 : 2~3m/s
• 계단실 내의 수직방향 이동속도 : 3~5m/s

정답 ①

26

✓ 확인 Check!
○ □
△ □
✗ □

다음 중 제4류 위험물의 공통적인 성질로 옳지 않은 것은?

① 인화하기 쉽다.
② 착화온도가 낮은 것은 위험하다.
③ 증기는 대부분 공기보다 무겁다.
④ 대부분 물보다 무겁고 물에 녹지 않는다.

해설

제4류 위험물의 공통적인 성질
• 인화하기 쉽다.
• 착화온도가 낮은 것은 위험하다.
• 증기는 대부분 공기보다 무겁다.
• 증기는 공기와 혼합되어 연소·폭발한다.
• 대부분 물보다 가볍고 물에 녹지 않는다.

정답 ④

27

✓ 확인 Check!
○ □
△ □
✗ □

다음 중 전기화재의 예방방법으로 적절한 것은?

① 규격 미달의 전선을 사용한다.
② 전선은 묶거나 꼬아서 짧게 사용한다.
③ 한 개의 콘센트에 여러 개의 전기기구를 사용한다.
④ 누전차단기를 설치하고 월 1~2회 동작 여부를 확인한다.

해설

전기화재의 예방방법
• 전선의 피복이 벗겨져 합선되는 경우가 많으므로, 수시로 전기설비 상태를 관리한다.
• 한 개의 콘센트에 여러 개의 전기기구를 사용하게 되면 과전류가 발생하며 고열로 인한 화재가 일어날 수 있다.
• 가전제품 내부의 먼지가 습기를 먹게 되면 전기 합선의 우려가 있고, 화재의 원인이 될 수 있으니 주기적으로 제거한다.
• 과전류 발생 시 자동으로 차단해 주는 누전차단기를 설치하고 월 1~2회 동작 여부를 확인한다.
• 전선은 묶거나 꼬이지 않도록 한다.

정답 ④

28

✓ 확인 Check!
○ □
△ □
✗ □

축압식 소화기에 대한 설명으로 옳은 것은?

① 본체 용기 내에는 산소가 충전되어 있다.
② 가압용 가스용기를 별도로 설치해야 한다.
③ 사용 가능한 압력범위는 0.7~0.98MPa이다.
④ 지시압력계의 사용 가능한 압력범위는 적색으로 되어 있다.

해설

분말소화기
• 가압식 소화기 : 가압용 가스용기를 별도로 설치, 현재는 사용 중단되었다.
• 축압식 소화기
  – 본체 용기 내에는 소화약제와 질소가스가 충전되어 있다.
  – 용기 내 압력을 확인하기 위해 지시압력계가 부착되어 있다.
  – 사용 가능한 압력범위는 0.7~0.98MPa이다.
  – 지시압력계의 사용 가능한 압력범위는 녹색으로 되어 있다.
• 내용연수 : 10년

정답 ③

29

✓ 확인 Check!
○ □
△ □
✗ □

소화기구의 설치기준에 의한 위락시설 소화기구의 능력단위는 얼마인가?

① $30m^2$　　　② $50m^2$
③ $100m^2$　　　④ $200m^2$

해설

특정소방대상물별 소화기구의 능력단위 기준

특정소방대상물	소화기구의 능력단위
위락시설	바닥면적 $30m^2$마다 1단위 이상
공연장·집회장·관람장·문화재(국가유산)·장례식장 및 의료시설	바닥면적 $50m^2$마다 1단위 이상
근린생활시설·판매시설·운수시설·숙박시설·노유자시설·전시장·공동주택·업무시설·방송통신시설·공장·창고시설·항공기 및 자동차 관련 시설 및 관광휴게시설	바닥면적 $100m^2$마다 1단위 이상
그 밖의 것	바닥면적 $200m^2$마다 1단위 이상

정답 ①

30

☑ 확인 Check!

○ ☐
△ ☐
✕ ☐

바닥면적 1,600m²인 업무시설에서 ABC급 분말 소화기를 비치하고자 한다. 최소 몇 능력단위가 필요한가?(단, 이 시설의 주요구조부는 내화구조이고 벽 및 반자의 실내에 면하는 부분은 불연재료이다)

① 1단위
② 2단위
③ 4단위
④ 8단위

해설

업무시설의 바닥면적이 100m²이고 주요구조부가 내화구조, 벽 및 반자의 실내에 면하는 부분이 불연재료이므로 바닥면적에 2배를 한다.
∴ 1,600m²/(100m² × 2) = 8단위

특정소방대상물별 소화기구의 능력단위 기준

특정소방대상물	소화기구의 능력단위
위락시설	바닥면적 30m²마다 1단위 이상
공연장·집회장·관람장·문화재(국가유산)·장례식장 및 의료시설	바닥면적 50m²마다 1단위 이상
근린생활시설·판매시설·운수시설·숙박시설·노유자시설·전시장·공동주택·업무시설·방송통신시설·공장·창고시설·항공기 및 자동차 관련 시설 및 관광휴게시설	바닥면적 100m²마다 1단위 이상
그 밖의 것	바닥면적 200m²마다 1단위 이상

※ 건축물의 주요구조부가 내화구조이고, 벽 및 반자의 실내에 면하는 부분이 불연재료·준불연재료 또는 난연재료로 된 특정소방대상물의 경우 바닥면적의 2배를 해당 특정소방대상물의 기준면적으로 한다.

정답 ④

31

☑ 확인 Check!

○ ☐
△ ☐
✕ ☐

어느 빌딩의 총양정이 100m일 때 주펌프의 정지점과 Diff의 설정값으로 옳은 것은?(단, 자연낙차압은 0.4MPa이고 옥내소화전설비가 설치되어 있다) ✔신유형

① 정지점 : 0.4MPa, Diff : 0.6MPa
② 정지점 : 0.4MPa, Diff : 1.0MPa
③ 정지점 : 1MPa, Diff : 0.4MPa
④ 정지점 : 1MPa, Diff : 0.6MPa

해설

• 정지점 = 총양정(100m) × 1/100 = 1MPa
• 기동점 = 자연낙차압 + 0.2MPa(옥내소화전)
    = 0.4 + 0.2 = 0.6MPa
• Diff = 정지점 − 기동점 = 1 − 0.6 = 0.4MPa

정지점 계산	주펌프의 정지점	펌프의 양정을 압력으로 환산 예) 양정이 80m라면 1/100을 곱해 0.8MPa로 설정
	충압펌프의 정지점	주펌프보다 0.05~0.1MPa 낮게 설정
기동점 계산	주펌프이 기동점	자연낙차압 + 0.2MPa(옥내소화전)[또는 0.15MPa(스프링클러)]
	충압펌프의 기동점	주펌프보다 0.05MPa 높게 설정

정답 ③

32

☑ 확인 Check!

○ ☐
△ ☐
✕ ☐

건식 스프링클러설비가 설치된 건물에서 화재가 발생하였다. 드라이밸브의 클래퍼가 개방되고 1차 측의 물이 2차 측으로 급수되어 헤드로 방수되었을 때 연동되는 설비의 작동상태로 옳지 않은 것은?

① 사이렌 작동
② 압력스위치 작동
③ 화재표시등 점등
④ 밸브 개방표시등 소등

해설

드라이밸브의 압력스위치 작동으로 사이렌 경보, 감시제어반 화재표시등과 밸브 개방표시등이 점등된다.

정답 ④

33

☑ 확인 Check!
○ □
△ □
× □

스프링클러설비가 특수가연물을 저장 및 취급하는 공장에 설치된 경우 스프링클러헤드의 기준개수는?

① 10개　　　　② 20개
③ 30개　　　　④ 40개

해설
특수가연물을 저장·취급하는 공장의 경우 기준개수가 30개이다.

정답 ③

34

☑ 확인 Check!
○ □
△ □
× □

지하 2층, 지상 9층인 업무시설에 스프링클러설비를 설치하고자 할 때 수원의 양은 얼마인가? (단, 모든 층의 높이는 4m이며 폐쇄형 스프링클러헤드를 설치한다)

① 16m³　　　　② 32m³
③ 42m³　　　　④ 48m³

해설
지하층을 제외한 층수가 10층 이하인 특정소방대상물이며, 헤드의 부착 높이가 8m 미만이므로 기준개수는 10개이다.
∴ 수원의 양 = 10 × 1.6m³ = 16m³

정답 ①

35

☑ 확인 Check!
○ □
△ □
× □

기동용기 솔레노이드밸브 격발 시험방법에 대한 설명으로 적절하지 않은 것은?

① 수동조작함의 기동스위치를 누르면 격발한다.
② 수신반에서 감지기를 2개 회로(교차회로) 작동시키면 격발한다.
③ 방호구역 내 2개 회로(교차회로) 감지기를 동작시키면 격발한다.
④ 솔레노이드밸브에 부착되어 있는 수동조작버튼을 누르면 타이머가 동작하고 일정시간 후 격발한다.

해설
솔레노이드밸브에 부착되어 있는 수동조작버튼을 누르면 타이머 동작없이 즉시 격발한다.

정답 ④

36

☑ 확인 Check!
○ □
△ □
× □

다음은 경보설비의 감지기 종류에 따른 설치 유효면적에 관한 기준표이다. ( )에 들어갈 면적으로 옳게 짝지어진 것은?

부착높이 및 소방대상물의 구분		감지기의 종류				
		차동식·보상식 스포트형		정온식 스포트형		
		1종	2종	특종	1종	2종
4m 미만	내화구조	(㉠)	70	70	60	20
	기타구조	50	40	40	30	15
4m 이상 8m 미만	내화구조	(㉡)	35	35	(㉢)	–
	기타구조	30	25	25	15	–

① ㉠ – 90, ㉡ – 45, ㉢ – 30
② ㉠ – 90, ㉡ – 70, ㉢ – 35
③ ㉠ – 70, ㉡ – 45, ㉢ – 30
④ ㉠ – 70, ㉡ – 60, ㉢ – 35

해설
감지기의 설치 유효면적

차동식·보상식 스포트형		정온식 스포트형		
1종	2종	특종	1종	2종
90	70	70	60	20
1/2+5	1/2+5	1/2+5	30	15
1/2	1/2	1/2	30	–
30	1/2-10	1/2-10	15	–

정답 ①

37

☑ 확인
Check!

○ □
△ □
✕ □

다음 그림을 보고 정온식 스포트형 감지기 1종의 최소 설치개수로 옳은 것은?(단, 주요구조부는 내화구조이며, 감지기 부착높이는 4m이다)

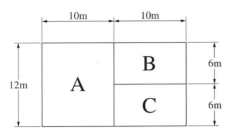

① 2개

② 4개

③ 8개

④ 12개

해설

감지기의 설치 유효면적

부착높이 및 소방대상물의 구분		감지기의 종류				
		차동식·보상식 스포트형		정온식 스포트형		
		1종	2종	특종	1종	2종
4m 미만	내화구조	90	70	70	60	20
	기타구조	50	40	40	30	15
4m 이상 8m 미만	내화구조	45	35	35	30	–
	기타구조	30	25	25	15	–

- A : $(12 \times 10)/30 = 4$개
- B : $(10 \times 6)/30 = 2$개
- C : $(10 \times 6)/30 = 2$개
- ∴ A + B + C = 4 + 2 + 2 = 8개

정답 ③

38

☑ 확인
Check!

○ □
△ □
✕ □

감열실, 다이어프램, 리크구멍 및 접점 등으로 구성되어 있는 감지기는?

① 차동식 분포형 감지기

② 차동식 스포트형 감지기

③ 정온식 스포트형 감지기

④ 정온식 감지선형 감지기

해설

감지기

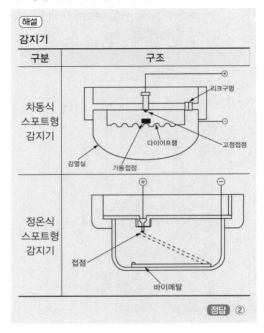

구분	구조
차동식 스포트형 감지기	리크구멍, 다이어프램, 고정접점, 감열실, 가동접점
정온식 스포트형 감지기	접점, 바이메탈

정답 ②

39

☑ 확인
Check!

○ □
△ □
✕ □

자동화재탐지설비에서 도통시험을 확실하게 하기 위한 배선방식으로 감지기 사이를 연결하는 방식을 무엇이라고 하는가?

① 루프식 배선   ② 병렬식 배선

③ 매립식 배선   ④ 송배선식 배선

해설

송배선식 감지기의 결선 방법

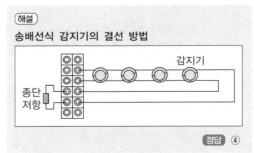

정답 ④

40

☑ 확인
Check!

○ □
△ □
✕ □

인천소방고 실습동의 바닥면적이 각각 1층 750m², 2층 600m², 3층 300m², 4층 200m²이다. 이 건물의 최소 경계구역의 개수는?　✓신유형

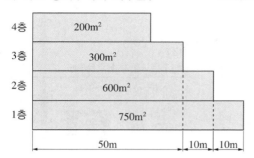

4층	200m²
3층	300m²
2층	600m²
1층	750m²

50m　10m　10m

① 3개
② 4개
③ 5개
④ 7개

해설

경계구역의 개수

• 하나의 경계구역이 2 이상의 건축물에 미치지 않도록 할 것

• 하나의 경계구역이 2 이상의 층에 미치지 않도록 할 것. 다만, 500m² 이하의 범위 안에서는 2개의 층을 하나의 경계구역으로 할 수 있다.

• 하나의 경계구역의 면적은 600m² 이하로 하고, 한 변의 길이는 50m 이하로 할 것. 다만, 해당 특정소방대상물의 주된 출입구에서 그 내부 전체가 보이는 것에 있어서는 한 변의 길이가 50m의 범위 내에서 1,000m² 이하로 할 수 있다.

– 1층 = 750m²/600m² = 1.25 ≒ 2개(소수점 올림)

– 2층 = 면적이 600m²이지만 한변의 길이가 50m를 초과하므로 2개

– 3층 + 4층 = 500m²이므로 2개 층을 하나의 경계구역으로 할 수 있으므로 1개

∴ 2개 + 2개 + 1개 = 5개

정답 ③

41

☑ 확인
Check!

○ □
△ □
✕ □

수신기의 스위치별 점검 방법 중 회로도통시험의 작동순서로 옳은 것은?

① 화재 신호를 수동으로 입력한다. → 수신기가 정상적으로 동작하는지 점검한다.

② 도통시험스위치를 누른다. → 회로선택스위치를 각 경계구역별로 회전시켜 확인한다.

③ 화재 신호를 수동으로 입력한다. → 복구스위치를 누른다. → 수신기가 정상적으로 동작하는지 점검한다.

④ 도통시험스위치를 누른다. → 자동복구스위치를 누른다. → 회로선택스위치를 각 경계구역별로 회전시켜 확인한다.

해설

수신기의 스위치별 기능

• 도통시험스위치 : 도통시험스위치를 누르고 회로선택스위치를 회전시키거나 버튼을 눌러 선택된 회로의 결선 상태를 확인한다.

• 동작시험스위치 : 수신기에 화재 신호를 수동으로 입력하여 수신기가 정상적으로 동작하는지를 점검하는 스위치이다.

• 회로선택스위치 : 스위치 주위에 회로 번호가 표시되어 있으며, 동작시험이나 회로도통시험을 실시할 때 필요한 회로를 선택하기 위하여 사용하는 스위치이다.

정답 ②

42

☑ 확인
Check!

○ □
△ □
✗ □

소방대상물의 설치장소별 피난기구의 적응성에 대한 설명으로 옳지 않은 것은?

① 의료시설 3층에 구조대를 설치하였다.
② 조산원 4층에 승강식 피난기를 설치하였다.
③ 노유자시설의 4층에 미끄럼대를 설치하였다.
④ 다중이용업소 2층에 피난사다리를 설치하였다.

해설
설치장소별 피난기구의 적응성

구분	1층	2층	3층	4층 이상 10층 이하
노유자시설	• 미끄럼대 • 구조대 • 피난교 • 다수인 피난장비 • 승강식 피난기	• 미끄럼대 • 구조대 • 피난교 • 다수인 피난장비 • 승강식 피난기	• 미끄럼대 • 구조대 • 피난교 • 다수인 피난장비 • 승강식 피난기	• 구조대 • 피난교 • 다수인 피난장비 • 승강식 피난기
의료시설·근린생활시설 중 입원실이 있는 의원·접골원·조산원	–	–	• 미끄럼대 • 구조대 • 피난교 • 피난용트랩 • 다수인 피난장비 • 승강식 피난기	• 구조대 • 피난교 • 피난용트랩 • 다수인 피난장비 • 승강식 피난기
다중이용업소로서 영업장의 위치가 4층 이하인 다중이용업소	–	• 미끄럼대 • 구조대 • 피난사다리 • 다수인 피난장비 • 승강식 피난기 • 완강기	• 미끄럼대 • 구조대 • 피난사다리 • 다수인 피난장비 • 승강식 피난기 • 완강기	• 미끄럼대 • 구조대 • 피난사다리 • 다수인 피난장비 • 승강식 피난기 • 완강기

정답 ③

43

☑ 확인
Check!

○ □
△ □
✗ □

피난구유도등은 피난구의 바닥으로부터 높이 몇 m 이상으로 출입구에 인접하도록 설치해야 하는가?

① 0.8m 이상
② 1m 이상
③ 1.5m 이상
④ 1.8m 이상

해설
피난구유도등과 통로유도등

구분		예시	설치기준
피난구유도등			바닥으로부터 1.5m 이상 출입구에 인접하게 설치
통로유도등	복도		• 구부러진 모퉁이 및 보행거리 20m마다 설치 • 바닥으로부터 1m 이하의 위치에 설치
	계단		• 각 층의 경사로참 또는 계단참마다 설치 • 바닥으로부터 1m 이하의 위치에 설치
	거실		• 구부러진 모퉁이 및 보행거리 20m마다 설치 • 바닥으로부터 1.5m 이상의 위치에 설치

정답 ③

44

☑ 확인
Check!

○ □
△ □
✗ □

공연장 객석 통로의 길이가 50m인 경우 객석유도등은 몇 개를 설치해야 하는가?

① 7개
② 8개
③ 10개
④ 12개

해설
객석유도등의 설치개수

$$설치개수 = \frac{객석\ 통로의\ 직선부분\ 길이(m)}{4} - 1$$

$$= (50/4) - 1 = 11.5 ≒ 12개$$

(단, 소수점 이하의 수는 1로 본다)

정답 ④

45

☑ 확인
Check!

○ □
△ □
✕ □

옥외소화전은 소방대상물의 각 부분으로부터 호스접결구까지의 수평거리를 몇 m 이하가 되도록 설치해야 하는가?

① 5m 이하
② 10m 이하
③ 25m 이하
④ 40m 이하

해설

옥외소화전설비의 설치기준
• 배관 등의 설치기준
 – 호스릴 접결구는 지면으로부터 높이가 0.5m 이상 1m 이하의 위치에 설치하고, 특정소방대상물의 각 부분으로부터 하나의 호스 접결구까지의 수평거리가 40m 이하가 되도록 설치한다.
 – 호스의 구경은 65mm의 것으로 해야 한다.

• 옥외소화전함의 설치개수
 – 옥외소화전 10개 이하 : 5m 이내 1개 이상
 – 옥외소화전 11~30개 : 11개 이상을 분산하여 설치
 – 31개 이상 : 옥외소화전 3개마다 1개 이상

정답 ④

46

☑ 확인
Check!

○ □
△ □
✕ □

지하에 설치되어 있는 소화용수설비의 소요수량이 70m³인 경우 설치해야 할 채수구의 수는?

① 1개
② 2개
③ 3개
④ 4개

해설

소화용수설비 채수구의 설치개수

소요수량	20m³ 이상 40m³ 미만	40m³ 이상 100m³ 미만	100m³ 이상
채수구의 수	1개	2개	3개

정답 ②

47

☑ 확인
Check!

○ □
△ □
✕ □

화재 시 연기 유입을 막기 위해 제연구역과 옥내와의 사이에 유지해야 할 최소 차압은 몇 Pa인가? (단, 옥내에 스프링클러설비가 설치된 경우이다)

① 12.5Pa 이상
② 20Pa 이상
③ 22.5Pa 이상
④ 40Pa 이상

해설

제연설비의 차압
• 계단으로의 연기 유입을 막기 위해 제연구역과 옥내와의 사이에 유지되어야 하는 일정한 기압을 말한다.
• 최소 차압은 40Pa 이상이며 스프링클러가 설치된 경우 12.5Pa 이상이다.
• 출입문의 개방력은 110N 이하로 해야 한다.

정답 ①

48

☑ 확인
Check!

○ □
△ □
✕ □

자위소방활동에 대한 업무특성으로 적절하지 않은 것은?

① 비상연락 – 화재 시 상황전파, 119에 화재신고
② 초기소화 – 초기소화설비를 이용한 초기 화재진압
③ 응급구조 – 응급처치 및 응급의료소 설치·지원
④ 방호안전 – 피난약자에 대한 피난보조활동

해설

자위소방활동

구분	업무특성
비상연락	화재 시 상황전파, 화재신고(119) 및 통보연락 업무
초기소화	초기소화설비를 이용한 초기 화재진압
응급구조	응급상황 발생 시 응급처치 및 응급의료소 설치·지원
방호안전	화재확산방지, 위험물 시설에 대한 제어 및 비상반출
피난유도	재실자, 방문자의 피난유도 및 피난약자에 대한 피난보조활동

정답 ④

49 ☑ 확인 Check!

소방계획의 수립 절차 중 [보기]의 내용에 해당하는 단계로 옳은 것은?

┌ 보기 ┐
위험요인을 파악하고 분석 및 평가하여 대책을 수립하는 단계
└────┘

① 사전기획   ② 위험환경 분석
③ 설계/개발   ④ 시행/유지관리

(해설)

소방계획의 수립 절차

구분	절차
1단계 (사전기획)	작성준비 → 요구사항 검토 → 작성계획 수립
2단계 (위험환경 분석)	위험환경 식별 → 위험환경 분석/평가 → 위험경감대책 수립
3단계 (설계 및 개발)	목표/전략수립 → 실행계획 설계 및 개발
4단계 (시행 및 유지관리)	수립/시행 → 운영/유지관리

(정답) ②

50 ☑ 확인 Check!

소방교육 및 훈련의 실시원칙 중 동기부여의 원칙에 대한 설명으로 적절하지 않은 것은?

① 교육에 재미를 부여한다.
② 교육의 다양성을 활용한다.
③ 사회적 상호작용을 제공한다.
④ 경험했던 사례를 들어 현실감 있게 한다.

(해설)
①~③ : 동기부여의 원칙
④ : 경험의 원칙
동기부여의 원칙
• 교육의 중요성을 전달한다.
• 학습을 위해 적절한 스케줄을 배정한다.
• 교육은 시기적절하게 이뤄져야 한다.
• 핵심사항에 교육의 포커스를 맞춘다.
• 학습에 대한 보상을 제공한다.
• 교육에 재미를 부여한다.
• 교육의 다양성을 활용한다.
• 사회적 상호작용을 제공한다.
• 전문성을 공유한다.
• 초기 성공에 대해 격려한다.

(정답) ④

01
☑ 확인
Check!
○ □
△ □
✕ □

지상으로부터 높이가 160m이고 총 900세대인 아파트에 대한 설명으로 옳은 것은?

① 2급 소방안전관리자를 선임할 수 있다.
② 3급 소방안전관리자를 선임할 수 있다.
③ 소방안전관리보조자를 3명 이상 선임해야 한다.
④ 소방공무원 3년 이상 근무한 사람 및 2급 소방안전관리자 자격증을 발급받은 사람은 바로 선임할 수 있다.

[해설]
1급 소방안전관리자를 선임해야 한다.
1급 소방안전관리대상물
• 30층 이상(지하층 제외) 또는 지상 120m 이상 아파트
• 지상층의 층수가 11층 이상인 특정소방대상물(아파트 제외)
• 300세대 이상인 아파트의 경우 300세대 초과마다 소방안전관리보조자 1명씩 추가
  ∴ 900세대/300세대 = 3명 선임해야 한다.
• 소방공무원 7년 이상 근무한 사람 및 1급 소방안전관리자 자격증을 발급받은 사람은 바로 선임할 수 있다.

정답 ③

02
☑ 확인
Check!
○ □
△ □
✕ □

소방기본법의 목적으로 보기 어려운 것은?

① 화재의 예방·경계 및 진압
② 국민의 생명·신체 및 재산을 보호
③ 소방기술관리 및 진흥
④ 공공의 안녕 및 질서유지와 복리증진

[해설]
소방기본법의 목적
• 화재를 예방·경계 및 진압
• 국민의 생명·신체 및 재산을 보호
• 공공의 안녕 및 질서유지와 복리증진에 이바지
• 화재, 재난·재해, 그 밖의 위급한 상황에서 구조·구급활동

정답 ③

03
☑ 확인
Check!
○ □
△ □
✕ □

불이 번질 우려가 있는 소방대상물 및 토지의 강제처분을 방해한 자에 대한 벌칙은?

① 5년 이하의 징역 또는 5천만원 이하의 벌금
② 3년 이하의 징역 또는 3천만원 이하의 벌금
③ 500만원 이하의 벌금
④ 100만원 이하의 벌금

[해설]
3년 이하의 징역 또는 3천만원 이하의 벌금
소방본부장, 소방서장 또는 소방대장은 사람을 구출하거나 불이 번지는 것을 막기 위하여 필요할 때에는 화재가 발생하거나 불이 번질 우려가 있는 소방대상물 및 토지를 일시적으로 사용하거나 그 사용의 제한 또는 소방활동에 필요한 처분을 방해한 자 또는 정당한 사유 없이 그 처분에 따르지 않은 자

정답 ②

04 ☑ 확인 Check!

○	□
△	□
×	□

한국소방안전원의 업무로 보기 어려운 것은?

① 소방업무에 관하여 행정기관이 위탁하는 업무
② 소방기술과 안전관리에 관한 각종 간행물 발간
③ 소방기술과 안전관리에 관한 교육 및 조사·연구
④ 소방용 기계 및 기구에 대한 검정기술의 조사·연구

[해설]
한국소방안전원의 업무
• 소방기술과 안전관리에 관한 교육 및 조사·연구
• 소방기술과 안전관리에 관한 각종 간행물 발간
• 화재예방과 안전관리의식 고취를 위한 대국민 홍보
• 소방업무에 관하여 행정기관이 위탁하는 업무
• 소방안전에 관한 국제협력
• 그 밖에 회원에 대한 기술지원 등 정관으로 정하는 사항

[정답] ④

05 ☑ 확인 Check!

○	□
△	□
×	□

다음 [보기] 중 화재 우려가 크거나 화재가 발생할 때 피해가 클 것으로 예상되는 화재예방강화지구에 해당하는 것은?

┌보기──────────
ㄱ. 시장지역
ㄴ. 공장·창고가 밀집한 지역
ㄷ. 목조건물이 밀집한 지역
ㄹ. 소방시설·소방용수시설 또는 소방출동로가 있는 지역
└──────────────

① ㄱ, ㄴ   ② ㄴ, ㄷ
③ ㄱ, ㄴ, ㄷ   ④ ㄱ, ㄴ, ㄷ, ㄹ

[해설]
화재예방강화지구의 지정 등
• 시장지역
• 공장·창고가 밀집한 지역
• 목조건물이 밀집한 지역
• 노후·불량건축물이 밀집한 지역
• 위험물의 저장 및 처리시설이 밀집한 지역
• 석유화학제품을 생산하는 공장이 있는 지역
• 소방시설·소방용수시설 또는 소방출동로가 없는 지역

[정답] ③

06 ☑ 확인 Check!

○	□
△	□
×	□

인천소방고는 소방안전관리자를 2024년 1월 1일에 선임하였다. 언제까지 관할 소방서장에게 신고해야 하는가?

① 1월 7일
② 1월 14일
③ 1월 21일
④ 1월 31일

[해설]
소방안전관리자의 선임신고
• 선임한 날을 포함하여 14일 이내 신고해야 한다.
• 신고대상은 소방본부장 또는 소방서장이다.

[정답] ②

07 ☑ 확인 Check!

○	□
△	□
×	□

무창층에 대한 설명으로 틀린 것은?

① 개구부의 면적 합계가 해당 층 바닥면적의 1/30 이하가 되는 층을 말한다.
② 크기는 지름 50cm 이하 원이 통과할 수 있어야 한다.
③ 내부 또는 외부에서 쉽게 부수거나 열 수 있어야 한다.
④ 도로 또는 차량이 진입할 수 있는 빈터를 향해야 한다.

[해설]
무창층
• 개구부 합계가 해당 층 바닥면적의 1/30 이하가 되는 층
• 크기는 지름 50cm 이상의 원이 통과할 수 있을 것
• 해당 층의 바닥면에서 개구부 밑부분까지의 높이가 1.2m 이내일 것
• 도로 또는 차량이 진입할 수 있는 빈터를 향할 것
• 화재 시 건축물로부터 쉽게 피난할 수 있도록 창살이나 그 밖의 장애물이 설치되지 않을 것
• 내부 또는 외부에서 쉽게 부수거나 열 수 있을 것

[정답] ②

08

다음 [보기] 중 방염에 대한 설명으로 옳은 것은?

┌ 보기 ┐
ㄱ. 노유자시설의 경우 방염 대상 물품으로 사용이
의무적이다.
ㄴ. 운동시설 중 수영장은 방염 물품을 설치해야 하
는 대상이다.
ㄷ. 두께 2mm 미만의 종이벽지류는 방염 대상
이다.
ㄹ. 사무용 책상과 같은 가구류는 방염 대상에서 제
외된다.

① ㄱ, ㄹ
② ㄴ, ㄷ
③ ㄴ, ㄷ, ㄹ
④ ㄱ, ㄴ, ㄹ

해설
방염
• 의료시설, 숙박시설, 노유자시설, 다중이용업소는
방염 물품을 설치해야 하는 대상이다.
• 건축물의 옥내에 있는 시설로서 문화 및 집회시설,
종교시설, 운동시설(수영장 제외)은 방염 물품을
설치해야 하는 대상이다.
• 카펫/두께가 2mm 미만인 벽지류(종이벽지 제외)
는 방염 대상이 되는 물품이다.
• 가구류(옷장, 천장, 식탁, 식탁용 의자, 사무용 책
상, 사무용 의자, 계산대 등)와 너비 10cm 이하인
반자돌림대 등과 건축법의 내부 마감재료는 방염
대상에서 제외된다.

정답 ①

09

인천소방고는 연면적 2,000m²로 옥내소화전설비
가 설치되어 있다. 사용승인일이 2010년 1월 20인
경우 종합점검 실시일로 적절하지 않은 것은?

① 1월 20일
② 2월 20일
③ 6월 20일
④ 7월 20일

해설
소방시설 등의 자체점검
종합점검 대상 중 학교의 경우 건축물의 사용승인일
이 1~6월 사이에 있는 경우 6월 30일까지 실시하면
된다.

종류	작동점검	종합점검
점검 대상	1·2·3급 소방 안전관리대상물 (소방안전관리 자를 선임한 모 든 대상물)	• 스프링클러설비가 설치된 특정소방대상물 • 물분무등소화설비 설치대 상 + 연면적 5,000m² 이상 • 다중이용업의 영업장이 설 치된 특정소방대상물 + 연 면적 2,000m² 이상 • 제연설비가 설치된 터널 • 옥내소화전설비 또는 자동화 재탐지설비가 설치된 공공기 관 + 연면적 1,000m² 이상

정답 ④

10

소방시설 폐쇄, 차단 등의 행위로 인해 사람을
상해에 이르게 한 자가 받는 처벌로 옳은 것은?

① 10년 이하의 징역 또는 1억원 이하의 벌금
② 7년 이하의 징역 또는 7천만원 이하의 벌금
③ 5년 이하의 징역 또는 5천만원 이하의 벌금
④ 3년 이하의 징역 또는 3천만원 이하의 벌금

해설
벌칙
• 5년 이하의 징역 또는 5천만원 이하의 벌금 : 소방
시설 폐쇄·차단 등의 행위를 한 자
• 상해 시 : 7년 이하의 징역 또는 7천만원 이하의
벌금
• 사망 시 : 10년 이하의 징역 또는 1억원 이하의 벌금

정답 ②

11

연면적 15,000m²인 12층 건축물은 방화구획을 몇 개 설치해야 하는가?(단, 이 건축물에는 스프링클러설비가 설치되어 있다) ✔신유형

① 15개　　　　② 25개
③ 30개　　　　④ 50개

해설

단위 구획

방화구획의 설치기준에서 11층 이상은 200m²마다 구획하는데 스프링클러가 설치되어 있으면 3배이므로 600m²마다 구획한다.

∴ 15,000m²/600m² = 25개

구획의 종류	구획의 기준	
10층 이하	바닥면적 1,000m²(3,000m²)마다 구획	
11층 이상	불연재료 ×	바닥면적 200m²(600m²) 이내마다 구획
	불연재료 ○	바닥면적 500m²(1,500m²) 이내마다 구획

※ 스프링클러와 같은 자동식 소화설비를 설치한 경우 상기 면적의 3배 이내마다 구획(괄호 안의 값)

정답 ②

12

인화성 또는 발화성 등의 성질을 가지는 것으로서 대통령령이 정하는 물품으로 옳은 것은?

① 가연물
② 위험물
③ 지정수량
④ 증기비중

해설

정의

• 위험물 : 인화성 또는 발화성 등의 성질을 가지는 것으로서 대통령령이 정하는 물품
• 지정수량 : 취급소 설치허가 등에 있어서 최저 기준이 되는 수량

정답 ②

13

건축법령상 용어의 정의로 옳지 않은 것은?

① "건축"이란 건축물을 신축·증축·개축·재축하는 것을 말한다.
② "고층건축물"이란 층수가 30층 이상이거나 높이가 120m 이상인 건축물을 의미한다.
③ "지하층"이란 건축물의 바닥이 지표면 아래에 있는 층으로서 바닥에서 지표면까지의 평균높이가 해당 층 높이의 1/3 이상인 것을 말한다.
④ 건축물의 "주요구조부"란 내력벽·기둥·바닥·보·지붕틀 및 주계단을 말하여 건축물의 안전에 결정적인 역할을 담당하는 것이다.

해설

지하층이란 건축물의 바닥이 지표면 아래에 있는 층으로서 바닥에서 지표면까지의 평균높이가 해당 층 높이의 1/2 이상인 것을 말한다.

정답 ③

14

건축물의 외벽의 중심선으로 둘러싸인 부분의 수평투영면적을 의미하는 것은?

① 연면적　　　　② 대지면적
③ 용적률　　　　④ 건축면적

해설

• 건축면적 : 건축물의 외벽(외벽이 없는 경우에는 외곽 부분의 기둥)의 중심선으로 둘러싸인 부분의 수평투영면적
• 연면적 : 각 층의 바닥면적의 합계
• 대지면적 : 대지의 수평투영면적
• 용적률 : 대지면적에 대한 연면적의 비율

정답 ④

15 ☑ 확인 Check!
○ □
△ □
✕ □

건축물의 높이가 40m이고 옥상에 설치된 승강기탑의 높이는 15m이다. 건축면적이 1,000m²이고 승강기탑의 수평투영면적이 100m²인 경우, 건축물의 높이로 옳은 것은?

옥탑면적 100m²
15m
a   b
건축면적 1,000m²
40m

① 25m   ② 40m
③ 43m   ④ 55m

(해설)
건축물 높이의 산정
건축물 옥상에 설치된 승강기탑의 수평투영면적의 합계가 해당 건축물 건축면적의 1/8 이하인 경우, 그 부분의 높이가 12m를 넘은 경우에는 그 넘는 부분만 해당 건축물의 높이에 삽입한다.
$1,000m^2 \times 1/8 = 125m^2$
$100m^2$(승강기탑 면적) $\leq 125m^2$(건축면적의 1/8)
∴ 건축물의 높이 = 40m + (15 – 12)m = 43m

정답 ③

16 ☑ 확인 Check!
○ □
△ □
✕ □

자동방화셔터에 대한 설명으로 적절하지 않은 것은?

① 전동방식이나 수동방식으로 개폐할 수 있어야 한다.
② 불꽃이나 연기를 감지한 경우 일부 폐쇄되는 구조이어야 한다.
③ 열을 감지한 경우 완전 폐쇄되는 구조이어야 한다.
④ 피난이 가능한 60분+방화문 또는 60분 방화문으로부터 5m 이내에 별도로 설치해야 한다.

(해설)
피난이 가능한 60분+방화문 또는 60분 방화문으로부터 3m 이내에 별도로 설치해야 한다.

정답 ④

17 ☑ 확인 Check!
○ □
△ □
✕ □

다음 화재의 분류에 대한 연결로 옳지 않은 것은?

① 목재 – 일반화재 – A급화재
② 휘발유 – 유류화재 – C급화재
③ 마그네슘 – 금속화재 – D급화재
④ 식용유 – 주방화재 – K급화재

(해설)
유류화재는 B급화재이며, 전기화재는 C급화재이다.

정답 ②

18 화재의 성상단계에 대한 설명으로 옳은 것은?

① 화재 초기는 발화 단계로 백색 연기가 나온다.
② 실내 전체가 화염으로 휩싸이는 플래시오버 현상은 최성기에서 일어난다.
③ 개구부로 들어오는 산소의 양이 연료의 양보다 훨씬 많은 시기는 최성기이다.
④ 실내 연기의 양이 작아지고 화염이 확대되어 개구부 밖으로 분출되는 시기는 감쇠기이다.

해설
화재의 성상단계
• 초기 → 성장기 → 최성기 → 감쇠기
• 성장기에 플래시오버가 발생한다.
• 최성기에 실내 연기의 양이 작아지고 화염이 확대되어 개구부 밖으로 분출된다.
• 감쇠기에 개구부로 들어오는 산소의 양이 연료의 양보다 훨씬 많아진다.

정답 ①

19 가연물의 구비조건으로 옳지 않은 것은?

① 산소와 친화력이 작다.
② 활성화에너지 값이 작아야 한다.
③ 열전도도가 작아야 한다.
④ 산소와 접촉할 수 있는 표면적이 커야 한다.

해설
가연물의 구비조건
• 열전도도가 작아야 한다.
• 활성화에너지 값이 작아야 한다.
• 발열반응을 해야 하며, 발열량이 많아야 한다.
• 조연성 가스와 친화력이 커야 한다.
• 산소와 접촉할 수 있는 표면적이 커야 한다.
• 인화점, 발화점, 용융점이 낮아야 한다.

정답 ①

20 유류화재에서 폼으로 유면을 덮어서 불을 끄는 소화방법에 해당하는 것은?

① 제거소화
② 질식소화
③ 냉각소화
④ 억제소화

해설
산소공급원을 차단하여 산소농도를 21vol%에서 15vol%로 낮춰서 소화하는 질식소화에 대한 설명이다.
질식소화의 예
• 이산화탄소 등 불활성가스의 방출로 화재를 제어하는 것
• 발화 초기 담요나 모래 등으로 덮어 불을 끄는 것
• 연소가 진행되고 있는 구획을 밀폐하여 소화하는 것

정답 ②

21 가연성으로 산소를 함유하여 자기연소하며 가열, 충격, 마찰에 의해 폭발하는 등 연소속도가 빠른 위험물로 옳은 것은?

① 제1류 위험물
② 제3류 위험물
③ 제5류 위험물
④ 제6류 위험물

해설
자기반응성 물질로 제5류 위험물에 대한 설명이다.

정답 ③

22 ☑ 확인 Check!

○ □
△ □
✕ □

자동심장충격기(AED) 사용 시 환자의 가슴에 부착하는 패드 위치로 옳은 것은?

① 패드 1 : 오른쪽 가슴 아래, 패드 2 : 왼쪽 가슴 아래와 겨드랑이 중간

② 패드 1 : 오른쪽 가슴 부위, 패드 2 : 왼쪽 심장 부위

③ 패드 1 : 오른쪽 빗장뼈 아래, 패드 2 : 왼쪽 심장 부위

④ 패드 1 : 오른쪽 빗장뼈 아래, 패드 2 : 왼쪽 가슴 아래와 겨드랑이 중간

> [해설]
> **자동심장충격기(AED) 사용 시 패드의 부착 위치**
> • 패드 1 : 오른쪽 빗장뼈(쇄골) 바로 아래
> • 패드 2 : 왼쪽 가슴 아래와 겨드랑이 중간
>
>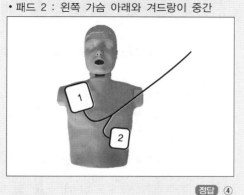
>
> 정답 ④

23 ☑ 확인 Check!

○ □
△ □
✕ □

일반인 심폐소생술의 시행순서로 옳은 것은?

> ㄱ. 호흡 확인
> ㄴ. 반응 확인
> ㄷ. 인공호흡 2회 시행
> ㄹ. 가슴압박 30회 시행
> ㅁ. 가슴압박과 인공호흡의 반복
> ㅂ. 주변 사람에게 119 신고 요청
> ㅅ. 회복자세로 눕혀 기도 확보

① ㄱ → ㅂ → ㄴ → ㄹ → ㄷ → ㅁ → ㅅ
② ㄴ → ㅂ → ㄱ → ㄹ → ㄷ → ㅁ → ㅅ
③ ㄱ → ㅂ → ㄴ → ㄷ → ㄹ → ㅁ → ㅅ
④ ㄴ → ㅂ → ㄱ → ㅁ → ㄷ → ㄹ → ㅅ

> [해설]
> **일반인 심폐소생술의 시행순서**
> • 반응 확인
> • 119 신고
> • 호흡 확인
> • 가슴압박 30회 시행
> • 인공호흡 2회 시행
> • 가슴압박과 인공호흡의 반복
> • 회복자세
>
> 정답 ②

24 ☑ 확인 Check!

○ □
△ □
✕ □

출혈의 증상 및 응급처치 방법으로 옳은 것은?

① 호흡과 맥박이 느리고 약하며 불규칙하다.
② 출혈 시 탈수현상이 나타나며 갈증을 호소한다.
③ 응급처치 방법에는 직접 압박법과 부목 고정법이 있다.
④ 절단과 같은 심한 출혈이 있을 때 최후의 수단으로 직접 압박법을 시행한다.

> [해설]
> **출혈의 증상 및 응급처치**
> • 호흡과 맥박이 빠르고 약하고 불규칙하다.
> • 응급처치 방법에는 직접 압박법과 지혈대 사용법이 있다.
> • 절단과 같은 심한 출혈이 있을 때 최후의 수단으로 지혈대 사용법을 시행한다.
>
> 정답 ②

25
☑ 확인 Check!
○ □
△ □
✕ □

다음 분말소화기에 대한 설명으로 옳은 것은?

① 가압식 소화기이다.
② 압력이 부족한 상태이다.
③ 사용 가능한 압력범위는 0.7~0.98MPa이다.
④ 분말소화기의 내용연수는 없다.

해설
분말소화기
• 축압식 소화기이다. 가압식 소화기는 현재 사용 중
  단되었다.
• 지시압력계의 압력게이지가 녹색을 가리키므로 정
  상압력이다.
• 분말소화기의 내용연수는 10년이다.

정답 ③

26
☑ 확인 Check!
○ □
△ □
✕ □

어느 빌딩(업무시설)의 1단위 소화기 비치현황을
표시한 평면도이다. 소화기 설치에 대한 설명으로
옳은 것은?(단, 이 시설의 주요구조부는 내화구조
이고 벽 및 반자의 실내에 면하는 부분은 불연재료
이다) ✔신유형

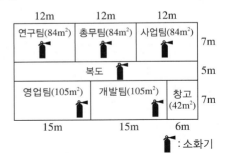

 : 소화기

① 복도의 경우 소화기를 설치하지 않아도 된다.
② 영업팀과 개발팀에는 소화기 2개를 설치해야
   한다.
③ 구획된 창고실의 경우 소화기 1개를 설치해야
   한다.
④ 복도는 하나의 경계구역이므로 소화기 1개만
   설치한다.

해설
소화기구의 능력단위
업무시설의 경우 소화기구의 능력단위는 바닥면적
100m²마다 1단위 이상이다. 내화구조, 불연재료이
므로 바닥면적의 2배인 200m²마다 1단위 이상을 설
치하면 된다.
• 영업팀과 개발팀의 경우 200m² 이하이므로 소화
  기 1개만 설치하면 된다.
• 복도의 경우 소형소화기의 설치기준에 따라 20m
  이내마다 설치해야 하므로 소화기 2개를 설치해야
  한다.
  ∴ 36m/20m = 1.8 ≒ 2개
• 창고의 경우 바닥면적이 33m² 이상이므로 1개의
  소화기를 설치해야 한다.

정답 ③

27

☑ 확인
Check!

○ ☐
△ ☐
✗ ☐

4층 건물에 옥내소화전(1~2층 3개, 3층 2개, 4층 1개) 설치 시 필요한 수원의 저수량으로 옳은 것은?

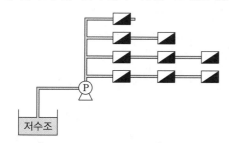

① 2.6m²   ② 5.2m²

③ 7.8m²   ④ 23.4m²

[해설]

수원의 저수량
- 저수량 = 130L/min × 20min × N(소화전 설치개수)
  = 130 × 20 × 2 = 5,200L = 5.2m²
- 옥내소화전의 설치개수(N)는 1~29층은 최대 2개, 30층 이상은 최대 5개이다.
- 방사시간은 1~29층 20분, 30~49층 40분, 50층 이상은 60분이다.

[정답] ②

28

☑ 확인
Check!

○ ☐
△ ☐
✗ ☐

특정소방대상물의 각 부분으로부터 하나의 옥내소화전 방수구까지의 수평거리는?(단, 호스릴 옥내소화전설비가 설치되어 있다)

① 15m 이하   ② 25m 이하

③ 40m 이하   ④ 100m 이하

[해설]

방수구의 설치기준
- 특정소방대상물의 층마다 설치하되, 해당 특정소방대상물의 각 부분으로부터 하나의 옥내소화전 방수구까지의 수평거리가 25m 이하가 되도록 할 것
- 바닥으로부터 1.5m 이하가 되도록 할 것
- 호스는 구경 40mm(호스릴 옥내소화전설비의 경우 25mm) 이상일 것

[정답] ②

29

☑ 확인
Check!

○ ☐
△ ☐
✗ ☐

소방훈련을 목적으로 옥내소화전함 내 앵글밸브를 열어 방수를 시도하였으나, 펌프가 작동되지 않았다. 동력제어반과 감시제어반의 상태가 아래 그림과 같을 때 펌프가 동작하지 않은 원인에 대한 설명으로 틀린 것은? ✓신유형

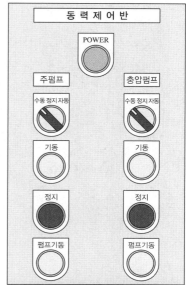

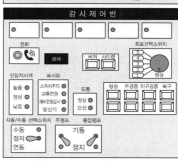

① 동력제어반 주펌프 선택스위치가 수동에 있다.
② 동력제어반 충압펌프 선택스위치가 수동에 있다.
③ 감시제어반의 운전선택스위치가 정지상태이다.
④ 감시제어반의 주펌프 수동작동 선택스위치가 정지 상태이다.

[해설]

옥내소화전설비의 제어반
- 동력제어반의 펌프 운전선택스위치는 자동(Auto) 위치에 있어야 한다.
- 감시제어반의 소화전 주펌프와 충압펌프의 운전선택스위치가 연동(자동) 위치에 있어야 한다.
- 감시제어반의 운전선택스위치가 수동일 때 주펌프와 충압펌프를 수동으로 기동 및 정지할 수 있다.

[정답] ①

30

옥내소화전설비의 방수압력 측정방법에 대한 설명으로 옳지 않은 것은?

① 방사형 관창을 호스에서 분리하고 직사형 관창을 체결한다.
② 방수구에 호스를 결속한 상태로 소화수를 방출한다.
③ 노즐 선단에 피토게이지를 노즐 구경의 $D/2$의 지점에 근접한다.
④ 방수압력 측정계는 봉상주수 상태에서 수평으로 측정한다.

[해설]
방수압력 측정계(피토게이지)는 봉상주수 상태에서 수직으로 측정해야 한다.

[정답] ④

31

옥외소화전이 29개 설치되어 있을 때 소화전함의 최소 설치 개수는?

① 5개 이상   ② 10개 이상
③ 11개 이상   ④ 29개 이상

[해설]
옥외소화전함의 설치기준
설치거리는 옥외소화전으로부터 5m 이내의 장소에 소화전함을 설치해야 한다.
• 옥외소화전 10개 이하 : 5m 이내의 장소에 1개 이상 설치
• 옥외소화전 11~30개 이하 : 11개 이상의 소화전함을 각각 분산하여 설치
• 옥외소화전 31개 이상 : 옥외소화전 3개마다 1개 이상 설치

[정답] ③

32

다음 [보기]는 습식 스프링클러설비의 작동순서이다. (ㄱ), (ㄴ)에 들어갈 내용으로 옳게 짝지어진 것은?

┌ 보기 ┐
(1) 화재 발생
(2) 폐쇄형 헤드 개방, 방수
(3) 2차 측 배관 압력 저하
(4) 1차 측 압력에 의해 습식 유수검지장치의 (ㄱ) 개방
(5) 습식 유수검지장치의 (ㄴ) 스위치 작동 → 사이렌 경보, 감시제어반의 화재표시등, 밸브 개방표시등의 점등
(6) 배관 내 압력저하로 기동용 수압개폐장치의 압력스위치 작동 → 펌프 기동

　　　(ㄱ)　　　　　　　　(ㄴ)
① 밸브　　　　　　　　압력
② 클래퍼　　　　　　　압력
③ 밸브　　　　　　　　솔레노이드
④ 클래퍼　　　　　　　솔레노이드

[해설]
습식 스프링클러설비
• 습식 유수검지장치가 알람밸브이다.
• 알람밸브 내부의 클래퍼를 중심으로 2차 측 배관의 수압이 낮아지면, 1차 측의 압력으로 클래퍼가 개방된다.

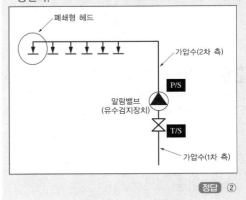

[정답] ②

33

☑ 확인 Check!

○ □
△ □
✕ □

다음의 [조건]을 참고하여 스프링클러설비의 저수량으로 옳은 것은?

┌조건┐
• 지하 2층, 지상 8층인 근린생활시설
• 준비작동식 스프링클러설비 설치
• 판매시설이 있는 복합건축물

① 1.6m³   ② 16m³
③ 32m³   ④ 48m³

┌해설┐
스프링클러설비 수원량(저수량)
• 수원량 = N(기준개수) × 80L/min × 20min
         = 30 × 80 × 20 = 48,000L = 48m²
• 근린생활시설 중 판매시설 또는 복합건축물은 헤드의 기준개수가 30개이다.
• 1층~29층 건축물은 방사시간이 20분이다.
  30층~49층 건축물은 방사시간이 40분이다.
  50층 이상 건축물은 방사시간이 60분이다.

정답 ④

35

☑ 확인 Check!

○ □
△ □
✕ □

이산화탄소소화설비의 장단점에 대한 설명으로 옳은 것은?

① 표면화재에 적합하다.
② 화재진화 후 재가 남는다.
③ 방사 시 동상의 우려가 있다.
④ 설비가 저압으로 특별한 주의와 관리가 필요 없다.

┌해설┐
이산화탄소소화설비의 장단점
• 장점
  - 가연물 내부에서 연소하는 심부화재에 적합하다.
  - 화재진화 후 깨끗하다.
  - 피연소물에 피해가 적다.
  - 비전도성이므로 전기화재에 좋다.
• 단점
  - 사람에게 질식의 우려가 있다.
  - 방사 시 동상의 우려가 있다.
  - 설비가 고압으로 특별한 주의와 관리가 필요하다.

정답 ③

34

☑ 확인 Check!

○ □
△ □
✕ □

빌딩의 전양정이 100m일 때 주펌프의 정지점과 Diff 값으로 옳은 것은?(단, 자연낙차압은 0.5MPa이고, 옥내소화전을 기준으로 한다)

① Range : 1MPa, Diff : 0.3MPa
② Range : 1MPa, Diff : 0.7MPa
③ Range : 1.2MPa, Diff : 0.3MPa
④ Range : 1.2MPa, Diff : 0.7MPa

┌해설┐
옥내소화전 펌프의 기동점과 정지점
정지압력 = 100m × 1/100 = 1MPa
기동압력 = 0.5 + 0.2 = 0.7MPa
Diff = 1 − 0.7 = 0.3MPa
• 주펌프의 정지점 : 펌프의 양정
• 주펌프의 기동점 : 자연낙차압 + 0.2MPa(옥내소화전)[또는 0.15MPa(스프링클러설비)]
• Diff = 정지압력(Range) − 기동압력

정답 ①

36

☑ 확인 Check!

○ □
△ □
✕ □

가스계 소화설비를 점검하기 위하여 안전조치를 하고, 기동용기 솔레노이드밸브 격발시험을 하기 위해 방호구역 내 감지기 A만 작동시켰다. 다음 중 확인해야 할 사항으로 적절하지 않은 것은?

① 음향경보 작동 확인
② 감지기 A 작동 표시등 점등 확인
③ 감시제어반 화재표시등 점등 확인
④ 방호구역 출입문 상단의 방출표시등 점등 확인

┌해설┐
가스계 소화설비
• 교차회로감지기(감지기 A and B) 작동에 의해 솔레노이드밸브가 격발된다.
• 방호구역 출입문 상단의 방출표시등은 압력스위치 작동에 의해 점등된다.
• 감지기 A가 작동할 경우 감시제어반에서 화재표시등과 감지기 A 작동 표시등이 점등되며 경종이 울린다.

정답 ④

37

☑ 확인
Check!
○ □
△ □
✕ □

다음 [조건]을 참고하여 해당 건물의 경계구역 수로 옳은 것은?

450m²	4층
600m²	3층
700m²	2층
1,000m²	1층
1,200m²	지하 1층
1,350m²	지하 2층

┌ 조건 ┐
• 한 변의 길이는 모두 50m 이하이다.
• 1층은 출입구에서 내부 전체가 확인이 가능한 구조이다.

① 5개
② 6개
③ 10개
④ 11개

(해설)
경계구역
• 하나의 경계구역의 면적은 600m² 이하로 한다.
• 한변의 길이는 50m 이하로 한다.
• 주된 출입구에서 그 내부 전체가 보이는 것에 있어서는 한 변의 길이가 50m의 범위 내에서 1,000m² 이하로 할 수 있다.

층수	산출 내역	경계구역 수
4층	450/600 = 0.75 ≒ 1	1경계구역
3층	600/600 = 1	1경계구역
2층	700/600 = 1.17 ≒ 2	2경계구역
1층	1,000/1,000 = 1 (내부 전체가 보임)	1경계구역
지하 1층	1,200/600 = 2	2경계구역
지하 2층	1,350/600 = 2.25 ≒ 3	3경계구역
계	–	10개

(정답) ③

38

☑ 확인
Check!
○ □
△ □
✕ □

소방안전관리자가 계단에 설치되어 있는 감지기에 대하여 작동점검을 하며 수신기의 상태를 확인하였다. 점검 및 조치에 대한 설명으로 적절하지 않은 것은?

○ 화재

| ○ 1층 (1) | ○ 2층 (2) | ○ 3층 (3) | ○ 4층 (4) | ○ 지하 (5) | ○ 계단 (6) |

※ (1)~(6)은 회로번호임   ● 표시등(점등상태)

① 점검 시 사용되어야 할 최소 점검기구는 연기감지기 시험기이다.
② 감지기 작동 시 수신기상에 화재표시등과 계단 표시등이 소등되는지 확인한다.
③ 관계인은 점검 결과를 15일 이내 소방서장에게 제출해야 한다.
④ 소방안전관리자는 점검 결과를 2년간 보관해야 한다.

(해설)
감지기 작동 시 수신기상에 화재표시등과 계단 표시등이 점등되는지 확인한다.

(정답) ②

39

☑ 확인
Check!
○ □
△ □
✕ □

차동식 스포트형 감지기의 주요 구성요소로 적절하지 않은 것은?

① 접점
② 감열실
③ 리크구멍
④ 바이메탈

(해설)
차동식 스포트형 감지기의 구조

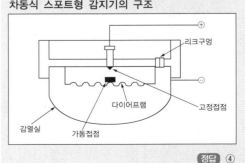

(정답) ④

40

☑ 확인
Check!

○ □
△ □
✕ □

지하 4층, 지상 50층의 건축물의 지하 2층에 화재가 발생하였을 때 어느 층에 발화 경보를 울려야 하는가?

① 전 층에 경보한다.
② 지하 2층 및 지하 1층에 경보한다.
③ 지하 2층, 지하 1층, 지상 1층, 지상 2층, 지상 3층에 경보한다.
④ 지하 4층, 지하 3층, 지하 2층, 지하 1층에 경보한다.

(해설)
우선경보방식(11층 이상)
• 2층 이상 발화 : 발화층, 직상 4개층
• 1층 발화 : 발화층, 직상 4개층, 지하층
• 지하층 발화 : 발화층, 직상층, 기타의 지하층

정답 ④

41

☑ 확인
Check!

○ □
△ □
✕ □

다음 P형 수신기의 상태에 대한 설명으로 옳지 않은 것은?

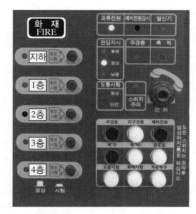

① 화재 장소는 2층이다.
② 화재 신호를 통보한 기기는 감지기이다.
③ 예비전원감시등이 점등된 경우 예비전원을 확인해야 한다.
④ 화재 신호가 발생하였으므로 2층 발신기를 확인한다.

(해설)
• 예비전원감시등이 점등된 경우는 예비전원 연결소켓이 분리되었거나 예비전원이 원인이다.
• 예비전원 스위치를 누르면 전압지시(높음, 정상, 낮음) 상태를 확인할 수 있다.
• 발신기 표시등이 소등상태이고 2층 경계구역이 점등이므로 화재 신호를 통보한 기기는 감지기이다.

정답 ④

42 근린생활시설 중 입원실이 있는 의원 3층에 적응성이 있는 피난기구는?

☑ 확인
Check!

○ □
△ □
✕ □

① 완강기
② 구조대
③ 피난사다리
④ 공기안전매트

해설
근린생활시설 중 입원실이 있는 의원
• 미끄럼대
• 구조대
• 피난교
• 피난용 트랩
• 다수인 피난장비
• 승강식 피난기

정답 ②

43 비상조명등의 비상전원을 60분 이상 유효하게 작동시킬 수 있는 용량으로 하지 않아도 되는 특정소방대상물은?

☑ 확인
Check!

○ □
△ □
✕ □

① 지하상가
② 숙박시설
③ 무창층으로서 용도가 소매시장
④ 지하층을 제외한 층수가 11층 이상의 층

해설
비상조명등의 비상전원을 60분 이상 유효하게 작동시킬 수 있어야 하는 특정소방대상물
• 지하층을 제외한 층수가 11층 이상의 층
• 지하층 또는 무창층으로서 용도가 도매시장, 소매시장, 여객자동차터미널, 지하역사 또는 지하상가

정답 ②

44 피난구유도등의 설치장소로 적절한 것은?

☑ 확인
Check!

○ □
△ □
✕ □

① 출입구 상부에 설치
② 일반 복도의 하부에 설치
③ 일반 계단의 하부에 설치
④ 공연장 또는 극장 등의 벽면에 설치

해설
유도등의 종류별 설치장소(위치)
• 피난구유도등 : 출입구(상부 설치)
• 복도통로유도등 : 일반 복도(하부 설치)
• 계단통로유도등 : 일반 계단(하부 설치)
• 거실통로유도등 : 주차장, 도서관 등(상부 설치)
• 객석유도등 : 공연장, 극장 등(하부 설치)

정답 ①

45 ☑ 확인 Check!
○ □
△ □
✕ □

상수도소화용수설비의 설치기준에 대한 설명이다. (   ) 안에 들어갈 내용으로 옳은 것은?

✔신유형

호칭지름 (㉠)mm 이상의 수도배관에 호칭지름 (㉡)mm 이상의 소화전을 접속한다.

① ㉠ 65   ㉡ 120
② ㉠ 75   ㉡ 100
③ ㉠ 80   ㉡ 90
④ ㉠ 100   ㉡ 100

해설

상수도소화용수설비의 설치기준
• 호칭지름 75mm 이상의 수도배관에 호칭지름 100mm 이상의 소화전을 접속한다.
• 소화전은 소방자동차 등의 진입이 쉬운 도보면 또는 공지에 설치한다.
• 소화전은 특정소방대상물의 수평투영면의 각 부분으로부터 140m 이하가 되도록 설치한다.
• 지상식 소화전의 호스 접결구는 지면으로부터 높이가 0.5m 이상 1m 이하가 되도록 설치한다.

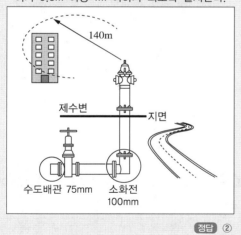

정답 ②

46 ☑ 확인 Check!
○ □
△ □
✕ □

제연구역의 차압에 대한 설명으로 적절하지 않은 것은?

① 계단으로의 연기 유입을 막기 위해 차압이 필요하다.
② 제연구역과 옥내와의 최소 차압은 40Pa 이상이어야 한다.
③ 스프링클러가 설치된 경우 제연구역과 옥내와의 최소 차압은 12.5Pa 이상이어야 한다.
④ 계단실 출입문의 개방력은 110N를 초과해야 계단실로 연기가 유입되지 않는다.

해설

차압
• 계단으로의 연기 유입을 막기 위해 제연구역과 옥내와의 사이에 유지되어야 하는 일정한 기압의 차이를 말한다.
• 제연구역과 옥내와의 최소 차압 : 40Pa 이상(스프링클러가 설치된 경우 12.5Pa 이상)
• 출입문의 개방력 : 110N 이하

정답 ④

47 ☑ 확인 Check!
○ □
△ □
× □

다음 중 (ㄱ)과 (ㄴ)에 해당하는 설비에 대한 설명으로 옳은 것은?

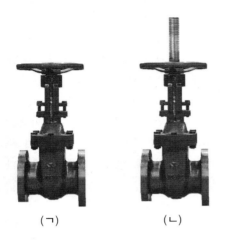

(ㄱ)   (ㄴ)

① (ㄱ), (ㄴ)은 버터플라이밸브이다.
② (ㄱ)은 밸브가 폐쇄 상태이고, (ㄴ)은 밸브가 개방 상태이다.
③ 역류 방지 기능을 가지고 있는 밸브이다.
④ 유수검지장치의 주변 배관과 같이 유량이 적은 배관상에 설치된다.

해설
• 개폐밸브 중 OS&Y밸브이다.
• 역류 방지 기능을 가진 밸브는 체크밸브이다.
• 유량이 적은 배관에 사용되는 밸브는 스윙체크밸브이다.

정답 ②

48 ☑ 확인 Check!
○ □
△ □
× □

평상시 제연설비의 동력제어반 각 스위치 및 표시등의 정상상태로 옳은 것은?(단, 전원은 점등 상태이다) ✔신유형

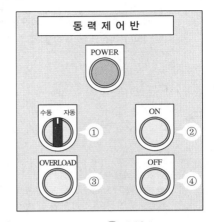

① 수동   ② 소등
③ 점등   ④ 소등

해설
평상시 제연설비의 동력제어반 상태
① 자동
② 소등
③ 소등
④ 점등

정답 ②

49 ☑ 확인 Check!
○ □
△ □
× □

소방계획의 주요 원리 중 ( )에 들어갈 내용으로 옳은 것은?

주요 원리	주요 내용
( )	• 모든 형태의 위험을 포괄 • 재난의 전주기적(예방·대비 → 대응 → 복구) 단계의 위험성 평가

① 종합적 안전관리
② 통합적 안전관리
③ 지속적 발전모델
④ 융합적 안전관리

해설
종합적 안전관리에 대한 설명이다.

정답 ①

50

☑ 확인
Check!

○ □
△ □
× □

장애 유형별 피난보조 시 표정이나 제스처를 쓰고 손전등과 같은 조명을 활용하는 것이 효과적인 장애 유형은?

① 청각장애인

② 시각장애인

③ 지적장애인

④ 노약자

해설

장애 유형별 피난보조방법
• 청각장애인 : 시각적인 전달을 위한 표정이나 제스처를 쓰고 손전등과 같은 조명을 활용한다.
• 시각장애인 : 피난 유도 시 '여기, 저기' 등 애매한 표현보다 '좌측 1m'와 같이 명확하게 표현한다.
• 지적장애인 : 공황 상태에 빠질 수 있으므로 차분하고 느린 어조로 말한다.
• 노약자 : 장애인에 준하여 피난을 보조한다.

정답 ①

참 / 고 / 문 / 헌

• 이덕수(2024). **화재안전기술기준**. 시대고시기획.

• 최진호(2022). **소방안전관리자 2급 예상문제집**. 시대고시기획.

참 / 고 / 사 / 이 / 트

• 경기도 소방학교_www.119.gg.go.kr

• 국가법령정보센터_www.law.go.kr

• 대한민국 전자관보_www.gwanbo.go.kr

• 법제처_www.moleg.go.kr

• 소방청_www.nfa.go.kr

• 중앙소방학교_www.nfsa.go.kr

• 한국소방안전원_www.kfsi.or.kr

교육이란 사람이 학교에서 배운 것을 잊어버린 후에 남은 것을 말한다.

– 알버트 아인슈타인 –

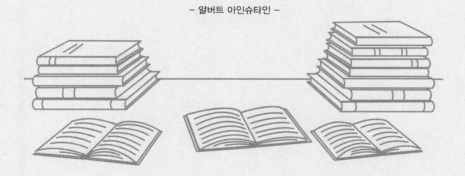

우리 인생의 가장 큰 영광은 결코 넘어지지 않는 데 있는 것이 아니라

넘어질 때마다 일어서는 데 있다.

- 넬슨 만델라 -

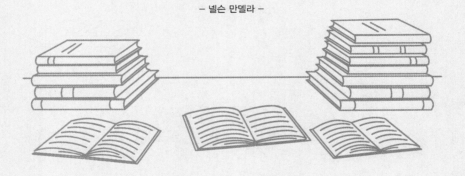

좋은 책을 만드는 길, 독자님과 함께하겠습니다.

소방안전관리자 2급 가장 빠른 합격

개정1판1쇄 발행	2025년 01월 10일(인쇄 2024년 10월 02일)
초 판 발 행	2024년 06월 05일(인쇄 2024년 04월 17일)
발 행 인	박영일
책 임 편 집	이해욱
편 저	김미현
편 집 진 행	윤진영 · 남미희
표 지 디 자 인	권은경 · 길전홍선
편 집 디 자 인	정경일 · 이현진
발 행 처	(주)시대고시기획
출 판 등 록	제10-1521호
주 소	서울시 마포구 큰우물로 75[도화동 538 성지 B/D] 9F
전 화	1600-3600
팩 스	02-701-8823
홈 페 이 지	www.sdedu.co.kr
I S B N	979-11-383-7880-2(13500)
정 가	20,000원

더 이상의
소방 시리즈는 없다!

▶ 오랜 현장 실무경험을 바탕으로 한 저자의 노하우 제시
▶ 2025년 시험 대비를 위한 최신 개정 법령 반영
▶ 출제경향을 한눈에 파악할 수 있는 과목·회차별 기출문제 분석표 수록
▶ 출제 이론에 기출연도·회차 표기로 보다 효율적으로 학습 가능

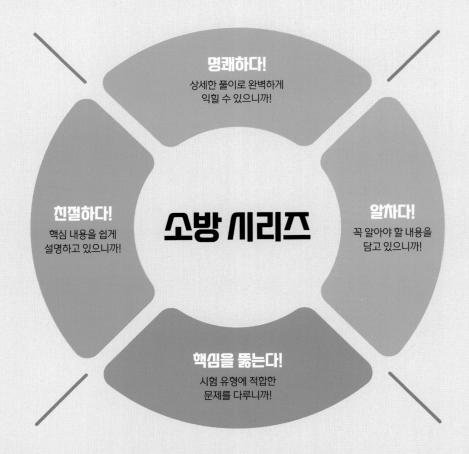

명쾌하다!
상세한 풀이로 완벽하게
익힐 수 있으니까!

친절하다!
핵심 내용을 쉽게
설명하고 있으니까!

소방 시리즈

알차다!
꼭 알아야 할 내용을
담고 있으니까!

핵심을 뚫는다!
시험 유형에 적합한
문제를 다루니까!

시대에듀가 신뢰와 책임의 마음으로 수험생 여러분에게 다가갑니다.

시대에듀 소방·위험물 도서리스트

소방 기술사
- 김성곤의 소방기술사 — 4×6배판 / 80,000원

소방시설 관리사
- 소방시설관리사 1차 — 4×6배판 / 55,000원
- 소방시설관리사 2차 점검실무행정 — 4×6배판 / 33,000원
- 소방시설관리사 2차 설계 및 시공 — 4×6배판 / 33,000원

소방설비 기사
- Win-Q 소방설비기사 기계편 필기 — 별판 / 34,000원
- Win-Q 소방설비기사 기계편 실기 — 별판 / 35,000원
- Win-Q 소방설비기사 전기편 필기 — 별판 / 34,000원
- Win-Q 소방설비기사 전기편 실기 — 별판 / 38,000원

소방 관계법령
- 화재안전기술기준 포켓북 — 별판 / 21,000원

위험물 기능장
- 위험물기능장 필기 — 4×6배판 / 41,000원
- 위험물기능장 실기 — 4×6배판 / 38,000원

위험물 산업기사
- Win-Q 위험물산업기사 필기 — 별판 / 25,000원
- Win-Q 위험물산업기사 실기 — 별판 / 26,000원

위험물 기능사
- Win-Q 위험물기능사 필기 — 별판 / 25,000원
- Win-Q 위험물기능사 실기 — 별판 / 23,000원
- 위험물기능사 필기+실기 — 4×6배판 / 32,000원

※ 도서의 가격은 변동될 수 있습니다.